全国高等职业教育技能型紧缺人才培养培训推荐教材

钢结构制造与安装

（建筑工程技术专业）

本教材编审委员会组织编写

主编　李顺秋

主审　胡兴福

中国建筑工业出版社

图书在版编目(CIP)数据

钢结构制造与安装/李顺秋主编. —北京:中国建筑工业
出版社,2005
全国高等职业教育技能型紧缺人才培养培训推荐教材.
建筑工程技术专业
ISBN 978-7-112-07165-4

Ⅰ.钢... Ⅱ.李... Ⅲ.①钢结构—结构构件—制造—高等
学校:技术学校—教材②钢结构—建筑安装工程—高等学校:
技术学校—教材 Ⅳ.①TU391②TU758.11

中国版本图书馆 CIP 数据核字(2005)第 080692 号

全国高等职业教育技能型紧缺人才培养培训推荐教材

钢结构制造与安装
(建筑工程技术专业)

本教材编审委员会组织编写

主编 李顺秋

主审 胡兴福

*

中国建筑工业出版社出版、发行(北京西郊百万庄)

各地新华书店、建筑书店经销

化学工业出版社印刷厂印刷

*

开本:787×1092 毫米 1/16 印张:21 字数:510 千字
2005 年 9 月第一版 2014 年 11 月第十三次印刷
定价:36.00 元
ISBN 978-7-112-07165-4
(20980)

本书是全国高等职业教育技能型紧缺人才培养训练推荐教材之一。内容按照《高等职业学校建筑工程技术专业领域技能型紧缺人才培养训练指导方案》的指导思想和该方案对本课程的基本教学要求进行编写，重点突出职业实践能力的培养和职业素养的提高。

　　全书共分 14 个单元，内容包括：概述、建筑钢结构用钢材、钢结构的连接计算、柱、梁、钢屋盖、钢结构加工制作、钢结构涂装工程、钢结构安装常用机具设备、钢结构安装准备、钢结构安装施工、钢网架结构工程安装、压型金属板工程、特种钢结构安装等。

　　本教材主要作为高职二年制建筑工程技术专业的教学用书，也可作为岗位培训教材或土建工程技术人员的参考书。

＊　　＊　　＊

　　本书在使用过程中有何意见和建议，请与我社教材中心(jiaocai@china-abp.com.cn)联系。

责任编辑：吉万旺
责任设计：郑秋菊
责任校对：王雪竹　张　虹

本教材编审委员会名单

主 任 委 员：张其光

副主任委员：杜国城　陈　付　沈元勤

委　　　　员：(按姓氏笔画为序)

丁天庭　王作兴　刘建军　朱首明　杨太生　杜　军

李顺秋　李　辉　施广德　胡兴福　项建国　赵　研

郝　俊　姚谨英　廖品槐　魏鸿汉

序

改革开放以来,我国建筑业蓬勃发展,已成为国民经济的支柱产业。随着城市化进程的加快、建筑领域的科技进步、市场竞争的日趋激烈,急需大批建筑技术人才。人才紧缺已成为制约建筑业全面协调可持续发展的严重障碍。

面对我国建筑业发展的新形势,为深入贯彻落实《中共中央、国务院关于进一步加强人才工作的决定》精神,2004年10月,教育部、建设部联合印发了《关于实施职业院校建设行业技能型紧缺人才培养培训工程的通知》,确定在建筑施工、建筑装饰、建筑设备和建筑智能化等四个专业领域实施技能型紧缺人才培养培训工程,全国有71所高等职业技术学院、94所中等职业学校、702个主要合作企业被列为示范性培养培训基地,通过构建校企合作培养培训人才的机制,优化教学与实训过程,探索新的办学模式。这项培养培训工程的实施,充分体现了教育部、建设部大力推进职业教育改革和发展的办学理念,有利于职业院校从建设行业人才市场的实际需要出发,以素质为基础,以能力为本位,以就业为导向,加快培养建设行业一线迫切需要的高技能人才。

为配合技能型紧缺人才培养培训工程的实施,满足教学急需,中国建筑工业出版社在跟踪"高等职业教育建设行业技能型紧缺人才培养培训指导方案"编审过程中,广泛征求有关专家对配套教材建设的意见,组织了一大批具有丰富实践经验和教学经验的专家和骨干教师,编写了高等职业教育技能型紧缺人才培养培训"建筑工程技术"、"建筑装饰工程技术"、"建筑设备工程技术"、"楼宇智能化工程技术"4个专业的系列教材。我们希望这4个专业的系列教材对有关院校实施技能型紧缺人才的培养培训具有一定的指导作用。同时,也希望各院校在实施技能型紧缺人才培养培训工作中,有何意见和建议及时反馈给我们。

建设部人事教育司

2005年5月30日

前　言

　　本书是根据建设部关于《高等职业学校技能型紧缺人才培养培训指导方案》的指导思想进行编写的,对本专业的课程体系进行了全新设计,突出项目教学法的特点,更加注重职业实践能力的培养和职业素养的提高,适合于高等职业教育人才培养要求。本书系统地介绍了钢结构工程的材料要求、基本钢构件的构造和设计要点、钢结构的加工制作要求以及常见钢结构的安装技术方法和质量要求。

　　全书共有十四个单元,其中单元1、单元12、单元13和单元14由黑龙江建筑职业技术学院李顺秋编写,单元3、单元4、单元5和单元6由天津建筑职业技术学院杨新强编写,单元2、单元7、单元8和单元10由黑龙江建筑职业技术学院王作成编写,单元9和单元11由黑龙江建筑职业技术学院杨庆丰编写。李顺秋任该书主编,四川建筑职业技术学院胡兴福主审,提出了很多宝贵意见,在此表示衷心地感谢。

　　限于时间和作者水平,书中不足之处在所难免,恳请广大读者批评指正。

目　　录

单元 1　概　　述

知 识 点:本单元讲述钢结构的基本组成、特点及实际应用领域和范围,介绍了当前钢结构的发展概况。

教学目标:通过本单元的学习,应熟悉钢结构的基本构件和连接组成方式;掌握钢结构的实际应用情况;了解我国钢结构的发展现状。

课题 1　钢结构的类型

在土木工程中,钢结构有着广泛的应用。由于使用功能及结构组成方式不同,钢结构种类繁多、形式各异。例如房屋建筑中,有大量的钢结构厂房、高层钢结构建筑、大跨度钢网架建筑、悬索结构建筑等。在公路及铁路上,有各种形式的钢桥,如板梁桥、桁架桥、拱桥、悬索桥、斜张桥等。钢塔及钢桅杆则广泛用作输电线塔、电视广播发射塔。此外,还有海上采油平台钢结构、卫星发射钢塔架等。

所有这些钢结构尽管用途、形式各不相同,但它们都是由钢板和型钢经过加工,制成各种基本构件,如拉杆(有时还包括钢索)、压杆、梁、柱及桁架等,然后将这些基本构件按一定方式通过焊接和螺栓连接等组成结构。

图 1-1 是一个单层房屋钢结构组成的示意图。单层房屋承受竖向荷载、水平荷载(风力及吊车制动力等)。图 1-1 中屋盖桁架和柱组成一系列的平面承重结构,主要承受重力荷载和横向水平荷载。这些平面承重结构又用纵向构件和各种支撑(如图中所示的上弦横向支撑、垂直支撑及柱间支撑等)连成一个空间整体,保证整个结构在空间各个方向都成为一个几何不变体系。

单层房屋的平面承重结构除用桁架和柱组成之外,还可以由实腹的梁和柱组成框架或拱。框架和拱可以做成三铰、二铰或无铰,跨度大的还可以用桁架拱,如图 1-2 所示。

上述结构均属于平面结构体系,其特点是结构由承重体系及附加构件两部分组成,其中承重体系是一系列相互平行的平面结构,结构平面内的垂直和横向水平荷载由它承担,并在该结构平面内传递到基础;附加构件(纵向构件及支撑)的作用是将各个平面结构连成整体,同时也承受结构平面外的纵向水平力。当建筑物的长度和宽度尺寸接近,或平面呈圆形时,如果将各个承重构件自身组成为空间几何不变体系,省去附加构件,受力就更为合理。如图 1-3 所示平板网架屋盖结构,由倒置的四角锥体组成,锥底的四边为网架的上弦杆,锥棱为腹杆,连接各锥顶的杆件为下弦杆。屋架的荷载沿两个方向传到四边的柱上,再传至基础,形成一种空间传力体系。因此,这种结构也称为空间结构体系。这个平板网架中,所有的构件都是主要承重体系的部件,没有附加构件,因此,其内力分布合理,能节省钢材。图 1-4 所示为另一种空间结构体系——空间网壳圆屋顶,其特点是重量轻、覆盖面积大。

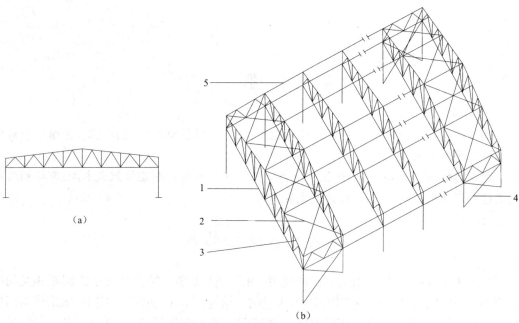

图 1-1　单层房屋钢结构组成示例

1—屋架；2—上弦横向支撑；3—垂直支撑；4—柱间支撑；5—纵向构件

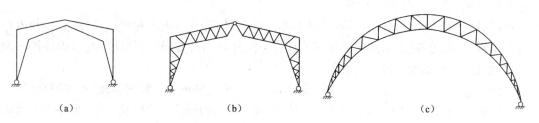

图 1-2　几种平面承重结构的形式

(a)两铰刚架；(b)三铰桁架；(c)两铰桁架拱

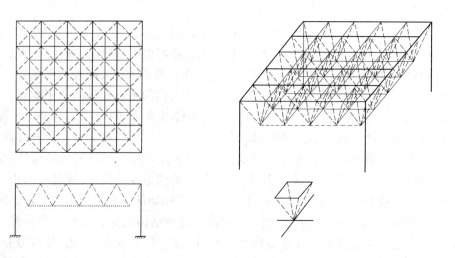

图 1-3　平板网架屋盖

——上弦杆；……下弦杆；－－－－－腹杆

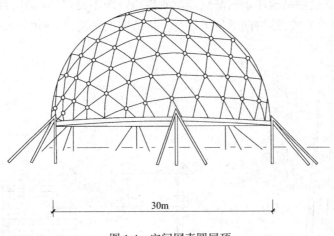

图 1-4　空间网壳圆屋顶

多层房屋结构的特点是:随着房屋高度增加,水平风荷载以及地震作用越来越起重要作用。提高结构抵抗水平荷载的能力,以及控制水平位移不要过大,是这类房屋组成的主要问题。一般多层钢结构房屋的结构体系主要有:框架体系,即由梁和柱组成的多层多跨框架,如图 1-5 所示;带支撑的框架体系,即在两列柱之间设壁斜撑,形成竖向悬臂桁架,以便承受更大的水平荷载,如图 1-6 所示;筒式结构体系,即沿框架四周用密集排列的柱形成空间刚架式的筒体,它能更有效地抵抗水平荷载。如果不用密集排列的柱,也可以在建筑表面附加斜支撑,斜撑与梁、柱组成桁架,这样房屋四周就形成了刚度很大的空间桁架——支撑筒,这也是一种筒式结构体系,如图 1-7 所示。

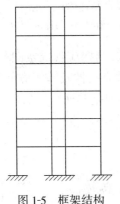

图 1-5　框架结构

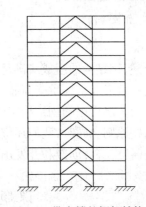

图 1-6　带支撑的框架结构

如图 1-8 所示为一个悬挂结构体系,在立面上,结构有两个巨大的钢管组合柱,每个立柱由 4 根大直径钢管组合而成,在立柱上连接 5 道水平伸臂桁架,每个桁架占两个楼层高度。立柱和桁架一起组成 5 层框架承受重力及横向风载荷(图 1-8a)。各个楼层悬挂在各桁架的下弦节点(图 1-8b),顶层桁架悬挂 4 个楼层,然后向下逐渐增多,直到最低一个桁架悬挂 8 个楼层。图 1-8(b)所示框架共有 4 个沿纵向平行设置,间距为 16.2m,其间用十字交叉支撑相连,建筑物的平面尺寸为 70m × 55m。这种结构体系的优点是平面上仅有 8 个立柱,楼层开间尺寸大,建筑平面布置灵活。同时,各桁架上悬挂的楼层可上下同时施工,因而施工进度可以加快。这种结构体系的缺点是荷载传递路线不是最短(楼层自重由悬吊拉杆向上传至桁架,再传至立柱,然后向下传至地基),从结构上来说,耗费钢材可能要多一些。

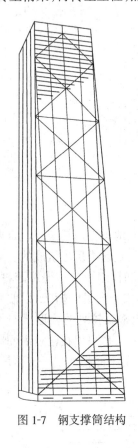

图 1-7　钢支撑筒结构

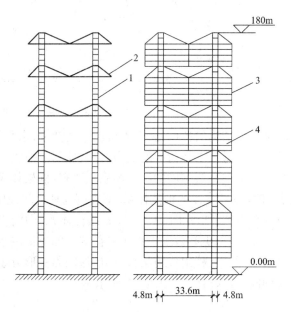

图 1-8　悬挂结构体系示意图
1—立柱;2—伸臂桁架;3—吊杆;4—楼层

综上所述,钢结构的组成应满足结构使用功能的要求,结构应形成空间整体(几何不变体系),才能有效而经济地承受荷载,同时还要考虑材料供应条件及施工方便等因素。本课题仅对单层及多层房屋的钢结构组成作了一些简单介绍,但是其他结构如桥梁、塔架等同样也应遵循这些原则。同时,我们还应看到,随着工程技术的不断发展,以及对结构组成规律不断深入的研究,将会创造和开发出更多的新型结构体系。

课题 2　钢结构的特点

2.1　钢结构的优点

与其他结构形式相比,钢结构具有许多优点,主要归为以下几类:

(1)钢材的抗拉、抗压、抗剪强度相对来说较高,故钢结构构件结构断面小、自重轻。钢与混凝土、木材相比,虽然密度较大,但其强度较混凝土和木材要高得多,其密度与强度的比值一般比混凝土和木材小,因此在同样受力的情况下,钢结构与钢筋混凝土结构和木结构相比,构件较小,重量较轻。一般情况下,高层钢筋混凝土建筑物的自重在 $1.5\sim2.0t/m^2$ 左右,高层建筑钢结构自重大都在 $1t/m^2$ 以下,甚至有的办公楼只有 $0.5 \sim 0.6t/m^2$。

(2)钢结构有较好的延性,抗震性能好,尤其在高烈度震区,使用钢结构就更为有利,钢筋混凝土结构延性的保证在于结构的应力不太高,而钢结构的延性在于使部分构件进入塑性。钢结构在一般条件下不会因超载而突然断裂,只增大变形,故易于被发现。此外,尚能将局部高峰应力重分配,使应力变化趋于平缓。韧性好,适宜在动力荷载下工作,因此在地震区采用钢结构较为有利。

(3)钢结构占有面积(或称为结构平面密度)小,实际上是增加了使用面积。高层建筑钢结构的结构占有面积只是同类钢筋混凝土建筑面积的 28%。采用钢结构可以增加使用面积 4% ~ 8%。这实际上是增加建筑物的使用价值,增加经济效益。

(4)钢结构制作简便,施工工期短。钢结构构件一般是在金属结构厂制作,施工机械化,准确度和精密度皆较高。钢结构所有材料皆已轧制成各种型材,加工简单而迅速。钢构件较轻,连接简单,安装方便,施工周期短。小量钢结构和轻型钢结构还可在现场制作,简易吊装。采用钢结构可为施工提供较大的空间和较宽敞的施工作业面。钢结构工程的柱子一般取 3 ~ 4 层为一个施工段,在现场一次吊装。而且柱子的吊装、钢框架的安装、钢筋混凝土核心筒的浇筑、组合楼盖的施工等,可以实行立体交叉作业。有时在上部安装柱、框架的同时,下部可以进行内部装饰。因此,在保证技术、供应、管理等方面的条件下,可以提前投入使用。钢结构由于连接的特性,易于加固、改建和拆迁。

(5)钢结构的材性好,可靠性高。钢材由钢厂生产,质量控制严格,材质均匀性好,且有良好的塑性和韧性,比较符合理想的各向同性弹塑性材料,因此目前采用的计算理论能够较好地反映钢结构的实际工作性能,可靠性高。

(6)钢结构建筑在使用过程中易于改造,如加固、接高、扩大楼面等内部分割、变动比较容易、灵活。一些发达国家认为,钢结构建筑是环保型建筑,可以重复利用,减少矿产资源的开采。

(7)钢结构的密闭性好,焊接的钢结构可以做到完全密闭,因此适宜于建造要求气密性和水密性好的气罐、油罐和高压容器。

(8)钢结构可以做成大跨度、大空间的建筑。开敞式的大平面办公室,20 世纪 60 年代后得到大的发展,有的国家称之为"园林化办公室"。这种办公室要求较大尺寸的柱网布置,并且柱子断面越小越合适。采用 12 ~ 15m 的柱网已经很普遍。钢结构正适合这种要求,可以形成较宽敞的无柱空间,便于内部灵活布置。

(9)管线布置方便。在钢结构的结构空间中,有许多孔洞与空腔,而且钢梁的腹板也允许穿越小于一定直径的管线,这样使管线的布置较为方便,也增加了建筑净高,而且管线的更换、修理更为方便。

2.2 钢结构的缺点

(1)耐锈蚀性差。新建造的钢结构一般隔一定时间要重新刷涂料,维护费用较高。目前国内外正在发展各种高性能的涂料和不易锈蚀的耐候钢,钢结构耐锈蚀性差的问题有望得到解决。

(2)耐火性差。钢结构耐火性较差,在火灾中,未加防护的钢结构一般只能维持 20min 左右。因此需要防火时,应采取防火措施,如在钢结构外面包混凝土或其他防火材料,或在构件表面喷涂防火涂料等。

课题3 钢结构的应用范围

钢结构的应用范围除须根据钢结构的特点作出合理选择外,还须结合我国国情、针对具体情况进行综合考虑。目前我国在工业与民用建筑中钢结构的应用,大致有如下几个范围:

1. 重型厂房结构

吊车起重量较大或其工作较繁重的车间多采用钢骨架,如冶金厂房的平炉车间、转炉车间,混铁炉车间、初轧车间,重型机械厂的铸钢车间、水压机车间、锻压车间等。近年随着网架结构的大量应用,一般的工业车间也采用了钢结构。

2. 大跨结构

如飞机装配车间、飞机库、干煤棚、大会堂、体育馆、展览馆等皆需大跨结构,其结构体系可为网架、悬索、拱架以及框架等。

3. 塔桅结构

包括塔架的桅杆结构,如电视塔、微波塔、输电线塔、钻井塔、环境大气监测塔、无线电天线桅杆、广播发射桅杆等。

4. 多层、高层及超高层建筑

多层和高层建筑的骨架可采用钢结构。工业建筑中的多层框架和旅馆、饭店等高层或超高层建筑,宜采用框架结构体系、框架支撑体系、框架-剪力墙体系。近年来,钢结构在此领域已逐步得到发展。

5. 承受振动荷载影响及地震作用的结构

设有较大锻锤的车间,其骨架直接承受的动力尽管不大,但间接的振动却极为强烈,可采用钢结构。对于抗地震要求高的结构也宜采用钢结构。

6. 板壳结构

如大型油库、油罐、煤气库、高炉、热风炉、漏斗、烟囱、水塔以及各种管道等。

7. 其他构筑物

如栈桥、管道支架、井架和海上采油平台等。

8. 可拆卸或移动的结构

商业、旅游业和建筑工地用活动房屋,多采用轻型钢结构,并用螺栓或扣件连接。

课题4 我国钢结构发展概况

钢结构在国民经济建设的应用范围很广,它在房屋建筑、地下建筑、桥梁、塔桅、海洋平台、港口建筑、矿山建筑、水工建筑、囤仓囤斗、气柜球罐和容器管道中都得到广泛采用。其中,钢结构建筑工程是我国建筑行业中蓬勃发展的一项既古老又崭新的行业,是绿色环保产品,是推动传统建筑业向高新技术发展的重要力量。

20世纪50~60年代国民经济恢复时期,由前苏联援建的156项新建和扩建项目中,有很大一部分钢结构厂房主要是由钢柱和钢桁架组成的单层厂房,如扩建了鞍山钢铁公司,新建了武汉钢铁公司和包头钢铁公司以及其他重工业厂房,如长春第一汽车制造厂、富拉尔基重型机器制造厂、洛阳拖拉机厂等，都大量应用了钢结构；同时，成立了一大批设计院，建立了一批钢结构制造厂和安装公司，也培养出一批钢结构技术人才。

在民用建筑方面，也建成一批钢结构房屋，从1954年建成的57m跨度两铰拱结构的北京体育馆和1956年建成的52m跨度的圆柱面联方网壳的天津体育馆，到1959年建成的60.9m跨度的北京人民大会堂钢屋架和直径94m的工人体育馆的车辐式悬索屋顶结构等，所有这些，都标志着我国钢结构迈进到一个新的发展阶段。

20世纪60～70年代，由于我国工业发展受到很大障碍，钢产量也长期停滞徘徊，没有太多增长，在此客观条件下，钢结构的应用也受到了很大限制，但还是建成几幢有意义的大型建筑和桥梁。在此时期，还研究开发了由圆钢和小角钢组成的轻钢屋盖，用于小跨度的厂房。

20世纪70年代后期至80年代，随着改革开放政策的实施，以经济建设为中心的工作走上正轨，钢产量逐年稳步增长，钢结构也得到了广泛应用。在此期间先后建成的武汉钢铁公司一米七热轧薄板和冷轧薄板厂及上海宝山钢铁总厂第一、二期工程，其钢结构用量都以10万吨计，以及石油化工厂、发电厂、造船厂和塔桅结构等，都大量应用了钢结构。

20世纪80年代以来，我国钢结构建筑得到很大发展，尤其在1996年，我国钢产量超过1亿t，居世界首位，政府相继出台一系列方针政策，鼓励钢结构产业发展，取得一系列骄人的成绩。在桥梁建设上，先后有1994年建成的公、铁两用双层九江长江大桥，其中主跨长(180＋216＋180)m，并用柔性拱加肋；1995年建成的上海市杨浦大桥，采用双塔双索面斜拉桥，主跨跨长为602m；1999年建成的江阴长江大桥，主跨采用悬索桥，跨长1385m等，这标志着我国已有能力建造任何一种现代化的桥梁。

在超高层建筑领域，先后有208m高的北京京广中心，加桅杆总高383.95m的深圳地王商业中心，420.5m高的上海浦东金茂大厦以及468m高的上海东方明珠电视塔的建成。这说明，我国高层建筑钢结构的技术已经发展到一个较高的水平。

在大跨度建筑和单层工业厂房中，网架、网壳等结构的广泛应用，已受到世界各国的瞩目。1994年建成的天津新体育馆，采用圆形平面球面网壳，直径已达108m；1996年建成的嘉兴电厂干煤棚，采用矩形平面三心圆柱面网壳，跨度为103.5m；1998年建成的长春体育馆，采用错边蚌形网壳结构，平面为120m×160m。这些网壳结构的建成，使我国长期以来网壳结构跨度未突破100m大关的历史已成过去。在大跨空间结构中，上海体育馆马鞍形环形大悬挑空间钢结构屋盖和上海浦东国际机场航站楼张弦梁屋盖钢结构的建成，更标志着我国的大跨度空间钢结构已进入世界先进行列。

复习思考题

1. 目前我国钢结构主要应用在哪些方面？
2. 钢结构的基本构件是什么？如何连接？
3. 钢结构有哪些优点？
4. 钢结构承重体系有哪几种？

单元 2 建筑钢结构用钢材

知 识 点:本单元讲述了结构用钢材的分类及其化学成分、力学性能,建筑钢材的品种、规格以及材质的检验和验收。

教学目标:通过学习,了解钢材的品种、熟悉钢材的性能、掌握钢材的选用,能够根据施工的需要、设计的要求合理选择钢材,以保证正常施工。

课题 1 建筑钢材的性能

1.1 力 学 性 能

力学性能又称机械性能,是在外力作用下表现出来的各种特性。力学性能包括强度、塑性、韧性、硬度等。

1.1.1 强度

材料在外力作用下抵抗变形和断裂的能力称为强度。强度可通过比例极限、弹性极限、屈服强度、抗拉强度等指标来反映,在拉伸试件的应力-应变曲线上可表示出来,见图2-1。在比例极限之前,应力与应变之间呈线性关系,弹性极限是不会出现残余塑性变形时的最大应力,弹性极限与比例极限相当接近。当应力超过弹性极限后,应力与应变不再呈线性关系,产生塑性变形,曲线出现波动,这种现象称为屈服。波动最高点称上屈服点,最低点为下屈服点,下屈服点数值较为稳定,因此以它作为材料抗力指标,称为屈服点。有些钢材无明显的屈服现象,以材料产生的0.2%塑性变形时的应力作为屈服强度。当钢材屈服到一定程度后,由于内部晶粒重新排列,强度提高,进入应变强化阶段,应力达到最大值,此时称为抗拉强度。此后试件截面迅速缩小,出现颈缩现象,直至断裂破坏。

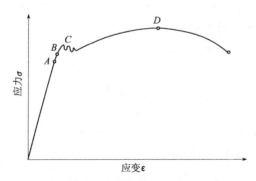

图2-1 低碳钢单轴拉伸应力-应变示意图

屈服点(屈服强度)和抗拉强度是工程设计和选材的重要依据,也是材料购销和检验工作中的重要指标。工程上对屈强比还有要求,屈强比是屈服点和抗拉强度的比,屈强比越小,则结构安全度越大,但不能充分发挥钢材的强度水平。

1.1.2 塑性

塑性表示钢材在外力作用下产生塑性变形而不破坏的能力,它是钢材的一个重要性能指标,用伸长率表示。

伸长率用下式计算:

$$\delta = \frac{l - l_0}{l_0} \times 100\%$$

式中　l_0——试件原始标距长度,mm;

　　　l——试件拉断后的标距长度,mm。

$l_0 = 5d_0$, $l_0 = 10d_0$ 对应的伸长率记为 δ_5 和 δ_{10},同一种钢材 δ_5 大于 δ_{10},现常用 δ_5 表示塑性指标。

1.1.3 韧性

韧性是指材料对冲击荷载的抵抗能力,用冲击韧性值 α_k 来度量,单位为"J/cm^2"。α_k 越大,材料韧性越好。温度对冲击韧性有重大影响,材料转变温度越低,说明钢的低温冲击韧性越好,为了避免钢结构的低温脆断,必须注意钢材的转变温度。

1.1.4 硬度

硬度是指材料表面局部区域抵抗变形的能力。钢材的硬度常用的有布氏硬度(HB)和洛氏硬度(HR)。布氏法的特点是压痕大,测得数据准确、稳定。洛氏法的特点是操作迅速简便,压痕小,可测较薄的试样和成品。

1.2　工　艺　性　能

工艺性能是指钢材在投入生产的过程中,能承受各种加工制造工艺而不产生疵病或废品而应具备的性能。工艺性能包括冷弯性能和焊接性能。

1.2.1 冷弯性能

冷弯性能是指材料在常温下能承受弯曲而不破裂的能力。弯曲程度一般用弯曲角度或弯心直径对材料厚度的比值来表示,弯曲角度越大或弯心直径对材料厚度的比值愈小,则表示材料的冷弯性能就愈好。

1.2.2 焊接性能

焊接性能(又称可焊性)是指钢材适应焊接方法和焊接工艺的能力。焊接性能好的钢材易于用常用的焊接方法和焊接工艺焊接,焊接性能差的钢材焊接后焊缝强度低,还可能出现变形、开裂等现象。

1.3　影响钢材性能的因素

1.3.1 钢的组织

钢材是由无数微细晶粒所构成,碳与铁结合的方式不同,形成不同的晶体组织,使钢材的性能产生显著差异,如珠光体的强度、硬度适中,并有良好的塑性、韧性。

1.3.2 化学成分

碳是决定钢材性能的主要元素,随着含碳量增加,钢材的强度和硬度增大,但塑性和韧性降低,同时钢的冷弯性能和焊接性能降低。

硅和锰是钢的有利元素。硅是脱氧剂,能提高钢的强度和硬度;锰也是脱氧剂,脱氧能力比硅元素弱,锰能提高钢的强度和硬度,还能消除硫、氧对钢材的影响;但硅、锰都要控制含量,避免对钢材产生其他不利影响。

硫和磷是钢中有害元素。硫的存在可能导致钢材的热脆现象,同时硫又是钢中偏析最严重的杂质之一,偏析程度大造成危害大。磷的存在可提高钢的强度,但会降低塑性、韧性,特别是在低温时使钢材产生冷脆性,使承受冲击荷载或在负温下使用的钢结构产生破坏。

低合金结构钢中的合金元素以锰(Mn)、钒(V)、铌(Nb)、钛(Ti)、铬(Cr)、镍(Ni)等为主。钒、铌、钛等元素的添加,都能提高钢材的强度,改善可焊性。镍和铬是不锈钢的主要元素,能提高强度、淬硬性、耐磨性等性能,但对可焊性不利。为改善低合金结构钢的性能,尚允许加入少量钼(Mo)和稀土(Re)元素,可改善其综合性能。

1.3.3 冶炼过程

建筑结构钢主要由转炉和平炉冶炼,电炉生产成本高,适用于冶炼质量要求高的钢。

在浇铸前需对钢水进行脱氧,减少钢的热脆性。根据脱氧方法和脱氧程度的不同将钢分成镇静钢、半镇静钢和沸腾钢。半镇静钢性能介于镇静钢和沸腾钢之间。

为了保证钢材的质量,在轧制过程中应控制轧制温度、压下量和冷却速度等。

1.3.4 热处理

热处理就是将钢在固态范围内施以不同的加热、保温和冷却,从而改变其性能的一种工艺。热处理不改变金属成材的形状和大小,而是通过改变钢材的内部组织来改善性能,包括退火、正火、淬火、回火等。

课题2 结构用钢材的分类

2.1 碳素结构钢

碳素结构钢是最普通的工程用钢,按其含碳量的多少可分为低碳钢、中碳钢和高碳钢,通常把含碳量在 0.25% 以下的称为低碳钢,含碳量在 0.25%~0.60% 之间的称中碳钢,含碳量在 0.60% 以上的称高碳钢。

2.1.1 普通碳素结构钢

按国家标准《碳素结构钢》(GB 700—1988)规定,碳素结构钢分 5 个牌号,其表示方法为:

屈服点的字母 Q、屈服点数值—质量等级符号、脱氧方法符号

牌号分 Q195、Q215、Q235、Q255、Q275。

质量等级分 A、B、C、D 四个等级。

脱氧方法符号:F—沸腾钢、b—半镇静钢、Z—镇静钢、TZ—特殊镇静钢(牌号中 Z 与 TZ 符号予以省略)。

碳素结构钢的化学成分应符合表 2-1 的规定,机械性能应符合表 2-2 和表 2-3 的规定。随着牌号的增大,强度、硬度提高,塑性、韧性、可焊性下降。

建筑钢结构中应用最多的碳素钢是 Q235 级,多轧制成型材、型钢和钢板,用于建造房屋和桥梁等。

碳素结构钢的化学成分　　　　　　　　　　　　　表 2-1

牌　号	质量等级	化　学　成　分，%		Si	S	P	脱氧方法
		C	Mn				
				不　大　于			
Q195	—	0.06~0.12	0.25~0.50	0.30	0.050	0.045	F、b、Z
Q215	A	0.09~0.15	0.25~0.55	0.30	0.050	0.045	F、b、Z
	B				0.045		
Q235	A	0.14~0.22	0.30~0.65①	0.30	0.050	0.045	F、b、Z
	B	0.12~0.20	0.30~0.70①		0.045		
	C	≤0.18	0.35~0.80		0.040	0.040	Z
	D	≤0.17			0.035	0.035	TZ
Q255	A	0.18~0.28	0.40~0.70	0.30	0.050	0.045	F、b、Z
	B				0.045		
Q275	—	0.20~0.38	0.50~0.80	0.35	0.050	0.045	b、Z

注:1. 本表选自《碳素结构钢》(GB 700—1988);
　　2.①Q235A、Q235B级沸腾钢锰含量上限为 0.60%。

碳素结构钢的机械性能　　　　　　　　　　　　表 2-2

牌号	等级	拉　伸　试　验														冲击试验	
		屈服点，MPa						抗拉强度(MPa)	伸长率 δ_5,%						温度(℃)	V 形冲击功(纵向) J
		钢材厚度(直径),mm							钢材厚度(直径),mm							
		≤16	>16~40	>40~60	>60~100	>100~150	>150		≤16	>16~40	>40~60	>60~100	>100~150	>150		
		≥							≥							≥
Q195	—	(195)	(185)	—	—	—	—	315~430	33	32	—	—	—	—	—	—
Q215	A	215	205	195	185	175	165	335~450	31	30	29	28	27	26	—	—
	B														20	27
Q235	A	235	225	215	205	195	185	375~500	26	25	24	23	22	21	—	27
	B														20	
	C														0	
	D														−20	
Q255	A	255	245	235	225	215	205	410~550	24	23	22	21	20	19	—	—
	B														20	27

牌号	等级	拉 伸 试 验							伸长率 δ₅,%						冲击试验	
		屈服点,MPa						抗拉强度 (MPa)	δ_5 伸长率,%						温度 (℃)	V形冲击功(纵向) J
		钢材厚度(直径),mm							钢材厚度(直径),mm							
		≤16	>16~40	>40~60	>60~100	>100~150	>150		≤16	>16~40	>40~60	>60~100	>100~150	>150		
		≥							≥							≥
Q275	—	275	265	255	245	235	225	490~630	20	19	18	17	16	15	—	—

注:本表选自《碳素结构钢》(GB 700—1988)。

碳素结构钢冷弯试验指标   表 2-3

牌 号	试样方向	冷弯试验(试样宽度为2a,180°)		
		钢材厚度(直径)a,cm		
		60	>60~100	>100~200
		弯心直径 d		
Q195	纵 横	0 0.5a	— 	—
Q215	纵 横	0.5a a	1.5a 2a	2a 2.5a
Q235	纵 横	a 1.5a	2a 2.5a	2.5a a
Q255	—	2a	3a	3.5a
Q275	—	3a	2a	4.5a

注:本表选自《碳素结构钢》(GB 700—1988)。

2.1.2 优质碳素结构钢

优质碳素结构钢对有害杂质含量控制严格,质量稳定,但成本较高。一般不用于建筑钢结构,特定条件下以优代劣解决急需材料,在高强度螺栓中也有应用。优质碳素结构钢钢号用代表平均含碳量的数字表示,参照国家标准《优质碳素结构钢》(GB/T 699—1999),例如20,表示平均含碳量为0.20%。

2.2 低合金高强度结构钢

低合金高强度结构钢是一种在碳素结构钢的基础上添加总量不超过5%合金元素的钢材。加入合金元素后钢材强度明显提高,同时具有良好的韧性和可焊性、耐腐蚀性、耐低温性能。在钢结构中采用可节约钢材并减轻结构自重,特别适用大型、大跨度结构或重负荷结构中。

按国家标准《低合金高强度结构钢》(GB/T 1591—1994)规定,低合金高强度结构钢分 5 个牌号,其表示方法为:

屈服点的字母 Q、屈服点数值—质量等级符号

牌号分 Q295、Q345、Q390、Q420、Q460。

质量等级分 A、B、C、D、E。

低合金高强度结构钢的化学成分应符合表 2-4 的规定,机械性能应符合表 2-5 的规定。

低合金高强度结构钢的化学成分   表 2-4

牌号	质量等级	化 学 成 分, %										
		C≤	Mn	Si	P≤	S≤	V	Nb	Ti	Al≥	Cr≤	Ni≤
Q295	A	0.16	0.80~1.50		0.045					—		
	B				0.040					—		
Q345	A	0.02			0.045		0.02~0.15			—		—
	B	0.02			0.040					—		
	C	0.20			0.035					0.015	—	
	D	0.18			0.030					0.015		
	E	0.18			0.025					0.015		
			1.00~1.60									
Q390	A				0.045					—	0.30	
	B				0.040					—		
	C				0.035					0.015		
	D				0.030					0.015		
	E			0.55	0.025			0.015~0.060	0.02~0.20	0.015		
Q420	A	0.20			0.045		0.02~0.20			—	0.40	0.70
	B				0.040					—		
	C				0.035					0.015		
	D				0.030					0.015		
	E				0.025					0.015		
			1.00~1.70									
Q460	C				0.035					0.015	0.70	
	D				0.030					0.015		
	E				0.025					0.015		

注:本表选自《低合金高强度结构钢》(GB/T 1591—1994)。

牌号	质量等级	屈服点，MPa				抗拉强度（MPa）	伸长率 δ_5（%）	冲击功（纵向）J				180°冷弯试验 d 为弯心直径 a 为试样厚度（直径）mm	
		厚度（直径，边长），mm						+20℃	0℃	-20℃	-40℃		
		≤15	>16~35	>35~50	>50~100							$a≤16$	a >16~100
		不 小 于						不 小 于					
Q295	A B	295	275	255	235	390~570	23	— 34				$d=2a$	$d=3a$
Q345	A B C D E	345	325	295	275	470~630	21 21 22 22 22	34	34	34	27		
Q390	A B C D E	390	370	350	330	490~650	19 19 20 20 20	34	34	34	27		
Q420	A B C D E	420	400	380	360	520~680	18 18 19 19 19	34	34	34	27		
Q460	C D E	460	440	420	400	550~720	17 17 17		34	34	27		

注：本表选自《低合金高强度结构钢》（GB/T 1591—1994）。

2.3　耐大气腐蚀用钢

在钢中加入少量的合金元素，如 Cu、Cr、Ni、Nb 等，使其在金属基体表面上形成保护层，以提高钢材耐大气腐蚀性能，这类钢称为耐大气腐蚀钢或耐候钢。

我国现行生产的这类钢又分为焊接结构用耐候钢和高耐候结构钢两类。

2.3.1　焊接结构用耐候钢

焊接结构用耐候钢能保持钢材具有良好的焊接性能，适用于桥梁、建筑和其他结构用具有耐候性能的钢材，适用厚度可达 100mm。

按国家标准《焊接结构用耐候钢》（GB/T 4172—2000）的规定，焊接结构用耐候钢分 4 个牌号，其表示方法为：

屈服点的字母 Q、屈服点数值、耐候的字母 NH 以及钢材质量等级

牌号分 Q235NH、Q295NH、Q355NH、Q460NH。

质量等级分 C、D、E。

焊接结构用耐候钢的化学成分应符合表 2-6 的规定，其力学性能应符合表 2-7 的规定。

牌 号	统一数字代号	化 学 成 分 （%）							
		C	Si	Mn	P	S	Cu	Cr	V
Q235NH	L52350	≤0.15	0.15~0.40	0.20~0.60	≤0.035	≤0.035	0.20~0.50	0.40~0.80	
Q295NH	L52950	≤0.15	0.15~0.50	0.60~1.00	≤0.035	≤0.035	0.20~0.50	0.40~0.80	
Q355NH	L53550	≤0.16	≤0.50	0.90~1.50	≤0.035	≤0.035	0.20~0.50	0.40~0.80	0.02~0.10
Q460NH	L54600	0.10~0.18	≤0.50	0.90~1.50	≤0.035	≤0.035	0.20~0.50	0.40~0.80	0.02~0.10

焊接结构用耐候钢的力学性能　表 2-7

牌　号	钢材厚度（mm）	屈服点 σ_s（N/mm²）不小于	抗拉强度 σ_b（N/mm²）	δ_5 断后伸长率不小于（%）	180°弯曲试验	V形冲击试验			
						试样方向	质量等级	温度（℃）	冲击功（J）不小于
Q235NH	≤16	235	360~490	25	d＝a	纵 向	C	0	
	>16~40	225		25			D	−20	34
	>40~60	215		24	d＝2a		E	−40	27
	>60	215		23					
Q295NH	≤16	295	420~560	24	d＝2a		C	0	
	>16~40	285		24			D	−20	34
	>40~60	275		23	d＝3a		E	−40	27
	>60~100	255		22					
Q355NH	≤16	355	490~630	22	d＝2a		C	0	
	>16~40	345		22			D	−20	34
	>40~60	335		21	d＝3a		E	−40	27
	>60~100	325		20					
Q460NH	≤16	460	550~710	22	d＝2a		C		
	>16~40	450		22			D	−20	34
	>40~60	440		21	d＝3a		E	−40	31
	>60~100	430		20					

注：d—弯心直径；a—钢材厚度。

2.3.2　高耐候结构钢

高耐候结构钢的耐候性能比焊接结构用耐候钢好，所以称作高耐候性结构钢，适用于建筑、塔架等高耐候性结构，但作为焊接结构用钢，厚度应不大于 16mm。

按国家标准《高耐候性结构钢》(GB/T 4171—2000)的规定，高耐候性结构钢分为 5 个牌号，其表示方法为：

屈服点的字母 Q、屈服点数值、高耐候的字母 GNH（含 Cr、Ni 的加代号 L）

牌号分 Q295GNH、Q295GNHL、Q345GNH、Q345GNHL、Q390GNH。

高耐候性结构钢的化学成分应符合表 2-8 的规定，其力学性能应符合表 2-9 和表 2-10 的规定。

高耐候结构钢的化学成分 表 2-8

牌 号	统一数字代号	化 学 成 分 （%）									
		C	Si	Mn	P	S	Cu	Cr	Ni	Ti	RE
Q295GNH	L52951	≤0.12	0.20～0.40	0.20～0.60	0.07～0.15	≤0.035	0.25～0.55			≤0.10	≤0.15
Q295GNHL	L52952	≤0.12	0.10～0.40	0.20～0.50	0.07～0.12	≤0.035	0.25～0.45	0.30～0.65	0.25～0.50		
Q345GNH	L53451	≤0.12	0.20～0.60	0.50～0.90	0.07～0.12	≤0.035	0.25～0.50			≤0.03	≤0.15
Q345GNHL	L53452	≤0.12	0.25～0.75	0.20～0.50	0.07～0.15	≤0.035	0.25～0.55	0.33～1.25	≤0.65		
Q390GNH	L53901	≤0.12	0.15～0.65	≤1.40	0.07～0.12	≤0.035	0.25～0.55			≤0.10	≤0.12

高耐候结构钢的力学性能 表 2-9

牌 号	交货状态	厚度（mm）	屈服点 σ_s（N/mm²）不小于	抗拉强度 σ_b（N/mm²）不小于	伸长率 δ_5（%）不小于	180°弯曲试验
Q295GNH	热 轧	≤6	295	390	24	$d=a$
		>6				$d=2a$
Q295GNHL		≤6	295	430	24	$d=a$
		>6				$d=2a$
Q345GNH		≤6	345	440	22	$d=a$
		>6				$d=2a$
Q345GNHL		≤6	345	480	22	$d=a$
		>6				$d=2a$
Q390GNH		≤6	390	490	22	$d=a$
		>6				$d=2a$
Q295GNH	冷 轧	≤2.5	260	390	27	$d=a$
Q295GNHL						
Q345GNHL			320	450	26	

高耐候结构钢的冲击性能 表 2-10

牌 号	V 形 缺 口 冲 击 试 验		
	试 验 方 向	温 度（℃）	平均冲击功（J）
Q295GNH Q295GNHL Q345GNH Q345GNHL Q390GNH	纵 向	0 −20	≥27

注：试验温度在合同中注明。

课题 3 建筑钢材的品种、规格

3.1 钢板和钢带

钢板是矩形平板状的钢材,可直接轧制或由宽钢带剪切而成。其按厚度分为薄钢板(厚度不大于 4mm)和厚钢板(厚度大于 4mm)。实际工作中常将厚度为 4～20mm 的钢板称为中板,厚度为 20～60mm 的钢板称为厚板,厚度大于 60mm 的钢板称为特厚板。成张的钢板的规格以厚度×宽度×长度的毫米数表示。长度很长,成卷供应的钢板称为钢带。钢带的规格以厚度×宽度的毫米数表示。

建筑钢结构使用的钢板(钢带)按轧制方法分有冷轧板和热轧板。热轧钢板和钢带的规格尺寸应符合国家标准《热轧钢板和钢带的尺寸、外形、重量及允许偏差》(GB/T 709—88)的规定,同时符合《热轧钢板表面质量的一般要求》(GB/T 14977—94)的规定,其技术要求要符合《碳素结构钢和低合金结构钢热轧薄钢板及钢带》(GB/T 912—89)和《碳素结构钢和低合金结构钢热轧厚钢板和钢带》(GB/T 3274—88)的规定。冷轧钢板的规格应符合《冷轧钢板和钢带的尺寸、外形、重量及允许偏差》(GB/T 708—88)的规定,技术要求应符合《碳素结构钢和低合金结构钢冷轧薄钢板及钢带》的规定。

3.2 普通型材

3.2.1 工字钢

工字钢是截面为工字形,腿部内侧有 1:6 斜度的长条钢材。其规格以腰高(h)×腿宽(b)×腰厚(d)的毫米数表示,也可用型号表示,型号为腰高的厘米数,同一型号工字钢又可分为 a、b、c 等区别。工字钢应符合《热轧工字钢尺寸、外形、重量及允许偏差》(GB/T 706—88)的规定。

3.2.2 槽钢

槽钢是截面为凹槽形,腿部内侧有 1:10 斜度的长条钢材。其规格表示同工字钢,不同腿宽和腰厚也需用 a、b、c 加以区别。槽钢的规格应符合《热轧槽钢尺寸、外形、重量及允许偏差》(GB/T 707—88)的规定。

3.2.3 角钢

角钢是两边互相垂直成直角形的长条钢材,有等边角钢和不等边角钢两大类。

等边角钢的规格以边宽×边宽×边厚的毫米数表示,也可用型号(边宽的厘米数)表示,其规格应符合《热轧等边角钢尺寸、外形、重量及允许偏差》(GB/T 9787—88)的规定。

不等边角钢的规格以长边宽×短边宽×边厚的毫米数表示,也可用型号(长边宽/短边宽的厘米数)表示,其规格应符合《热轧不等边角钢尺寸、外形、重量及允许偏差》(GB/T 9788—88)的规定。

3.3 热轧 H 型钢和焊接 H 型钢

H 型钢由工字钢发展而来,与工字钢比,H 型钢具有翼缘宽、翼缘相互平行、内侧没有斜度、自重轻、节约钢材等特点。

热轧 H 型钢分三类:宽翼缘 H 型钢 HW,中翼缘 H 型钢 HM,窄翼缘 H 型钢 HN。其规格型号用高度 $h \times$ 宽度 $b \times$ 腹板厚度 $t_1 \times$ 翼缘厚度 t_2 表示,规格应符合《热轧 H 型钢和剖分 T 型钢》(GB/T 11263—1998)的规定。

焊接 H 型钢是将钢板剪截、组合并焊接而成 H 形的型钢,分焊接 H 型钢(HA)、焊接 H 型钢钢桩(HGZ)、轻型焊接 H 型钢(HAQ)。其规格型号用高度 × 宽度表示,规格应符合《焊接 H 型钢》(YB 3301—92)的规定。

3.4 热轧剖分 T 型钢

热轧剖分 T 型钢由热轧 H 型钢剖分后而成,见图 2-2,分宽翼缘剖分 T 型钢(TW)、中翼缘剖分 T 型钢(TM)、窄翼缘剖分 T 型钢(TN)三类。其规格型号用高度 $h \times$ 宽度 $b \times$ 腹板厚度 $t_1 \times$ 翼缘厚度 t_2 表示,规格应符合《热轧 H 型钢和剖分 T 型钢》(GB/T 11263—1998)的规定。

3.5 冷弯型钢

冷弯型钢是用可加工变形的冷轧或热轧钢带在连续辊式冷弯机组上生产的冷加工型材,其质量应符合《冷弯型钢技术条件》(GB/T 6725—92)的规定。

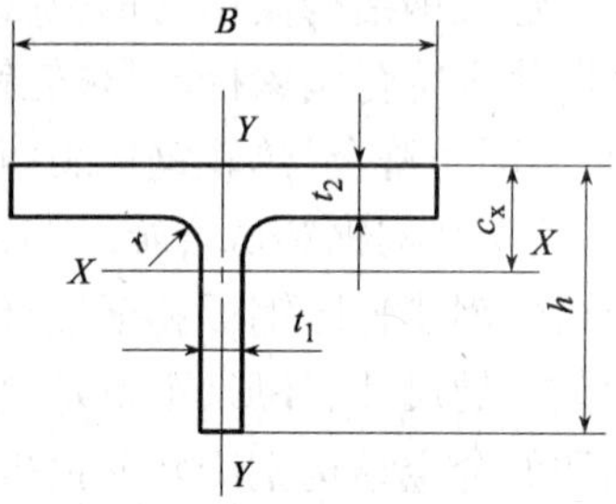

图 2-2 剖分 T 型钢的尺寸

3.5.1 通用冷弯开口型钢

通用冷弯开口型钢按其形状分为 8 种(见图 2-3):冷弯等边角钢、冷弯不等边角钢、冷弯等边槽钢、冷弯不等边槽钢、冷弯内卷边槽钢、冷弯外卷边槽钢、冷弯 Z 型钢、冷弯卷边 Z 型钢。通用冷弯开口型钢的规格应符合《通用冷弯开口型钢》(GB 6723—86)的规定。

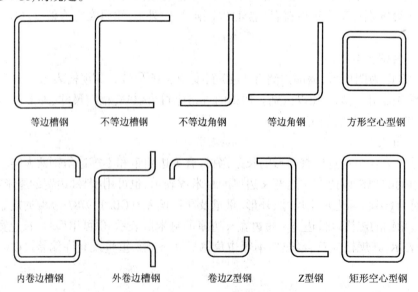

| 等边槽钢 | 不等边槽钢 | 不等边角钢 | 等边角钢 | 方形空心型钢 |

| 内卷边槽钢 | 外卷边槽钢 | 卷边 Z 型钢 | Z 型钢 | 矩形空心型钢 |

图 2-3 冷弯型钢截面示意图

3.5.2 结构用冷弯空心型钢

空心型钢按外形形状可分为方形空心型钢(F)和矩形空心型钢(J),见图 2-3。方形空心型钢的规格表示方法为:F 边长×边长×壁厚。矩形空心型钢的规格表示方法为:J 长边×短边×壁厚。空心型钢的规格应符合《结构用冷弯空心型钢》(GB 6728—86)的规定。

3.6 厚度方向性能钢板

厚度方向性能钢板不仅要求沿宽度方向和长度方向有一定的力学性能,而且要求厚度方向有良好的抗层状撕裂性能。钢板的抗层状撕裂性能采用厚度方向拉力试验时的断面收缩率来评定。

国家标准《厚度方向性能钢板》(GB 5313—85)就是对有关标准的钢板要求做厚度方向性能试验时的专用规定。按硫含量和断面收缩率将钢板厚度方向性能级别分为 Z15、Z25、Z35 三级。

行业标准《高层建筑结构用钢板》(YB 4104—2000)中的钢板牌号表示方式为:屈服点的字母 Q、屈服点数值、高层建筑字母 GJ、质量等级符号,对厚度方向性能钢板再加后缀字母 Z。其四个牌号为 Q235GJ、Q235GJZ、Q345GJ、Q345GJZ。

3.7 结构用钢管

结构用钢管有热轧无缝钢管和焊接钢管。结构用无缝钢管按《结构用无缝钢管》(GB/T 8162—87)规定,分热轧(挤压、扩)和冷拔(轧)两种,热轧钢管外径为 32～630mm,壁厚为 2.5～75mm。冷拔钢管外径为 6～200mm,壁厚为 0.25～14mm,焊接钢管由钢板或钢带经过卷曲成型后焊制而成,分直缝电焊钢管和螺旋焊钢管。直缝电焊钢管外径为 5～508mm,壁厚为 0.5～12.7mm,应符合《直缝电焊钢管》(GB/T 13793—92)的规定。低压流体输送用焊接钢管也称一般焊管,俗称黑管,规格用公称口径的毫米数表示,应符合《低压流体输送用焊接钢管》(GB/T 3092—93)的规定。

课题 4 钢材的材质检验和验收

4.1 一 般 要 求

钢结构工程采用的钢材,都应具有质量证明书,当对钢材的质量有疑义时,可按国家现行有关标准的规定进行抽样检验。钢材通用的检验项目、取样数量和试验方法参见表 2-12。钢材应成批进行验收,每批由同一牌号、同一尺寸、同一交货状态组成,重量不得大于 60t。只有 A 级钢或 B 级钢允许同一牌号、同一质量等级、同一冶炼和浇筑方法、不同炉罐号组成混合批,但每批不得多于 6 个炉罐号,且每炉罐号含碳量之差不得大于 0.02%,含锰量之差不得大于 0.15%。

钢材通用检验项目规定　　　　　　　　　　　　表 2-12

序　　号	检验项目	取样数量,个	取样方法	试验方法
1	化学分析	1(每炉罐号)	GB 222	GB 223
2	拉　伸	1	GB 2975	GB 228 GB 6397

序 号	检验项目	取样数量,个	取样方法	试验方法
3	弯 曲	1	GB 2975	GB 232
4	常温冲击	3	GB 2975	GB/T 229
5	低温冲击	3	GB 2975	GB/T 229

符合下列情况的,钢结构工程用的钢材须同时具备材质质量保证书和试验报告:①国外进口的钢材;②钢材不同批次混淆;③钢材质量保证书的项目少于设计要求(应提供缺少项目对应的试验报告单);④设计有特殊要求的钢结构用钢材。

4.2 钢材性能复验

4.2.1 化学成分分析

化学成分复试是钢材复试中的常见项目,对钢厂生产能力有怀疑,钢材表面铭牌标记不清,钢号不明时一般都要取样做化学成分分析。

按国家标准规定,复验属于成品分析,试样必须在钢材具有代表性的部位采取。化学分析用试样样屑,可以钻取、刨取或用其他工具机制取。采样时严禁接触油类,防止油类中的碳使复试结果发生偏差;为防止浮锈物和表面脱碳等影响试验结果,必须去除钢材表面锈蚀或氧化铁皮并有足够的深度。

4.2.2 钢材性能试验

钢材性能复试项目中主要是力学性能和工艺性能的复试。由于钢材轧制方向等方面原因,钢材各个部位的性能不尽相同,按标准规定截取试样才能正确反映钢材的性能。

(1)试样切取位置

1)板材试样。对钢板和宽度大于或等于400mm的扁钢,应在距离一边约1/4板宽位置切取,见图2-4。

2)型材试样。球扁钢、T型钢、角钢、槽钢、工字钢切取部位见图2-4。

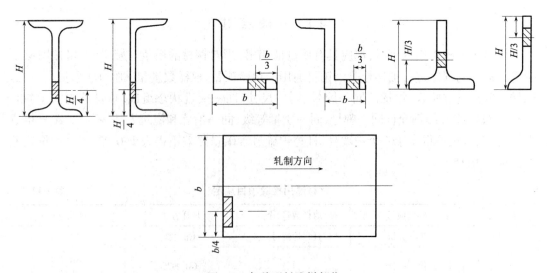

图2-4 各种型材取样部位

3)管材试样。对于外径小于 30mm 的钢管,应取整个管段作试样;当外径大于 30mm 时,应剖管取纵向或横向试样;对大口径钢管,其壁厚小于 8mm 时,应取条状试样;当壁厚大于 8mm 时,也可加工成圆形比例试样,见图2-5。

(2)试样切取方向

1)拉伸试样。板材试样主轴线与最终轧制方向垂直;型钢试样主轴线与最终轧制方向平行。

2)冲击试样。纵向冲击试样主轴线与最终轧制方向平行;横向冲击试样主轴线与最终轧制方向垂直。

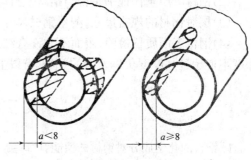

$a<8$ $\qquad$ $a\geqslant 8$

图 2-5 管材取样示意图

(3)试验方法

1)钢材拉伸试验应符合国家标准《金属拉伸试样方法》(GB 228—87)的规定。

2)钢材冲击试验应符合国家标准《金属夏比(V 形缺口)冲击试验方法》(GB/T 229—94)的规定。

3)钢材弯曲试验应符合国家标准《金属弯曲试验方法》(GB 232—88)的规定。

4.3 试验取样数量

常用钢材化学成分分析和钢材性能试验取样数量见表2-13。

常用钢材试样取样要求 表 2-13

检验项目 标准名称及标准号	化学成分	拉伸试验	弯曲试验	常温冲击	低温冲击	时效冲击	表面	厚度方向性能	超声波探伤
碳素结构钢 GB/T 700—1988	1/每炉罐号	1/批	1/批	3/批	3/批				
优质碳素结构钢 GB/T 699—1999	1/每炉罐号	2/批		2/批					
低合金高强度结构钢 GB/T 1591—1994	1/每炉罐号	1/批	1/批	3/批	3/批				
焊接结构用耐候钢 GB/T 4172—2000	1/每炉罐号	1/批	1/批	3/批					
高耐候结构钢 GB/T 4171—2000	1/每炉罐号	1/批	1/批	3/批					
桥梁用结构钢	1/每炉罐号	1/批	1/批	3/批		2/批	逐张		
高层建筑用钢板	1/每炉罐号	1/批	1/批	3/批				3/批	逐张

注:批的组成:每批由同一牌号、同一质量等级、同一炉罐号、同一品种、同一尺寸、同一交货状态组成,重量不得大于 60t。

4.4 钢材的验收

钢材的验收是保证钢结构工程质量的重要环节,应该按照规定执行。钢材验收应达到

以下要求:

(1)钢材的品种和数量是否与订货单一致。

(2)钢材的质量保证书是否与钢材上打印的记号相符。

(3)核对钢材的规格尺寸,测量钢材尺寸是否符合标准规定,尤其是钢板厚度的偏差。

(4)钢材表面质量检验,表面不允许有结疤、裂纹、折叠和分层等缺陷,钢材表面的锈蚀深度不得超过其厚度负偏差值的一半,有以上问题的钢材应另行堆放,以便研究处理。

复习思考题

1.钢材的化学成分对钢材的性能有哪些影响?

2.结构用钢材牌号的表示方法分别是什么?

3.钢结构常用的型钢有哪些?

4.钢材性能复验内容有哪些?

5.钢材验收应达到哪些要求?

单元 3　钢结构的连接计算

知　识　点：对接焊缝连接的构造和计算，角对接焊缝连接的构造和计算，普通螺栓连接的构造和计算，高强度螺栓连接的构造和计算。

教学目标：钢结构连接是钢结构设计的重要组成部分，通过本单元学习要求达到：熟悉钢结构设计规范对连接的有关要求；熟悉各种焊接的施工工艺和质量要求；掌握焊缝连接的构造要求；熟练掌握焊缝连接设计计算方法；掌握螺栓连接的构造要求；熟练掌握螺栓（特别是摩擦型高强度螺栓）连接的设计计算方法；了解减小残余变形和残余应力的方法。

钢结构所用的连接方法有焊接连接、螺栓连接和铆钉连接三种。目前以焊接连接应用最为广泛，螺栓其次。铆钉连接由于费工费料，在建筑结构中基本已经不采用。本单元主要讲述钢结构中的焊接连接和螺栓连接的施工工艺、构造要求、受力分析和设计计算方法。

课题 1　焊　接　连　接

1.1　焊接连接的概念

1.1.1　焊接方法

钢结构的焊接方法有电弧焊、电阻焊和气焊。其中常用的是电弧焊，包括手工电弧焊、自动（半自动）电弧焊、气体保护焊等。

（1）手工电弧焊

手工电弧焊是钢结构中最常用的焊接方法，其原理示意见图 3-1。它由焊条、焊钳、焊件、电焊机和导线等组成电路。施焊时，通电打火引弧后，在焊条和焊件之间的间隙高温电弧，使焊条熔化滴入被电弧加热熔化并吹成的焊口熔池中，同时燃烧焊条外包的焊药，在熔池周围形成保护气体，可隔绝熔池中的液态金属和空气中的氧、氮等气体接触，避免形成脆性化合物，稍后在焊缝熔化金属表面再形成熔渣。焊缝金属冷却后即与焊件母材熔成一体。

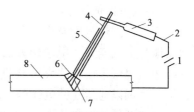

图 3-1　手工电弧焊

1—电源；2—导线；3—焊钳；4—焊条；5—药皮；6—焊弧；7—熔池；8—焊件

手工电弧焊设备简单、操作方便、适应性强，对一些短焊缝、曲折焊缝以及现场焊缝更为方便，应用十分广泛，但手工焊缝的质量波动性大，生产效率低。

手工电弧焊的焊缝质量还与焊条有直接的关系，焊条选用应和焊件的钢材强度和性能相适应。在手工焊接时，对 Q235 钢用 E43 型焊条（E4300—E4316），Q345 钢用 E50 型焊条（E5000—E5518），Q390 钢和 Q420 钢均采用 E55 型焊条（E5500—E5518）。其中 E 表示焊条;前两位数字表示焊缝熔敷金属或对接焊缝的抗拉强度分别为 420N/mm²,490N/mm²,540N/mm²,(折合 43 kgf/mm²,50kgf/mm²,55kgf/mm²);第三位数字表示适用的焊缝位置,0 和 1 表示适用于全位置施焊(平、横、立、仰),2 表示适用于平焊及水平角焊,4 表示适用于向下立焊;第三位和第四位数字组合表示药皮的类型和适用的电流的种类(交、直流电源)。当不同强度的钢材连接时,可采用与低强度钢材相适应的焊接材料。

(2)自动(半自动)电弧焊

自动电弧焊是利用小车来完成全部施焊过程的焊接方法,其原理见图 3-2。自动电弧焊的全部设备装在一小车上,小车能沿轨道按规定速度移动。通电引弧后,电弧使埋在焊剂下的焊丝附近的焊件熔化,而焊渣即浮在熔化的金属表面,将焊剂埋盖,可有效地保护熔化金属,这种焊接方法称为自动电弧焊。当焊机的移动由人工操作时,称为半自动电弧焊。

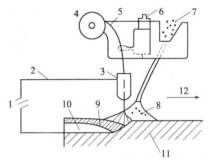

图 3-2　自动电弧焊
1—电源;2—导线;3—进丝器;4—转盘;
5—焊丝;6—进丝电动机;7—焊剂漏斗;
8—熔剂;9—熔渣;10—敷熔金属;
11—焊件;12—移动方向

自动(半自动焊)电弧焊的焊接质量比手工电弧焊要好,特别适用于焊缝较长的直线焊缝。半自动电弧焊的质量介于二者之间,因由人工操作,故适应焊曲线或任意形式的焊缝。和手工电弧焊相比,自动(半自动焊)优点是焊接速度快、生产效率高、劳动条件好、焊缝质量稳定可靠;其缺点是焊前装配要求技术严格,施焊位置受限制,不如手工焊灵活。

自动(半自动)电弧焊所采用的焊丝一般采用专门的焊接用钢丝。对 Q235 钢,可采用 H08A、H08MnA、H08E 等焊丝,相应的焊剂分别为 HJ431,HJ430 和 SJ401。对低合金高强度结构钢尚应根据坡口情况相应选用。对 Q345 钢,不开坡口的对接焊缝,可用 H08A 焊丝,中厚板开坡口对接可用 H08MnA、H10Mn2 和 H10MnSi 焊丝,焊剂可用 HJ430、HJ431 或 SJ301;而厚板坡深口对接可用 H08MnMoA、H10Mn2 焊丝,焊剂可用 HJ350。对 Q390 钢和 Q420 钢,不开坡口的对接焊缝用 H08A、H08MnA 焊丝,中厚板开坡口对接时用 H10Mn2、H10MnSi;焊剂用 HJ430 或 HJ431;而厚板深坡口对接时常用 H08MnMoA 焊丝,焊剂为 HJ350 或 HJ250。

(3)气体保护焊

气体保护焊是用喷枪喷出二氧化碳气体或其他惰性气体,作为电弧焊的保护介质,把电弧熔池与大气隔离。用这种方法焊接,电弧加热集中,焊缝强度高,塑性和抗腐蚀性能好。在操作时也可采用自动或半自动焊方法。但这种焊接方法的设备复杂,电弧光较强,焊缝表面成型不如以前所述的电弧焊平滑,一般用于厚钢板或特厚钢板的焊接。另外,气体保护焊接受自然条件的影响较大,不太适用于室外操作。

1.1.2　焊缝缺陷、质量检验和焊缝级别

(1)焊缝缺陷

焊缝缺陷是指焊接过程中,产生于焊缝金属或邻近热影响区钢材表面或内部的缺陷。常见的缺陷是:①焊缝尺寸偏差;②咬边,如焊缝与母材交界处形成凹坑;③弧坑,起弧或落弧处焊缝所形成的凹坑;④未熔合,指焊条熔融金属与母材之间局部未熔合;⑤母材被烧穿;

⑥气孔;⑦非金属夹渣;⑧裂纹。以上这些缺陷,一般都会引起应力集中削弱焊缝有效截面,降低承载能力,尤其是裂纹对焊缝的受力危害最大。它会产生严重的应力集中,并易扩展引起断裂,按规定是不允许出现裂纹的。因此,若发现有裂纹,应彻底铲除后补焊。

(2)焊缝的质量检验和焊缝级别

根据结构类别和重要性,《钢结构工程施工质量验收规范》(GB 50205—2001)将焊缝质量检验级别分为三级。三级检验项目规定只对全部焊缝做外观检查,即检验焊缝实际尺寸是否符合要求和有无看得见的裂纹、咬边、气孔等缺陷;一级和二级焊缝应采用超声波探伤进行内部缺陷的检验,当超声波探伤不能对缺陷作出判断时,应采用射线探伤。一级焊缝超声波和射线探伤的比例均为100%,二级焊缝超声波探伤和射线探伤的比例均为20%且均不小于200mm。当焊缝长度小于200mm时,应对整条焊缝探伤。探伤应符合《钢焊缝手工超声波探伤方法和探伤结果分级法》(GB 11345)或《钢熔化焊对接接头射线照像和质量分级》(GB 3323)的规定。

钢结构中一般采用三级焊缝,可满足通常的强度要求,但其中对接焊缝的抗拉强度有较大的变异性,《钢结构设计规范》(GB 50017—2003)中规定,其设计值仅为主体钢材的85%左右。因而对有较大拉应力的对接焊缝,以及直接承受动力荷载构件的较重要焊缝,可部分采用二级焊缝,对抗动力和疲劳性能有较高要求处可采用一级焊缝。

焊缝质量等级须在施工图中标注,但三级焊缝不需标注。

1.2 焊缝形式

1.2.1 焊缝的分类

焊接连接的形式,可按不同的分类方法进行分类。

(1)按被连接件之间的相对位置分类

依据被连接件之间的相对位置不同,焊缝连接可分为平接、搭接、T形连接四种形式,如图 3-3 所示。

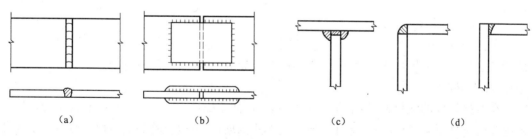

图 3-3 焊缝形式
(a)平接;(b)搭接;(c)T形连接;(d)角接

(2)按焊缝的构造不同分类

依据焊缝构造不同可分为对接焊缝和角焊缝两种形式。按作用力与焊缝方向之间的关系,对接焊缝可分为对接正焊缝和对接斜焊缝;角焊缝可分为正面角焊缝和侧面角焊缝,如图 3-4所示。

(3)按施焊时焊件之间的空间相对位置分类

依据相对位置不同可将焊缝分为平焊、竖焊、横焊和仰焊四种。平焊也称为俯焊,施焊条件最好,质量易保证;仰焊的施工条件最差,质量不易保证,在设计和制造时应尽量避免,如图3-5所示。

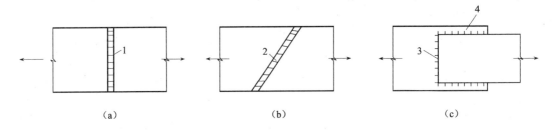

（a）　　　　　　　　　　　（b）　　　　　　　　　　　（c）

图3-4　对接焊缝与角焊缝
1—对接正焊缝;2—对接斜焊缝;3—正面角焊缝;4—侧面角焊缝

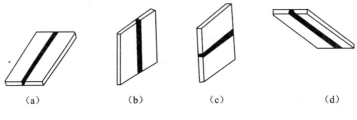

（a）　　　　　（b）　　　　　（c）　　　　　（d）

图3-5　焊缝的施焊位置
(a)平焊;(b)立焊;(c)横焊;(d)仰焊

1.2.2　焊缝的符号及标注方法

在钢结构施工图上的焊缝应采用焊缝符号表示,焊缝符号及标注方法应按《建筑结构制图标准》(GB/T 50105—2001)和《焊缝符号表示法》(GB 324—88)中规定执行。

1.3　对接焊缝的构造和连接计算

1.3.1　对接焊缝的构造要求

对接焊缝可分为焊透的和未焊透的两种焊缝。焊透的对接焊缝强度高,传力性能好,一般的对接焊缝多采用焊透的形式;未焊透的对接焊缝可按角焊缝来计算,本书只讲述焊透的对接焊缝的构造和计算。

在对接焊缝的施焊中,为了保证焊缝的质量,便于施焊,减小焊缝截面,通常按焊件厚度及施焊的条件不同,将焊口边缘加工成不同形式的坡口,所以也称为坡口焊。坡口的形式通常有I形(即不坡口)、单边V形、V形、J形、K形和X形等,见图3-6所示。通常情况下,若采用手工焊,当焊件较薄($t \leqslant 6mm$)时,可采用I形坡口;板件稍厚($t = 6 \sim 20mm$)时,可采用V形坡口,正面焊好后在背面要清底补焊;当板件较厚($t \geqslant 20mm$)时,可采用U形或X形坡口。没有条件清根和补焊者要事先加垫板,工地现场的对接焊接多采用加垫板施焊的方法。当采用自动焊时,因为所用的电流强熔深强,只有当 $t \geqslant 16mm$ 时采用V形坡口。

对于不同宽度或厚度相差4mm以上的钢板进行对接时,为使构件传力平顺,减小应力集中。应将较宽或较厚的板件的一侧或两侧,朝窄(薄)板方向加工成不大于1:4坡度的斜坡,以形成平缓的过渡,如图3-7所示。如两板的厚度相差不大于4mm,可不做斜坡,直接用焊缝表面斜坡即可,此时焊缝计算厚度取薄板的厚度。

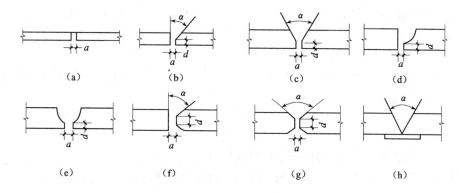

图 3-6　对接焊缝的坡口形式

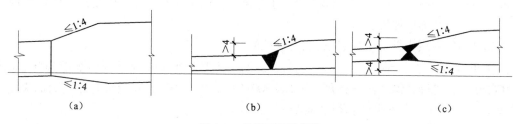

图 3-7　变截面钢板拼接
(a)变宽度;(b)、(c)变厚度

在焊缝施焊时的起弧和灭弧点,常会出现未焊透或未焊满的凹陷焊口,此处极易产生应力集中和裂纹,对承受动力荷载的结构更为不利。为了避免这种缺陷,施焊时可在焊缝两端设置引弧板,如图 3-8 所示。焊接完毕切除引弧板即可。当未采用引弧板施焊时,每条焊缝两端各减去 5mm 作为焊缝的计算长度。在工厂钢板接长时,可首先对整板加引弧板对接焊接,然后再根据构件的实际尺寸切割成不同宽度的板材。而对现场的焊缝除重要的结构一般不加引弧板施焊,在计算时应加以注意。

当钢板在纵横两个方向都进行对接焊时,可采用十字交叉焊缝或 T 形交叉焊缝;若为后者,两交叉点的距离 a 应不小于 200mm,详见图 3-9。

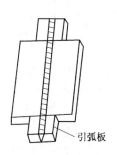

图 3-8　对接焊缝施焊用引弧板

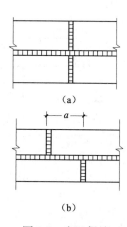

图 3-9　交叉焊缝

1.3.2　对接焊缝的设计计算

焊透的对接焊缝,其截面与被连接件为一体,在设计中采用的强度计算公式与被连接件基本相同。

(1)轴心力作用下的对接焊缝的计算

如图 3-10(a)所示,当对接焊缝承受垂直于焊缝长度方向的轴心力作用时,焊缝的强度可按下式进行计算:

$$\sigma = \frac{N}{l_w t} \leqslant f_t^w \text{ 或 } f_c^w \tag{3-1}$$

式中　N——焊缝所受的轴心拉力或压力的设计值;

　　　l_w——焊缝的计算长度,当采用引弧板时取焊缝的实际长度,当未采用引弧板时每条焊缝取实际长度减去 10mm;

　　　t——两板对接时为连接焊件的较小厚度,在 T 形焊接接头或角接接头中取焊缝所在面的厚度;

　　f_t^w, f_c^w——对接焊缝的抗拉、抗压强度设计值。

如果按照式(3-1)计算强度不满足时,可提高焊缝等级或改为对接斜焊缝连接,如图 3-10(b)所示。根据《钢结构设计规范》(GB 50017—2003)规定,当斜焊缝与作用力的夹角 θ 满足 $\tan\theta \leqslant 1.5$ 时,可不再计算焊缝强度。

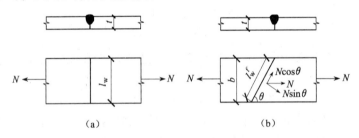

图 3-10　轴心力作用时的对接焊缝
(a)直焊缝;(b)斜焊缝

【例 3-1】　计算如图 3-11 所示的两块钢板的对接焊缝。已知钢板截面为 $-460\text{mm} \times 10\text{mm}$,承受轴心拉力设计值为 930kN,钢材 Q235,采用手工电弧焊,焊条 E43××,焊缝质量三级。

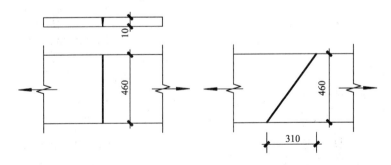

图 3-11　例 3-1 图

【解】

①查附表 1-3 得:

$$f_t^w = 185 \text{N/mm}^2 \qquad (三级质量检验)$$

②计算焊缝截面参数:

不加引弧板　$l_w = 460 - 10 = 450 \text{mm}$；　$t = 10 \text{mm}$

③焊缝强度计算:

$$\sigma = \frac{N}{l_w t} = \frac{930 \times 10^3}{450 \times 10} = 207 \text{N/mm}^2 > 185 \text{N/mm}^2$$

由于焊缝强度不满足要求,所以采用斜焊缝,取 $\tan\theta = 1.5$, $a = \dfrac{460}{1.5} = 307 \text{mm}$,取 310mm,焊缝强度不再验算,如图 3-11 所示。

(2)在弯矩、剪力共同作用下对接焊缝的计算

1)矩形截面

如图 3-12(a)所示,矩形截面承受弯矩和剪力共同作用时,因为焊缝中的最大正应力 σ 和最大剪应力 τ 不在同一点上,故应分别验算正应力和剪应力。

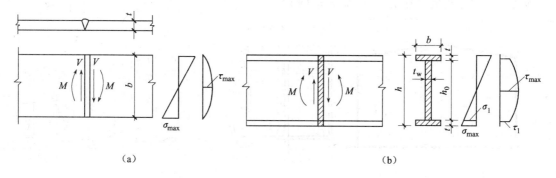

图 3-12　对接焊缝受弯矩、剪力共同作用

$$\sigma_{\max} = \frac{M}{W_w} = \frac{6M}{l_w^2 t} \leqslant f_t^w \text{ 或 } f_c^w \tag{3-2}$$

$$\tau_{\max} = 1.5 \frac{V}{l_w t} \leqslant f_v^w \tag{3-3}$$

式中　M——计算截面的弯矩设计值;

　　　W_w——焊缝计算截面的抵抗矩;

　　　V——计算截面的剪力设计值;

　　　f_v^w——对接焊缝的抗剪设计强度值。

2)工字形截面

在梁的拼接接头或牛腿与柱的连接中经常采用工字形截面的对接焊缝,如图 3-12(b)所示。对接焊缝的计算截面形心处同时作用有剪力和弯矩。取对接焊缝的计算截面同被连接件截面。除了验算最大正应力和最大剪应力处,由于在翼缘和腹板的交接处,同时受较大的正应力 σ_1 和较大剪应力 τ_1 作用,因此对该点应验算其折算应力。

$$\sigma_{\max} = \frac{M}{W_w} \leqslant f_t^w \text{ 或 } f_c^w \tag{3-4}$$

$$\tau_{\max} = \frac{VS_w}{I_w t} \leqslant f_v^w \tag{3-5}$$

$$\sqrt{\sigma_1^2 + 3\tau^2} \leqslant 1.1 f_t^w \tag{3-6}$$

式中　S_w——焊缝计算截面对其中和轴的最大面积矩；

　　　I_w——焊缝计算截面对其中和轴的惯性矩；

　　　σ_1——腹板对接焊缝端点的正应力，按 $\sigma_1 = \dfrac{h_0}{h}\sigma_{max}$ 计算；

　　　τ_1——腹板对接焊缝端点的剪应力，按 $\tau_1 = \dfrac{VS_{w1}}{I_w t_w}$ 计算；

　　　S_{w1}——工字形截面受拉(受压)翼缘对截面中和轴的面积矩；

　　　t_w——工字形截面腹板厚度；

　　　1.1——考虑到最大折算应力只发生在局部将焊缝强度设计值提高 10% 后的系数。

【例 3-2】　如图 3-13(a)所示，刚架工字形截面牛腿与钢柱翼缘用对接焊缝相连接，牛腿截面见图 3-13(b)。钢材为 Q235，采用 E43 焊条，手工焊，焊缝质量三级检验，施工时不用引弧板。试验算焊缝的强度。（已知 $F = 260$kN）

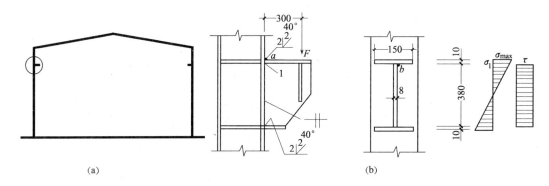

(a)　　　　　　　　　　　　　　　　　　　　(b)

图 3-13　例 3-2 附图

【解】

①计算焊缝截面处的内力(取焊缝为研究对象)

$$M = Fe = 260 \times 10^3 \times 300 = 78 \times 10^6 \text{N} \cdot \text{mm}^2$$

$$V = F = 260 \text{kN}$$

查附表 1-3 得：$f_t^w = 185\text{N/mm}^2$　$f_v^w = 125\text{N/mm}^2$

②分析焊缝截面应力分布，判断不利受力点

由于牛腿与柱翼缘部分较薄，竖向刚度较低，一般考虑剪力全部由腹板的竖焊缝承受，而弯矩由整个焊缝截面承受。由此判断须对图 3-13(b)中的 a、b 两点处验算强度。

③计算焊缝截面几何参数

$$I_w = \frac{1}{12} \times 8 \times 380^3 + (150 - 10) \times 10 \times 195^2 \times 2 = 1.431 \times 10^8 \text{mm}^4$$

$$W_w = \frac{I_w}{y} = \frac{1.431 \times 10^8}{200} = 7.155 \times 10^5 \text{mm}^3$$

$$A_w = 380 \times 8 = 3040 \text{mm}^2$$

④验算焊缝强度

a 点强度：

$$\sigma_{Ma} = \frac{M}{W_w} = \frac{78 \times 10^6}{7.155 \times 10^5} = 109 \text{N/mm}^2 < f_t^w = 185 \text{N/mm}^2$$

$$\sigma_{Mb} = \sigma_{Ma} \times \frac{380}{400} = 109 \times \frac{380}{400} = 103.6 \text{N/mm}^2$$

$$\tau = \frac{V}{A_w} = \frac{260 \times 10^3}{3040} = 85.5 \text{N/mm}^2 < f_v^w = 125 \text{N/mm}^2$$

b 点折算应力：

$$\sqrt{\sigma_{Mb}^2 + 3\tau^2} = \sqrt{103.6^2 + 3 \times 85.5^2} = 180.7 \text{N/mm}^2 < 1.1 f_t^w = 1.1 \times 185 \text{N/mm}^2$$

经验算，焊缝强度满足要求。

1.4 角焊缝的构造和计算

1.4.1 角焊缝的构造

(1)角焊缝的构造

角焊缝按其与外力作用方向不同，可分为垂直于外力作用的正面角焊缝(端焊缝)、平行于外力作用方向的侧面角焊缝(侧焊缝)和外力作用斜交的斜向角焊缝三种，如图3-14所示。

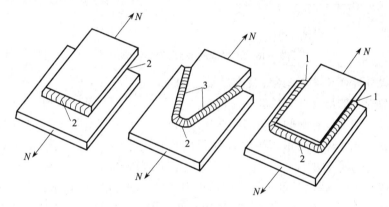

图 3-14　角焊缝的受力形式

1—侧面角焊缝；2—正面角焊缝；3—斜向角焊缝

按两焊脚边的夹角不同，角焊缝可分为直角角焊缝和斜角角焊缝两种。直角角焊缝的受力性能好，应用广泛。

直角角焊缝按截面形式可分为普通型、凹面型和平坦型三种，如图3-15所示。一般情况下采用前者，后两者只有在焊缝承受直接动力荷载时使用。

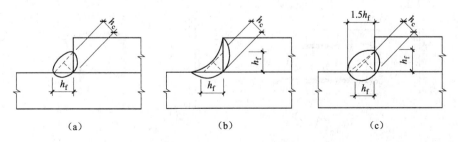

图 3-15　角焊缝的截面形式

(a)普通型；(b)凹面型；(c)平坦型

直角角焊缝的直角边也称为焊脚尺寸,其较小的焊脚尺寸以 h_f 表示。h_e 则称为有效厚度,取 $h_e = 0.7h_f$。

(2)焊缝的构造要求

1)最小焊脚尺寸 $h_{fmin} \geqslant 1.5\sqrt{t_{max}}$,式中 t_{max} 为较厚焊件的厚度(单位"mm")。当自动焊时,其最小尺寸较上式可减小 1mm;T形连接的单面角焊缝时,其最小焊脚尺寸较上式增加 1mm;当焊件厚度小于或等于 4mm 时,则最小焊脚尺寸与焊件厚度相同,如图 3-16(a)所示。

2)最大焊脚尺寸 $h_{fmax} \leqslant 1.2t_{min}$,式中 t_{min} 为较薄焊件的厚度(单位"mm")。如图 3-16(b)所示,当焊缝位于板边缘时角焊缝的焊脚尺寸尚应满足:

当 $t \leqslant 6mm$ 时,$h_{fmax} \leqslant t_1$

当 $t > 6mm$ 时,$h_{fmax} \leqslant t_1 - (1 \sim 2)mm$

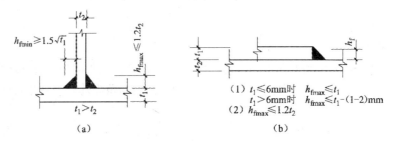

图 3-16 角焊缝的最大、最小焊脚尺寸

3)最小焊缝计算长度 $l_w \geqslant 8h_f$ 且满足 $l_w \geqslant 40mm$。

4)侧面角焊缝的最大计算长度 $l_w \leqslant 60h_f$。

5)当板件的端部仅有两侧面角焊缝连接时,每条侧面角焊缝长度不宜小于两侧面角焊缝之间的距离;同时两侧面角焊缝之间的距离不宜大于 $16t$($t > 12mm$ 时)或 190mm($t \leqslant 12mm$ 时),t 为较薄焊件的厚度。当不满足此规定时,则应加正面角焊缝。

6)在搭接连接中,搭接长度不得小于较小焊件厚度的 5 倍,并不得小于 25mm。

7)杆件与节点板的连接焊缝一般宜采用两面侧焊,也可采用三面围焊,对角钢构件可采用 L 形围焊,所有围焊的转角处必须连续施焊。

8)当角焊缝的端部在构件转角处做长度为 $2h_f$ 的绕角焊时,转角处必须连续施焊,如图 3-17 所示。

9)在次要构件或次要焊接连接中,可采用断续角焊缝。断续角焊缝之间净距离不应大于 $15t$(对受压构件)或 $30t$(对受拉构件),t 为较薄焊件的厚度。

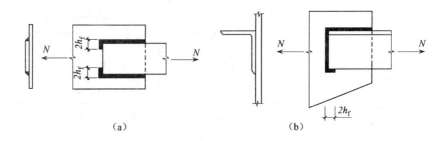

图 3-17 角焊缝的绕角焊

1.4.2 角焊缝的计算

1. 在通过焊缝形心的拉力、压力或剪力作用下的计算

由于正面角焊缝的强度、刚度要比侧面角焊缝大,所以在计算中要对正面角焊缝的强度考虑一个提高系数。

正面角焊缝
$$\sigma_f = \frac{N}{h_e l_w} \leqslant \beta_f f_f^w \tag{3-7}$$

侧面角焊缝
$$\tau_f = \frac{N}{h_e l_w} \leqslant f_f^w \tag{3-8}$$

斜向角焊缝
$$\sigma_f = \frac{N}{h_e l_w} \leqslant \beta_{f\theta} f_f^w \tag{3-9}$$

$$\beta_{f\theta} = \frac{1}{\sqrt{1 - \sin^2\left(\dfrac{\theta}{3}\right)}}$$

式中　σ_f——按焊缝有效截面($h_e l_w$)计算的垂直于焊缝长度方向的应力;

　　　τ_f——按焊缝的计算有效截面计算的沿焊缝长度的剪应力;

　　　h_e——角焊缝的计算厚度,对直角角焊缝等于$0.7h_f$,h_f为焊脚尺寸;

　　　l_w——角焊缝的计算长度,对每条焊缝取实际长度减去10mm;

　　　f_f^w——角焊缝的设计强度;

　　　β_f——正面角焊缝的强度设计提高系数,对承受静力荷载和间接荷载的结构 $\beta_f = 1.22$,对直接承受动力荷载的结构 $\beta_f = 1.0$;

　　　$\beta_{f\theta}$——斜面角焊缝的强度提高系数;

　　　θ——斜焊缝与外力间的夹角。

在轴心受力构件中,角钢与连接板的角焊缝连接较为常用。角钢与钢板的角焊缝相连,可以采用两面侧焊、三面围焊或L形围焊,如图3-18所示。

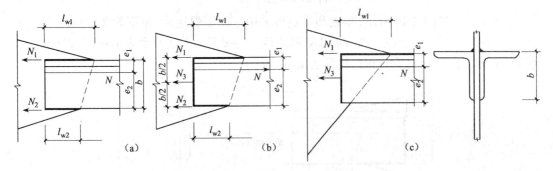

图 3-18　角钢与钢板的角焊缝连接
(a)两面侧焊缝;(b)三面围焊;(c)L形围焊

（1）两面侧焊缝连接时的计算
$$N_1 = K_1 N \tag{3-10}$$

$$N_2 = K_2 N \tag{3-11}$$

$$\sum l_{w1} = \frac{N_1}{0.7 h_{f1} f_f^w} \tag{3-12}$$

$$\sum l_{w2} = \frac{N_2}{0.7 h_{f2} f_f^w} \tag{3-13}$$

式中　K_1、K_2——分别为角钢肢背和肢尖焊缝的内力分配系数,可按表 3-1 查用;

　　　N_1、N_2——分配给角钢肢背和肢尖焊缝的内力;

　　　h_{f1}、h_{f2}——分别为角钢肢背和肢尖焊缝的焊脚尺寸;

　　$\sum l_{w1}$、$\sum l_{w2}$——角钢肢背和肢尖焊缝所需要的焊缝计算长度。

角钢焊缝内力分配系数　　　　　　　　　　　　　　　表 3-1

角 钢 类 型	连 接 情 况	分 配 系 数	
		角钢肢背 K_1	角钢肢尖 K_2
等　肢		0.70	0.30
不 等 肢	短肢相连	0.75	0.25
	长肢相连	0.65	0.35

(2)三面围焊时的计算

$$N_3 = 0.7 h_f \sum l_{w3} \beta_f f_f^w \tag{3-14}$$

$$N_1 = K_1 N - \frac{N_3}{2} \tag{3-15}$$

$$N_2 = K_2 N - \frac{N_3}{2} \tag{3-16}$$

式中　N_3、l_{w3}——分别为端部焊缝的内力和计算长度。

同样可以由 N_1 和 N_2 求出角钢肢背和肢尖焊缝的计算长度。

(3)当采用 L 形围焊缝时的计算

$$N_3 = 2K_2 N \tag{3-17}$$

$$N_1 = (1 - 2K_2) N \tag{3-18}$$

【例 3-3】　如图 3-19 所示,角钢和节点板采用三面围焊连接,角钢为 2∟110×70×10 (长肢相连),其所受轴心拉力 $N = 800\text{kN}$(静荷载),连接节点板的厚度为 12mm。钢材 Q235, 焊条 E43 型,手工焊,试设计该角焊缝连接。

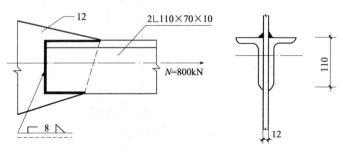

图 3-19　例 3-3 附图

【解】

①假设焊脚尺寸 h_f

$$h_{f\min} = 1.5 \sqrt{12} = 5.2\text{mm}$$

$$h_{fmax} = t_1 - (1 \sim 2) = 10 - (1 \sim 2) = 8 \sim 9\text{mm}$$

设 $h_f = 8\text{mm}$

②计算焊缝内力

查表 3-2 和附表 1-3 得：$K_1 = 0.65$；$K_2 = 0.35$；$f_f^w = 160\text{N/mm}^2$

$$N_3 = 0.7 h_f \sum l_{w3} \beta_f f_f^w = 2 \times 0.7 \times 8 \times 110 \times 1.22 \times 160 = 240\text{kN}$$

$$N_1 = K_1 N - \frac{N_3}{2} = 0.65 \times 800 - \frac{240}{2} = 400\text{kN}$$

$$N_2 = K_2 N - \frac{N_3}{2} = 0.35 \times 800 - \frac{240}{2} = 160\text{kN}$$

③计算肢背肢尖焊缝所需焊缝长度

肢背焊缝：$\sum l_{w1} = \dfrac{N_1}{0.7 h_{f1} f_f^w} = \dfrac{400 \times 10^3}{2 \times 0.7 \times 8 \times 160} = 223\text{mm}$

所需实际焊缝长度：$l_1 = 223 + 5 = 228\text{mm}$ 　　取 230mm

肢尖焊缝：$\sum l_{w2} = \dfrac{N_2}{0.7 h_{f2} f_f^w} = \dfrac{160 \times 10^3}{2 \times 0.7 \times 8 \times 160} = 89\text{mm}$

所需实际焊缝长度：$l_2 = 89 + 5 = 94\text{mm}$ 　　取 95mm

2. 在轴力、弯矩和剪力共同作用下的计算

图 3-20 所示为一同时承受轴力 N、弯矩 M 和剪力 V 的 T 形连接。焊缝的 A 点为最危险点，由轴力 N 产生的垂直于焊缝长度方向的应力为：

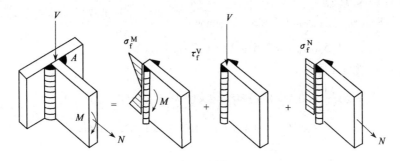

图 3-20　弯矩、剪力和轴力共同作用下 T 形接头角焊缝

$$\sigma_f^N = \frac{N}{A_w} = \frac{N}{2 h_e l_w} \tag{3-19}$$

由剪力 V 产生的平行于焊缝长度方向的应力为：

$$\tau_f^V = \frac{V}{A_w} = \frac{V}{2 h_e l_w} \tag{3-20}$$

由弯矩 M 引起的垂直于焊缝长度方向应力为：

$$\sigma_f^M = \frac{M}{W_w} = \frac{6M}{2 h_e l_w^2} \tag{3-21}$$

将垂直于焊缝方向的应力 σ_f^N 和 σ_f^M 相加，得到垂直于焊缝方向的最大应力为：

$$\sigma_f^N + \sigma_f^M = \frac{N}{A_w} + \frac{M}{W_w} \tag{3-22}$$

根据《规范》规定，危险应力点 A 的强度条件为：

$$\sqrt{\left(\frac{\sigma_f^N + \sigma_f^M}{\beta_f}\right)^2 + (\tau_f^V)^2} \leq f_f^w \tag{3-23}$$

式中　A_w——角焊缝计算截面面积；

　　　W_w——角焊缝计算截面抵抗矩。

【例 3-4】　将【例 3-2】中牛腿与钢柱的连接焊缝改为角焊缝连接,如图 3-21 所示。

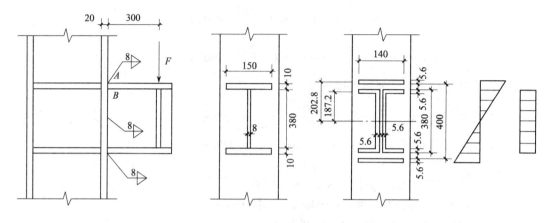

图 3-21　例 3-4 附图

【解】

①假设焊脚尺寸 h_f

取　$h_f = 8\text{mm} < 1.2t_{min} = 1.2 \times 8 = 9.6\text{mm}$

$> 1.5\sqrt{t_{max}} = 1.5\sqrt{20} = 6.7\text{mm}$

②计算焊缝截面几何参数

$$I_w = 2 \times \frac{1}{12} \times 0.7 \times 8 \times 380^3 + 2 \times 0.7 \times 8 \times (150 - 10) \times 202.8^2 +$$

$$4 \times 0.7 \times 8(70 - 4 - 5.6) \times 187.2^2 = 1.631 \times 10^8 \text{mm}^4$$

$$W_w = \frac{I_w}{y} = \frac{1.631 \times 10^8}{205.6} = 7.934 \times 10^5 \text{mm}^3$$

③验算焊缝强度

剪力 V 同样由竖向焊缝承受,竖向焊缝的有效面积为:

$$A_w = 2 \times 0.7 \times 8 \times 380 = 4256\text{mm}^2$$

查附表 1-3 得　$f_f^w = 160\text{N/mm}^2$

翼缘焊缝最外边缘 A 点的最大应力为:

$$\sigma_{fA}^M = \frac{M}{W_w} = \frac{78 \times 10^6}{7.934 \times 10^5} = 98.3\text{N/mm}^2 < \beta_f f_f^w = 1.22 \times 160\text{N/mm}^2$$

腹板有效边缘 B 点的应力为:

$$\sigma_{fB}^M = 98.3 \times \frac{190}{205.6} = 90.8\text{N/mm}^2$$

$$\tau_{fB}^V = \frac{V}{A_w} = \frac{260 \times 10^3}{4256} = 61.1\text{N/mm}^2$$

$$\sqrt{\left(\frac{\sigma_{tB}^{M}}{\beta_f}\right)^2 + (\tau_{fB}^{V})^2} = \sqrt{\left(\frac{90.8}{1.22}\right)^2 + 61.1^2} = 96.3\text{N/mm}^2 < f_f^w = 160\text{N/mm}^2$$

焊缝强度满足要求。

1.5 焊接残余变形和残余应力

1.5.1 焊接残余变形和残余应力的概念

钢结构在施焊过程中,会在焊缝及附近区域局部范围内加热至钢材熔化,焊缝及附近的温度最高可达1500℃以上,并由焊缝中心向周围区域急剧递降。这样,施焊完毕冷却过程中,焊缝各部分之间热膨胀冷缩的不同步及不均匀,将使结构在受外力作用之前就在局部形成变形和应力,称为焊接残余变形和焊接残余应力。

例如两块钢板用V形坡口焊缝连接,在焊接连接过程中,焊缝金属被加热到熔融状态时,完全处于塑性状态。两块钢板处于一个平面。此后,熔融金属逐渐冷却、收缩,由于V形坡口焊缝靠外圈金属较长,收缩量较大,而靠内圈金属相对较短,其收缩量小,因此,冷却凝固后,钢板两端就会因外圈收缩较大而翘曲,钢板不再保持原有的平面。

1.5.2 焊接残余变形和残余应力的危害及其预防措施

焊接残余变形会使钢结构不能保持原来的设计尺寸及位置,影响结构的正常工作,严重时还会造成各个构件无法正常安装就位。

焊接残余应力虽然对结构在静力荷载作用下的承载力不会降低,但它会使结构的刚度和稳定性下降,引起低温冷脆和抗疲劳强度降低。所以在设计和制作过程中必须考虑残余变形和残余应力对结构的不利影响。

减小焊接残余变形和残余应力的方法有:

(1)采取合理的施焊次序,例如对厚焊缝分层施焊;工字形截面施焊时采用对称跳焊;钢板对接焊接时可采用分段施焊等方法。

(2)尽可能采用对称焊缝,焊缝厚度不宜太大。

(3)施焊前给构件施加一个和焊接残余变形相反的预变形,使构件在焊接后产生的变形正好与之抵消。

(4)对于小构件,可在焊前预热或焊后回火,都可消除残余应力。

课题2 螺栓连接

螺栓连接可分为普通螺栓连接和高强度螺栓连接两种。普通螺栓通常采用Q235钢材制成,安装时使用普通扳手拧紧;高强度螺栓则采用高强度钢材经热处理后制成,用能控制扭矩或螺栓拉力的特制扳手拧到规定的预拉力值,把被连接件高度夹紧。

2.1 普通螺栓连接

2.1.1 普通螺栓的概述

普通螺栓分为A、B、C三个等级。常用的螺栓有M16、M20、M24、M30等,M为螺栓符号。

2.1.2 普通螺栓连接的排列与构造要求

螺栓的排列有并列和错列两种基本形式,如图3-22所示。螺栓之间的距离以及螺栓距钢板边缘之距会影响到连接的受力、施工是否方便及防腐的能力。为此,《钢结构设计规范》根据螺栓孔直径、钢板边缘加工情况及受力方向等,规定了螺栓中心间距及中心到钢板边缘距离的最大、最小限值,见表3-2。

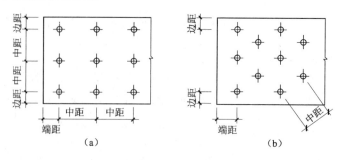

图 3-22　螺栓的排列

(a)并列排列;(b)错列排列

螺栓或铆钉连接的最大、最小容许距离　　　　表3-2

名　称	位　置　和　方　向			最大容许距离 (取两者的较小值)	最小容许 距离
中心间距	外排(垂直内力方向或顺内力方向)			$8d_0$ 或 $12t$	$3d_0$
	中间排	垂直内力方向		$16d_0$ 或 $24t$	
		顺内力方向	构件受压力	$12d_0$ 或 $18t$	
			构件受拉力	$12d_0$ 或 $24t$	
	沿对角线方向			—	
中心至构件 边缘距离	垂直内力 方向	顺内力方向		$4d_0$ 或 $8t$	$2d_0$
		剪切边或手工气割边			$1.5d_0$
		轧制边、自动气割或锯割边	高强度螺栓		
			其他螺栓或铆钉		$1.2d_0$

注:1. d_0 为螺栓或铆钉的孔径,t 为外层较薄板件的厚度;

　　2. 钢板边缘与刚性构件(如角钢、槽钢等)相连的螺栓或铆钉的最大间距,可按中间排的数值采用。

　　角钢、工字钢和槽钢的螺栓排列,除应满足表3-2要求外,还应分别符号表3-3、表3-4和表3-5的要求。

角钢上螺栓线距表　　　　单位:mm　　　　表3-3

单行排列	b	45	50	56	63	70	75	80	90	100	110	125	
	e	25	30	30	35	40	45	45	50	55	60	70	
	d_{emax}	13.5	15.5	17.5	20	22	22	24	24	24	26	26	
双行错列	b	125	140	160	180	200	双行并列	b	140	160	180	200	
	e_1	55	60	65	65	80		e_1	55	60	65	80	
	e_2	35	45	50	80	80		e_2	60	70	80	80	
	d_{emax}	24	26	26	26	26		d_{bmax}	20	22	26	26	

普通工字钢上螺栓线距表　　　　单位:mm　　表 3-4

型　号	10	12.6	14	16	18	20	22	25	28	32	36	40	45	50	56	63
翼缘 a	36	42	44	44	50	54	54	64	64	70	74	80	84	94	104	110
翼缘 $d_{a\min}$	11.5	11.5	13.5	15.5	17.5	17.5	20	22	22	22	24	24	26	26	26	26
腹板 $c_{\min}$	35	35	40	45	50	50	50	60	60	65	65	70	75	75	80	80
腹板 $d_{a\max}$	9.5	11.5	13.5	15.5	17.5	17.5	20	22	22	24	24	26	26	26	26	26

普通槽钢上螺栓线距表　　　　单位:mm　　表 3-5

型　号	5	6.3	8	10	12.6	14	16	18	20	22	25	28	32	36	40
翼缘 a	20	22	25	28	30	35	35	40	45	45	50	50	50	60	60
翼缘 $d_{a\max}$	11.5	11.5	13.5	15.5	17.5	17.5	20	22	22	22	24	24	26	26	26
腹板 $c_{\min}$	—	—	—	35	45	45	50	55	55	60	60	65	70	75	75
腹板 $d_{a\max}$	—	—	—	11.5	13.5	17.5	20	22	22	22	22	24	24	26	26

为了使螺栓的传力更好,在构件的每个节点及拼接接头的一端,永久螺栓不宜少于两个。但组合构件的缀条及钢梁的隅撑其端部可采用一个螺栓。

在螺栓设计中,螺栓的排列应使连接紧凑,节省材料,方便施工,间距宜为 5mm 的倍数。

2.1.3　普通螺栓连接的计算

(1)抗剪螺栓连接

《钢结构设计规范》规定,普通螺栓以螺栓最后被剪断或孔壁挤压破坏为极限承载力。

1)单个普通螺栓的抗剪承载力设计值计算

$$N_v^b = n_v \frac{\pi d^2}{4} f_v^b \tag{3-24}$$

$$N_c^b = d \sum t f_c^b \tag{3-25}$$

$$N_{\min}^b = \min\{ N_v^b 、 N_c^b \}$$

式中　N_v^b——单个受剪螺栓的抗剪承载力设计值;

　　　　N_c^b——单个受剪螺栓的抗压承载力设计值;

　　　　n_v——螺栓受剪面数目,单剪时 $n_v = 1$;双剪时 $n_v = 2$;四剪时 $n_v = 4$;

　　　　d——螺栓直径;

　　　　$\sum t$——同一受力方向承压构件厚度之和的较小值;

　　　　f_v^b、f_c^b——分别为螺栓的抗剪和承压强度设计值;

　　　　$N_{\min}^b$——单个抗剪螺栓的承载力设计值。

2)轴心力作用下抗剪螺栓群的计算

当外力通过栓群中心时,假定每个螺栓受力相等,则所需螺栓数目为:

$$n \geqslant \frac{N}{N_{\min}^b} \tag{3-26}$$

式中　n——连接一侧所需的螺栓数目。

如图 3-23 所示,在构件的节点处或拼接接头一侧,当螺栓沿受力方向的连接长度 l_1 过大时,各个螺栓的受力很不均匀,端部螺栓受力大而首先破坏,然后依次逐个向内破坏。因此《钢结构设计规范》规定,对此种情况螺栓(包括高强度螺栓)的承载力设计值乘以折减系数 β 予以降低。

$$\beta = 1.1 - \frac{l_1}{150 d_0} \geqslant 0.7 \tag{3-27}$$

式中　β——螺栓承载力折减系数;

　　　d_0——螺栓孔直径。

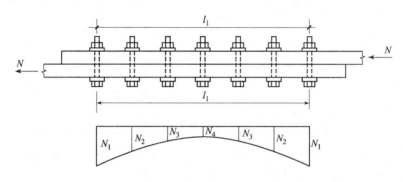

图 3-23　螺栓群的不均匀受力状态

另外,对螺栓连接还应该验算由于螺栓孔削弱的构件截面的承载力,即验算被连接件最薄弱截面的净截面强度。

$$\sigma = \frac{N}{A_n} \leqslant f \tag{3-28}$$

式中　A_n——构件或被连接件最薄弱截面的净截面面积;

　　　f——钢材的抗拉(抗压)设计强度值。

【例 3-5】　如图 3-24 所示,试设计主次梁的螺栓连接,普通螺栓 C 级。钢材为 Q235,承受的剪力设计值为 $V = 120$kN。已知肋板和次梁腹板厚度均为 10mm。

【解】

①选用螺栓直径,应根据被连接板尺寸和剪力的大小确定螺栓直径,选用 M20 的螺栓。

②计算单个抗剪螺栓的承载力设计值。

查表得　$f_v^b = 130$N/mm²　　$f_c^b = 305$N/mm²

$$N_v^b = n_v \frac{\pi d^2}{4} f_v^b = 1 \times \frac{\pi \times 20^2}{4} \times 130 = 40841\text{N}$$

$$N_c^b = d \sum t f_c^b = 20 \times 10 \times 305 = 61000\text{N}$$

$$N_{\min}^b = 40841\text{N} \approx 40.8\text{kN}$$

③确定所需螺栓得数目:

$$n \geqslant \frac{N}{N_{\min}^b} = \frac{120}{40.8} = 2.94 \text{ 个}$$

考虑到实际的连接可能承受一定的弯矩,故将计算所得螺栓数目乘以 1.2～1.3 倍后取

$n = 4$ 个。

④布置螺栓：

根据螺栓的构造要求，螺栓布置如图3-25(b)所示。

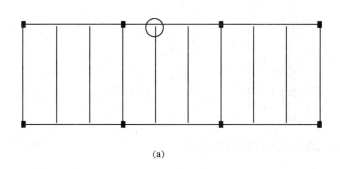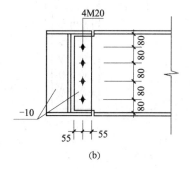

(a)　　　　　　　　　　(b)

图 3-24　例 3-5 附图

(2)受拉螺栓连接

1)单个受拉螺栓的抗拉承载力设计值计算

$$N_t^b = A_e f_t^b = \frac{\pi d^2}{4} f_t^b \qquad (3-29)$$

式中　d_e、A_e——分别为螺栓螺纹处的有效直径和有效面积，按表3-6采用；

　　　　f_t^b——普通螺栓抗拉设计强度值。

螺栓的有效直径和有效面积　　　　　　　　　　　　　　表 3-6

螺栓直径/mm	16	18	20	22	24	27	30
螺距 P/mm	2	2.5	2.5	2.5	3	3	3.5
有效直径 d_e/mm	14.1236	15.6545	17.6545	19.6545	21.1845	24.1845	26.7163
A_e/mm²	156.7	192.5	244.8	303.4	352.5	459.4	560.6

2)轴心力作用下受拉螺栓的计算

当外力 N 通过螺栓群中心使螺栓受拉时，假定每个螺栓受的拉力相等，则所需要的螺栓数目为：

$$n \geqslant \frac{N}{N_t^b} \qquad (3-30)$$

3)受拉螺栓群在弯矩作用下的计算

如图 3-25 所示，T 形牛腿用普通螺栓与工字形截面相连接。当牛腿受弯矩作用时，上部螺栓受拉。计算时，假定牛腿绕最底排螺栓旋转，从而使螺栓受拉。各个螺栓受的拉力的大小和该排螺栓至底排螺栓的距离成正比。最顶排螺栓所受拉力最大，只需要验算其即可。

$$N_1^M = \frac{M y_1}{m \sum y_i^2} \leqslant N_t^b \qquad (3-31)$$

式中　M——作用在螺栓群的弯矩设计值；

m——螺栓的纵向排列数；

y_1、y_i——分别为第 1 排和第 i 排螺栓到底排螺栓的距离。

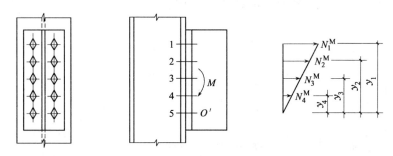

图 3-25　受拉螺栓连接受弯矩作用

4)受拉螺栓连接受偏心力作用时的计算

如图 3-26 所示,牛腿用普通螺栓与工字柱连接,螺栓群受偏心拉力 F 和剪力 V 作用。由于由焊在柱上的支托承受剪力 V,故螺栓群只承受偏心拉力 F 的作用。

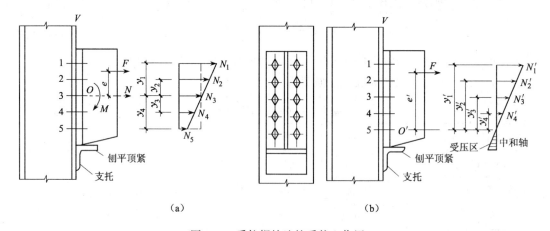

（a）　　　　　　　　　　　　（b）

图 3-26　受拉螺栓连接受偏心作用

先假定栓群中心为弯矩作用的中和轴,则螺栓受到的最大的拉力 $N_{\max}$ 出现在最上排螺栓处,而最小拉力在最下排螺栓处,其分别为:

$$N_{\max} = \frac{F}{n} + \frac{Fey_1}{m\sum y_i^2} \leqslant N_t^b \tag{3-32}$$

$$N_{\min} = \frac{F}{n} - \frac{Fey_1}{m\sum y_i^2} \tag{3-33}$$

当 $N_{\min} \geqslant 0$ 时,属小偏心受拉,螺栓群全部受拉,如图 3-26(a)所示,螺栓满足式(3-32)即可。当 $N_{\min} < 0$ 时属大偏拉,螺栓群的转动中心下移,如图 3-26(b)所示,这时应满足式(3-34)的要求。

$$N'_{\max} = \frac{Fe'y'_1}{m\sum y_i'^2} \leqslant N_t^b \tag{3-34}$$

式中　F——螺栓群所受的拉力设计值；

e——偏心拉力至螺栓群中心 O 的距离；

n——螺栓群螺栓数目；

y_1——最外排螺栓到螺栓群中心 O 的距离；

y_i——第 i 排螺栓到螺栓群中心 O 的距离；

m——螺栓的纵向列数；

e'——偏心拉力 F 到转动轴 O' 的距离；

y'_1——最上排螺栓到转动轴 O' 的距离；

y'_i——第 i 排螺栓到转动轴 O' 的距离。

(3)同时抗拉和抗剪的普通螺栓的计算

在图 3-26(a)中,若不设支托,则剪力也由螺栓群承受,由于剪力通过栓群中心,可假定每个螺栓受的剪力均相同。

$$N_v = \frac{V}{n} \tag{3-35}$$

在拉力作用下的螺栓受力不同,受拉力最大的为 N_t,当螺栓同时受拉力和剪力作用时,其强度要满足式(3-36)的要求。

$$\sqrt{\left(\frac{N_v}{N_v^b}\right)^2 + \left(\frac{N_t}{N_t^b}\right)^2} \leqslant 1 \tag{3-36}$$

同时,还应满足式(3-37)的要求。

$$N_v \leqslant N_c^b \tag{3-37}$$

式中　N_v^b、N_t^b、N_c^b——分别为螺栓的抗剪、抗拉和抗压承载力设计值。

【例 3-6】　试验算图 3-27 所示的屋架下弦端板和柱翼缘板的 M20 的 C 级螺栓连接。竖向剪力设计值为 $V = 250kN$,由支托承受,螺栓只承受水平拉力 $F = 420 - 200 = 220kN$。已知螺栓连接板板厚均为 10mm。

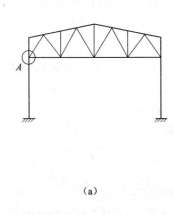

(a)

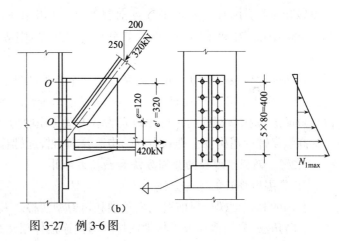

(b)

图 3-27　例 3-6 图

【解】

①计算螺栓的承载力设计值

查附表 1-3 得：　$f_t^b = 170N/mm^2$　$f_c^b = 305N/mm^2$　$f_v^b = 130N/mm^2$

$$A_e = 244.8N/mm^2$$

$$N_v^b = n_v \frac{\pi d^2}{4} f_v^b = 1 \times \frac{\pi \times 20^2}{4} \times 130 = 40841N$$

$$N_c^b = d \sum t f_c^b = 20 \times 10 \times 305 = 61000N$$

$$N_t^b = A_e f_t^b = 244.8 \times 170 = 41616N \approx 41.6kN$$

②判断大小偏拉

$$N_{max} = \frac{F}{n} - \frac{Fey_1}{m \sum y_i^2} = \frac{220}{12} - \frac{220 \times 10 \times 20}{2 \times 2(4^2 + 12^2 + 20^2)} = -5.24kN < 0$$

属于大偏拉。

③按大偏拉验算

$$N'_{max} = \frac{Fe'y'_1}{m \sum y_i'^2} = \frac{220 \times 32 \times 40}{2(8^2 + 16^2 + 24^2 + 32^2 + 40^2)} = 40kN < 46kN$$

螺栓强度满足。

④若没有支托时验算螺栓强度

$$N_v = \frac{V}{n} = \frac{250}{12} = 20.8kN$$

$$\sqrt{\left(\frac{N_v}{N_v^b}\right)^2 + \left(\frac{N_t}{N_t^b}\right)^2} = \sqrt{\left(\frac{20.8}{40.84}\right)^2 + \left(\frac{40}{41.6}\right)^2} = \sqrt{0.259 + 0.925} = 1.09 > 1$$

螺栓强度不满足。

2.2 高强度螺栓连接

2.2.1 高强度螺栓连接的种类与构造

高强度螺栓和与之配套的螺母和垫圈合称连接副。其所用材料一般为热处理低合金钢或优质碳素钢。根据材料抗拉强度 f_t 和屈强比 f_t/f_y 值的不同,高强度螺栓被分为10.9级和8.8级两种。其中小数点前整数部分(10 和 8)表示螺栓材料的抗拉强度 f_t 不低于 $1000N/mm^2$ 和 $800N/mm^2$;小数部分(0.9 和 0.8)则表示其屈强比 f_t/f_y 的值为 0.9 和0.8。

高强度螺栓根据受力不同分为摩擦型和承压型两种。高强度螺栓的螺孔一般采用钻成孔,承压型螺栓的孔径可比杆径大 1.0mm($d \leq 16mm$)、1.5mm($d = 20 \sim 24mm$)、2.0mm($d = 27 \sim 30mm$);摩擦型螺栓孔径可比相应的承压型孔径增加 0.5 ~ 1.0mm。

高强度螺栓在构件上排列布置的构造要求与普通螺栓相同。

2.2.2 高强度螺栓的紧固方法和预拉力计算

(1)高强度螺栓的紧固方法

我国的高强度螺栓目前有大六角型和扭剪型两种。其常用的紧固方法有:

1)转角法:先用普通扳手将螺栓拧到与被连接件相互紧贴,然后再用加长扳手将螺帽转动一个适当角度(约 $\frac{1}{3} \sim \frac{1}{2}$ 圈),以达到规定的预拉力值。

2)扭矩法:先用普通扳手初拧,要求扭矩达到终拧扭矩的 50%,然后再用特制扳手(可以显示扭矩大小)将螺帽拧至规定的终拧矩值,这是目前常用的方法。

3)扭掉螺栓尾部的梅花卡头法:这种高强度螺栓尾部连接一个截面较小的带槽沟的梅

花卡头。施拧时,用特制的扳手对螺母和卡头同时施加扭矩,最后当梅花卡头被拧断时,认为螺栓达到了规定的预拉力值。

(2)高强度螺栓的预拉力计算

《钢结构设计规范》规定预拉力按照下式计算

$$P = 0.6075 f_y A \tag{3-38}$$

式中　f_y——高强度螺栓的屈服强度;

　　　A——高强度螺栓螺纹处的有效面积。

2.2.3　高强度螺栓连接的计算

目前,我国在建筑工程常用摩擦型高强度螺栓,这里只介绍摩擦型高强度螺栓的计算。

(1)摩擦型高强度螺栓的抗剪计算

1)单个摩擦型高强度螺栓的承载力设计值 N_v^b 的计算

$$N_v^b = 0.9 n_f u P \tag{3-39}$$

式中　n_f——传力螺栓的摩擦面数目;

　　　P——一个高强度螺栓的预拉力值,见表3-7;

　　　u——摩擦面抗滑移系数,见表3-8。

一个高强度螺栓的预拉力 P(kN)　　　　　　　　　　表3-7

螺栓的性能等级	螺　栓　公　称　直　径　(mm)					
	M16	M20	M22	M24	M27	M30
8.8级	80	125	150	175	230	280
10.9级	100	155	190	225	290	355

摩擦面的抗滑移系数 μ　　　　　　　　　　表3-8

在连接处构件接触面的处理方法	构　件　的　钢　号		
	Q235钢	Q345钢、Q390钢	Q420钢
喷砂(丸)	0.45	0.50	0.50
喷砂(丸)后涂无机富锌漆	0.35	0.40	0.40
喷砂(丸)生赤锈	0.45	0.50	0.50
钢丝刷清除浮锈或未经处理的干净轧制表面	0.30	0.35	0.40

2)在轴心力作用下螺栓群的计算

$$n \geqslant \frac{N}{N_v^b} \tag{3-40}$$

式中　N——连接承受的轴心力;

　　　n——连接一侧所需要的螺栓数目。

3)构件的净截面强度验算

$$\sigma = \frac{N'}{A_n} \leqslant f \tag{3-41}$$

$$N' = N\left(1 - 0.5\frac{n_1}{n}\right) \tag{3-42}$$

式中　N'——所验算构件截面所受的轴力;

A_n——所验算的构件净截面面积；

n_1——所验算截面上的螺栓数目；

n——连接一侧的螺栓总数；

0.5——系数,是考虑高强度螺栓的传力特点,由于摩擦阻力作用,假定所验算的净截面上每个螺栓所分担剪力的50%,已由螺孔前构件接触面传递到被连接件的另一构件中。

【例3-7】 如图3-28所示,截面为300×16的轴心受拉钢板,用双盖板和摩擦型高强度螺栓连接。已知钢材为Q235,螺栓为8.8级M20,接触面为喷砂后涂无机富锌漆,承受轴力设计值$N = 700kN$。

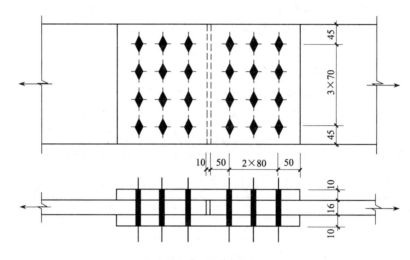

图3-28 例3-7图

【解】

①计算单个螺栓的承载力设计值

查附录得： $P = 100kN \qquad u = 0.35$

$$N_v^b = 0.9 n_f uP = 0.9 \times 0.35 \times 2 \times 100 = 63kN$$

②验算螺栓得强度

每个螺栓实际承受的剪力为：

$$N_v = \frac{N}{n} = \frac{700}{12} = 58.3kN < N_v^b = 63kN$$

螺栓强度满足。

③验算钢板强度

构件厚度$t = 16mm < 2t_1 = 20mm$,故应验算构件截面。查表得钢材的$f = 215N/mm^2$,则构件毛截面强度为：

$$\sigma = \frac{N}{A} = \frac{700 \times 10^3}{300 \times 16} = 145.8N/mm^2 < f = 215N/mm^2$$

构件净截面强度为：

$$\sigma = \left(1 - 0.5 \frac{n_1}{n}\right)\frac{N}{A_n} = \left(1 - 0.5 \times \frac{4}{12}\right) \times \frac{700 \times 10^3}{(300 - 4 \times 22) \times 16}$$

$$= 206.4N/mm^2 < f = 215N/mm^2$$

构件强度满足。

(2)摩擦型高强度螺栓的抗拉计算

1)单个螺栓的抗拉承载力设计值 N_t^b：

$$N_t^b = 0.8P \tag{3-43}$$

2)螺栓群在轴心力作用下的计算：

$$n \geqslant \frac{N}{N_t^b} \tag{3-44}$$

式中 n——连接所需螺栓的数目。

3)螺栓群在弯矩 M 作用下的计算：

$$N_t^M = \frac{M \cdot y_1}{m \sum y'^2_i} \leqslant N_t^b \tag{3-45}$$

式中 y_1——最外排螺栓至螺栓群中心的距离；

y_i——第 i 排螺栓至螺栓群中心的距离；

m——螺栓的纵向列数。

4)如图 3-26(a)所示，螺栓群在偏心力 F 作用下的计算

$$N_{max} = \frac{F}{n} + \frac{Fey_1}{m \sum y_i^2} \leqslant N_t^b \tag{3-46}$$

(3)摩擦型高强度螺栓连接在剪力 V 和拉力 F 共同作用下的计算

当高强度摩擦型螺栓同时承受摩擦面间的剪力和螺栓轴方向的外拉力时，其承载力应按下式计算：

$$\frac{N_v}{N_v^b} + \frac{N_t}{N_t^b} \leqslant 1 \tag{3-47}$$

式中 N_v、N_t——单个螺栓承受的剪力和拉力；

N_v^b、N_t^b——单个高强度螺栓的受剪、受拉承载力设计值。

当螺栓群同时受剪力和拉力作用时，只要判断出受力最不利的螺栓，求出其所受的剪力 N_{v1} 和拉力 N_{t1} 代入式(3-47)验算即可。

【例 3-8】 如图 3-29 所示，刚架梁柱节点采用法兰板连接，节点承受的弯矩、剪力分别为 $V = 300kN$, $M = 50kN \cdot m$。构件材料 Q345，螺栓 10.9 级 M20 高强度螺栓。接触面采用喷砂处理，试验算螺栓强度。

【解】

①计算螺栓所受的最大拉力并验算抗拉强度

查表得 $P = 155kN$ $u = 0.45$

$$N_t^M = \frac{My_1}{m \sum y'^2_i} = \frac{50 \times 160 \times 10^3}{2(80^2 + 160^2) \times 2}$$

$$= 62.5kN < N_t^b = 0.8P = 0.8 \times 155 = 124kN$$

②验算螺栓得抗剪强度

一个螺栓的抗剪承载力设计值

$$N_v^b = 0.9 n_f u P = 0.9 \times 1 \times 0.45 \times 155 = 62.8 \text{kN}$$

而其实际承受的剪力值为

$$N_v = \frac{V}{n} = \frac{300}{10} = 30 \text{kN} < N_v^b = 62.8 \text{kN}$$

$$\frac{N_v}{N_v^b} + \frac{N_t}{N_t^b} = \frac{30}{62.8} + \frac{62.5}{124} = 0.482 + 0.504 = 0.986 < 1$$

螺栓强度满足要求。

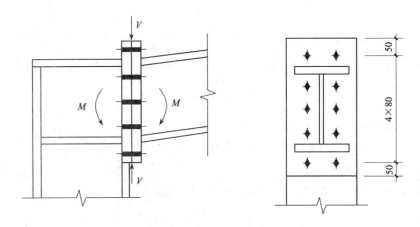

图 3-29 例 3-8 图

复习思考题

1. 钢结构常用的连接方法有哪几种? 试述各自特点。

2. 手工焊条型号根据什么选择? Q235、Q345 和 Q390 钢应分别采用哪些种焊条?

3. 角焊缝的尺寸要求有哪些?

4. 螺栓的排列和构造要求有哪些?

5. 如何减小焊接残余应力和残余变形?

6. 普通螺栓和摩擦型高弹螺栓的传力方式有何不同?

习   题

有一焊接 H 型钢梁如图 3-30 所示,梁的截面尺寸为 H×600×250×8×12,由于钢梁长度的较大运输困难,准备在工厂分段制作后现场拼接。已知拼接节点处承受的 $M = 280 \text{kN} \cdot \text{m}$,$V = 300 \text{kN}$(均为设计值)。试设计成下列两种拼接方法(钢材 Q345):

(1)采用全截面对接焊缝的连接方法。选择相适应的焊条,考虑合理施焊的顺序以减小焊接残余变形和残余应力的产生,并绘制节点施工图。

(2)翼缘和腹板均采用摩擦型高强度螺栓连接的方法。选择合适的摩擦面处理方法;选择螺栓直径、等级并排列螺栓;选择拼接板规格,最后绘制节点施工图。

(3)到钢结构加工单位实际调研,并分析评价这两种连接方法的施工成本、施工周期和各自的优缺点。

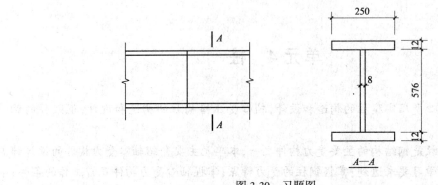

图 3-30　习题图

单元 4　柱

知 识 点：轴心受压实腹柱的构造和设计，轴心受压格构柱的构造和设计，框架柱的构造和设计。

教学目标：钢柱是钢结构的主要受力构件之一，本单元主要介绍轴心受力构件的设计计算，通过本单元的学习要求达到：掌握钢柱的受力特点；掌握轴心受力构件正常工作的条件；熟练掌握实腹式轴心受压柱的构造；熟练掌握格构式轴心受压柱的构造；掌握轴心受压柱的柱头和柱脚的构造和设计计算；了解柱的设计步骤。

课题 1　概　　述

1.1　钢柱的种类

1.1.1　钢柱的分类和应用范围

钢柱根据受力不同分为轴心受力和偏心受力两种，前者可称为轴心受力构件而后者也称为拉弯或压弯构件。

轴心受力构件是指只受通过构件截面形心轴线的轴向力作用的构件，当这种轴向力为拉力时，称为轴心受拉构件，或简称轴心拉杆；同样，当轴向力为压力时，称为轴心受压构件，或简称轴心压杆，如图 4-1(a)所示。若构件在轴心受拉或轴心受压的同时，还承受横向力产生的弯矩或端弯矩的作用，则称为拉弯、压弯构件，或简称拉弯、压弯杆，如图 4-1(b)、(c)所示。偏心受拉或偏心受压构件也属拉弯或压弯构件，如图 4-1(d)所示。

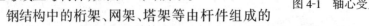

(a)　　　(b)　　　(c)　　　(d)

图 4-1　轴心受力构件和拉弯压弯构件

钢结构中的桁架、网架、塔架等由杆件组成的构件，一般都将节点假设为铰接。因此，若荷载作用在节点上，则所有杆件均可作为轴心拉杆或轴心压杆，如图 4-2(a)所示。若桁架同时还作用有非节点荷载，则受该荷载作用的上弦杆为压弯杆、下弦杆为拉弯杆，如图 4-2(b)所示。

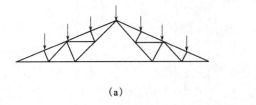
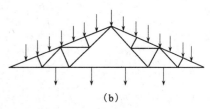

(a)　　　　　　　　　　　　　(b)

图 4-2　轴心受力构件和拉弯、压弯构件体系

钢结构中的工作平台柱、单层厂房的刚架柱、高层建筑的框架柱,都是用来支撑上部结构的受压构件,如图4-3所示。由于所受荷载的不同,柱可能受轴心压力或偏心压力,也可能还承受弯矩,故它们具有轴心受压构件或压弯构件的性质。

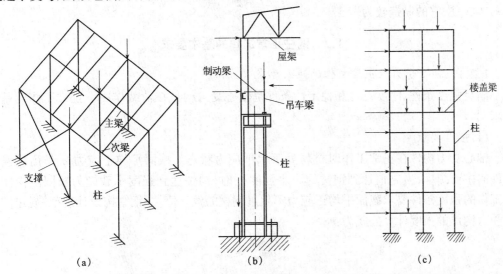

图 4-3. 轴心受压柱和偏心受压柱

(a)工作平台结构;(b)单层厂房结构;(c)高层建筑结构

1.1.2 钢柱的截面形式

轴心受力构件和拉弯、压弯构件的截面形式甚多,一般可分为型钢截面和组合截面两种。

如图4-4(a)所示,型钢截面有圆钢、圆管、方管、角钢、槽钢、工字钢、宽翼缘 H 型钢、T 型钢等,它们只须经过少量加工就可直接用作构件。由于制造工作量少,省时省工,故使用型钢成本较低。但有些型钢目前市场供应较少,在设计时应考虑供货周期的问题。

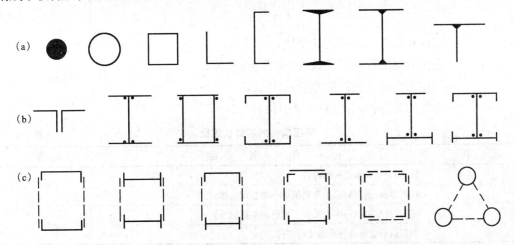

图 4-4 轴心受力构件和拉弯、压弯构件的截面形式

(a)型钢截面;(b)实腹式组合截面;(c)格构式组合截面

组合截面是由型钢或钢板连接而成,按其形式还可分为实腹式组合截面(如图 4-4b)和格构式组合截面(如图 4-4c)两种。由于组合截面的形状和尺寸几乎不受限制,因此可根据

轴心受力构件和拉弯、压弯构件的受力性质和力的大小选用合适的截面。对轴心压杆一般做成双轴对称的截面;对拉弯、压弯构件,也可根据受力不同做成双轴对称和单轴对称截面格构式截面;格构式截面可以节省材料对受力不大或刚度要求大的构件可以采用此种截面,相对实腹柱,它的制造较为费工。

1.2 钢柱正常工作的基本要求

1.2.1 轴心受力柱正常工作的基本要求

满足强度条件、刚度条件和稳定性条件是轴心受力构件在荷载作用下正常工作的基本要求。

(1)强度要求

轴心受力构件在正常工作时材料处于单项应力状态。截面平均正应力 σ 是衡量强度条件的主要指标,当 σ 值达到钢材的屈服强度 f_y 时,构件达到强度承载能力极限。构件正常工作的强度条件要求截面平均正应力不超过钢材的设计值。《钢结构设计规范》规定的轴心受力构件的强度计算公式为:

$$\sigma = \frac{N}{A_n} \leqslant f \tag{4-1}$$

式中　N——轴心力的设计值;

　　　A_n——构件的净截面面积;

　　　f——钢材的抗拉、抗压强度设计值。

(2)刚度要求

轴心受力构件一般比较细长,为了避免构件在制作安装过程中以及正常使用过程中因刚度不足而引起太大的变形,必须保证构件具有足够的刚度。《规范》要求对轴心受力构件的刚度以其容许长细比进行控制,其计算公式为:

$$\lambda = \frac{l_0}{i} \leqslant [\lambda] \tag{4-2}$$

式中　λ——构件在最不利方向的长细比;

　　　l_0——相应方向的构件计算长度,按表4-3取值;

　　　i——相应方向的截面回转半径;

　　　$[\lambda]$——构件的容许长细比,见表4-1和表4-2。

受压构件的容许长细比　　　　　　　　　　　　　　　　　　　　　表4-1

项　次	构　件　名　称	容许长细比
1	柱、桁架和天窗架中的杆件	150
	柱的缀条、吊车梁或吊车桁架以下的柱间支撑	
2	支撑(吊车梁或吊车桁架以下的柱间支撑除外)	200
	用以减小受压构件长细比的杆件	

注:1. 桁架(包括空间桁架)的受压腹杆,当其内力等于或小于承载能力的50%时,容许长细比值可取200;
　　2. 计算单角钢受压构件的长细比时,应采用角钢的最小回转半径,但计算在交叉点相互连接的交叉杆件平面外的长细比时,可采用与角钢肢边平行轴的回转半径;
　　3. 跨度等于或大于60mm的桁架,其受压弦杆和端压杆的容许长细比值宜取100,其他受压腹杆可取150(承受静力荷载或间接承受动力荷载)或120(直接承受动力荷载);
　　4. 由容许长细比控制截面的杆件,在计算其长细比时,可不考虑扭转效应。

受拉构件的容许长细比 表 4-2

项次	构 件 名 称	承受静力荷载或间接承受动力荷载的结构		直接承受动力荷载的结构
		一般建筑结构	有重级工作制吊车的厂房	
1	桁架的杆件	350	250	250
2	吊车梁或吊车桁架以下的柱间支撑	300	200	—
3	其他拉杆、支撑、系杆等 (张紧的圆钢除外)	400	350	—

注:1. 承受静力荷载的结构中,可以计算受拉构件在竖向平面内的长细比;
　　2. 在直接或间接承受动力荷载的结构中,单角钢受拉构件长细比的计算方法与表 4-1 的注 2 相同;
　　3. 中、重级工作制吊车桁架下弦杆的长细比不宜超过 200;
　　4. 在设有夹钳或刚性料耙等硬钩吊车的厂房中,支撑(表中第 2 项除外)的长细比不宜超过 300;
　　5. 受拉构件在永久荷载与风荷载组合作用下受压时,其长细比不宜超过 250;
　　6. 跨度等于或大于 60m 的桁架,其受拉弦杆和腹杆的长细比不宜超过 300(承受静力荷载或间接承受动力荷载)或 250(直接承受动力荷载)。

【例 4-1】　钢桁架的轴心受拉构件的截面如图 4-5 所示,试按强度条件、刚度条件确定其所能承受的最大荷载设计值和最大的容许计算长度。钢材为 Q235。

【解】　查附表 1-1　得:$f = 215\text{N}/\text{mm}^2$;查型钢表　得 $A_n = 2 \times 22.8\text{cm}^2 = 45.6\text{cm}^2$, $i_y = 4.63\text{cm}$, $i_x = 3.03\text{cm}$。

按强度条件要求,最大荷载设计值为:

$$N = fA_n = 215 \times 45.6 \times 10^2 = 980400\text{N} \approx 980\text{kN}$$

由表 4-2 查得 $[\lambda] = 350$。按刚度要求,拉杆的最大计算长度为:

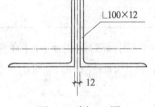

图 4-5　例 4-1 图

$$l_{0x} = [\lambda] \times i_x = 350 \times 3.03 = 1060.5\text{cm} \approx 10.6\text{m}$$

(3)稳定性要求

轴心受压构件在正常工作条件下除了要满足强度条件外,还必须满足构件受力的稳定性要求,而且在通常情况下其极限承载能力是由稳定条件决定的。轴心受压构件失稳后的屈曲形式包括弯曲屈曲、扭转屈曲和弯扭屈曲等不同类型。对于一般的双轴对称截面的轴心受压细长构件,失稳后的主要屈曲形式是弯曲屈曲。本单元只讨论弯曲屈曲问题。

1)轴心压力构件整体稳定要求

轴心受压构件作为整体压杆以弯曲屈曲的形式丧失稳定性是主要的失稳形式。

①传统的确定轴心受压构件整体稳定承载力的方法——欧拉公式法

根据欧拉公式,理想弹性压杆的失稳的临界应力为:

$$\sigma_{cr} = \frac{\pi^2 E}{\lambda^2}, \quad \lambda = \frac{l_0}{i} \tag{4-3}$$

式中　E——压杆材料的弹性模量;

　　　λ——压杆长细比;

　　　l_0——失稳屈曲方向的计算长度;

　　　i——相应方向的截面回转半径。

计算长度 l 取值与屈服弯曲平面内构件的杆端约束条件有关。$l_0 = \mu l$, μ 称为计算长度系数,按表 4-3 取值。

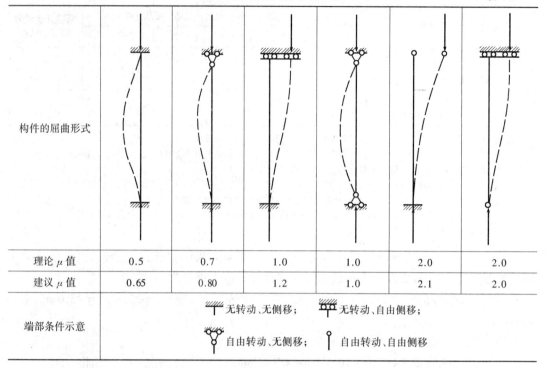

构件的屈曲形式						
理论 μ 值	0.5	0.7	1.0	1.0	2.0	2.0
建议 μ 值	0.65	0.80	1.2	1.0	2.1	2.0
端部条件示意	无转动、无侧移; 无转动、自由侧移; 自由转动、无侧移; 自由转动、自由侧移					

式(4-3)适用于构件在弹性阶段的失稳屈曲($\sigma_{cr} \leqslant \sigma_p$)。当构件在弹塑性阶段发生弯曲屈曲时,临界荷载的理论分析较为复杂,其中切线模量理论所提供的计算公式为:

$$\sigma_{cr} = \frac{\pi^2 E_t}{\lambda^2} \tag{4-4}$$

式中 σ_{cr}——弹塑性阶段的失稳的临界应力;

      E_t——切线模量。

$E_t < E$,理论分析和实验研究表明,式(4-4)能较好地反映理想轴心受压构件弹塑性阶段屈曲的承载能力。

②实际影响轴心压杆构件整体稳定性能的其他因素

欧拉公式表明了理想轴心受压构件的稳定性能及其影响因素。实际钢结构中的轴心受压构件受到初始缺陷、加工制作过程中产生的残余应力、杆件轴线的初始弯曲以及轴向力的初始偏心等因素的影响。这些因素的存在都使轴心受压构件的稳定承载能力降低。

③《钢结构设计规范》规定的轴心受压构件整体稳定的计算方法

《钢结构设计规范》对不同类型的实际受压构件,根据大量的实测实验数据在科学统计的基础上,对原始条件做出了合理的计算假设。通过科学实验和理论分析,利用计算机进行模拟计算和分类统计,提出了不同类型的轴心受压构件整体稳定的实用计算方法,并提出了统一的标准计算公式。

$$\sigma = \frac{N}{A} \leqslant \varphi f \tag{4-5}$$

式中 N——轴心压力的设计值;

      A——构件截面的毛面积;

f——钢材的抗拉、抗压强度设计值；

φ——轴心受压构件的整体稳定系数。

整体稳定系数 φ 表示构件整体稳定性能对承载能力的影响，φ 是小于 1 的数。在式(4-5)中应取截面尺寸两主轴稳定系数中的较小者。整体构件的长细比 λ 是影响 φ 值的主要因素，对不同钢材、不同截面类型的构件还考虑了其他因素的影响，给出了 λ-φ 值的对应关系。构件截面形式分类见附表 2-1、附表 2-2；规范按钢材种类和截面类型将 λ-φ 关系编制成表格，供查用，参见附表 2-3～附表 2-6。

对长细比 λ 的计算规定如下：

双轴对称或极对称截面的实腹式柱：

$$\lambda_x = \frac{l_{0x}}{i_x};\lambda_y = \frac{l_{0y}}{i_y}$$

l_0 和 i 分别为相应方向的计算长度和回转半径。

格构式柱绕虚轴方向失稳时，构件的长细比 $_y\lambda_x$ 必须使用换算值 λ_{0x}。图4-6绘出了双肢格构式柱的基本组成形式。当构件绕虚轴 x 弯曲失稳时，《钢结构设计规范》规定换算长细比的计算公式如下：

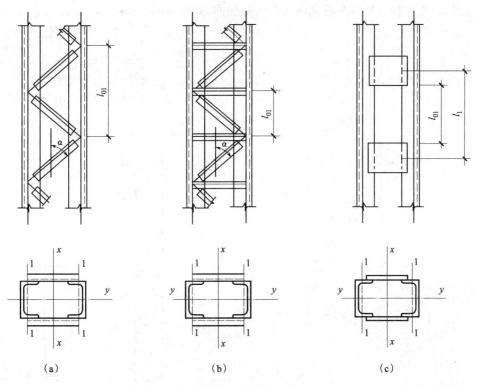

图 4-6　格构式构件的组成
(a)、(b)缀条柱；(c)缀板柱

如图 4-6(a)、(b)所示，对缀条式双肢格构柱为：

$$\lambda_{0x} = \sqrt{\lambda_x^2 + 27\frac{A}{A_{1x}}} \tag{4-6a}$$

如图 4-6(c)所示，对缀板式双肢格构柱为：

$$\lambda_{0x} = \sqrt{\lambda_x^2 + \lambda_1^2} \qquad\qquad (4\text{-}6b)$$

式中　λ_{0x}——构件对虚轴的长细比;

　　　A——构件横截面面积;

　　　A_{1x}——构件截面中垂直于 x 轴各斜缀条的截面面积之和;

　　　λ_1——单个分肢对最小刚度轴 $1-1$ 的长细比,$\lambda_1 = \dfrac{l_{0x}}{i_1}$,其计算长度 l_{0x} 取值为:焊接

　　　　　时取相邻缀板间的净距离;螺栓连接时为相邻两缀板边缘螺栓的距离。

2)轴心受压构件的局部稳定

①局部失稳现象

对组合式轴心受压构件,当构件的截面形式、组合件的截面几何形状和构件的总体组合形式不合理时,在承受荷载作用时,有可能产生局部失稳现象,从而使构件的承载能力极限降低。局部失稳现象一般可以分为两种类型,第一类型是组合件中的板件(例如工字形组合截面中的腹板或翼缘板),如果太宽太薄,就可能在构件丧失整体稳定之前产生凹凸鼓屈变形,这种现象称为板件屈曲,如图 4-7 所示。

第二种类型是格构式受压柱的肢件在缀板的相邻节间作为单独的受压杆,当局部长细比较大时,可能在构件整体失稳之前先行失稳屈曲,如图 4-8 所示。

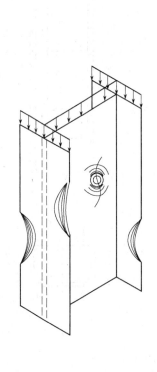

图 4-7　实腹柱轴压构件局部稳定

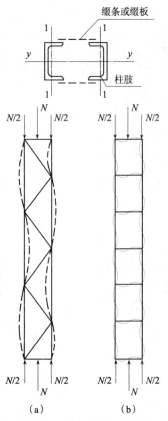

(a)　　　　(b)

图 4-8　格构柱分肢失稳

不论是第一种类型还是第二种类型的局部失稳都将使构件的整体承载能力降低,必须在构件的设计制作时予以防止。

②板件的局部稳定条件。

对图 4-9 所示的工字形及箱形截面,《钢结构设计规范》对其宽厚比(高厚比)的要求是:

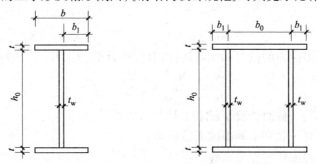

图 4-9　工字形截面和箱形截面尺寸

$$\frac{b_1}{t} \leqslant (10 + 0.1\lambda)\sqrt{\frac{235}{f_y}} \tag{4-8a}$$

$$\frac{h_0}{t_w} \leqslant (25 + 0.5\lambda)\sqrt{\frac{235}{f_y}} \tag{4-8b}$$

$$\frac{h_0}{t_w} \leqslant 40\sqrt{\frac{235}{f_y}} \tag{4-8c}$$

$$\frac{b_0}{t} \leqslant 40\sqrt{\frac{235}{f_y}} \tag{4-8d}$$

其中式(4-8a)、式(4-8b)适用于工字形截面,式(4-8c)、式(4-8d)适用于箱形截面。

式中　λ——构件的长细比,取两个方向长细比中的较大者,当 $\lambda < 30$ 时,取 $\lambda = 30$ 时;当 $\lambda > 100$ 时,取 $\lambda = 100$;

　　f_y——钢材的屈服强度;

b、t 等尺寸见图 4-9 中的标示。

对于轧制型钢,可不做局部稳定验算。

③格构柱的单肢稳定要求

如前所述,格构柱的单肢在缀件的相邻节间形成了一个单独的轴心受压构件。为保证在承受荷载作用时,单肢稳定性不低于构件的整体稳定性。在设计中要求其单肢长细比取 λ_1,应满足:

对缀条式格构柱要求:

$$\lambda_1 \leqslant 0.7\lambda_{max}(\lambda_{0x}, \lambda_y) \tag{4-9a}$$

对于缀板式格构柱要求:

$$\lambda_1 \leqslant 40,且 \lambda_1 \leqslant 0.5\lambda_{max}(当 \lambda_1 < 50 时取 \lambda_1 = 50) \tag{4-9b}$$

式(4-9a、b)中　λ_1——为单肢长细比,按下式计算:

$$\lambda_1 = \frac{l_{01}}{i_1}$$

　　l_{01}——单肢计算长度,对缀条式格构柱取柱单肢在相邻缀条节点间的距离(中心点距离);对缀板式格构柱取相邻缀板间的净距;

　　i_1——单肢截面的最小回转半径;

　　λ_{max}——柱整体绕实轴方向弯曲时的长细比 λ_y 和绕虚轴方向弯曲时的换算长细比 λ_{0x} 中的较大值。

1.2.2 框架柱正常工作的要求

框架柱一般属于拉弯和压弯构件,其截面一般为实腹式,其正常工作也应满足强度、刚度和稳定性的要求。

(1)强度要求

弯矩作用在主平面内的拉弯和压弯构件,其强度计算公式为:

$$\frac{N}{A_n} \pm \frac{M_x}{\gamma_x W_{nx}} \pm \frac{M_y}{\gamma_y W_{ny}} \leqslant f \tag{4-10}$$

式中　M_x、M_y——同一截面处绕 x 轴和 y 轴的弯矩设计值;

$\quad$ W_{nx}、W_{ny}——对 x 轴和 y 轴净截面抵抗矩;

$\quad$ γ_x、γ_y——截面塑性发展系数;

$\quad$ A_n——构件的净截面面积。

(2)刚度要求

拉弯、压弯构件的刚度同样采用长细比来控制:

$$\lambda_{\max} \leqslant [\lambda] \tag{4-11}$$

(3)稳定性要求

对压弯构件,除满足强度和刚度外还应验算其稳定性。对于弯矩作用在对称轴平面内(绕 x 轴)的实腹式压弯构件,其稳定性应做如下计算:

1)弯矩作用平面内的稳定性:

$$\frac{N}{\varphi_x A} + \frac{\beta_{mx} M_x}{\gamma_x W_{1x}\left(1 - 0.8\dfrac{N}{N'_{Ex}}\right)} \leqslant f \tag{4-12}$$

式中　N——所计算的构件范围内的轴心压力;

$\quad$ N'_{Ex}——参数,$N'_{Ex} = \pi^2 EA/(1.1\lambda_x^2)$;

$\quad$ φ_x——弯矩作用平面内的轴心受压构件稳定系数;

$\quad$ M_x——所计算构件范围内的最大弯矩;

$\quad$ W_{1x}——在弯矩作用平面内对较大受压纤维的毛截面模量;

$\quad$ β_{mx}——等效弯矩系数,应按下列规定采用:

(A)框架柱和两端支承的构件:

①无横向荷载作用时:$\beta_{mx} = 0.65 + 0.35\dfrac{M_2}{M_1}$,$M_1$ 和 M_2 为端弯矩,使构件产生同向曲率(无反弯点)时取同号;使构件产生反向曲率(有反弯点)时取异号,$|M_1| \geqslant |M_2|$;

②有端弯矩和横向荷载同时作用时:使构件产生同向曲率时,$\beta_{mx} = 1.0$;使构件产生反向曲率时,$\beta_{mx} = 0.85$;

③无端弯矩但有横向荷载作用时:$\beta_{mx} = 1.0$。

(B)悬臂构件和分析内力未考虑二阶效应的无支撑纯框架和弱支撑框架柱,$\beta_{mx} = 1.0$。

对于单轴对称截面,如 T 形、槽形截面的压弯构件,但弯矩作用在对称平面内且使翼缘受压时,除按式(4-12)计算外,尚应按下式计算:

$$\left| \frac{N}{A} - \frac{\beta_{mx} M_x}{\gamma_x W_{2x}(1 - 1.25\dfrac{N}{N'_{Ex}})} \right| \leqslant f \tag{4-13}$$

式中 W_{2x}——对无翼缘端的毛截面模量。

2)弯矩作用平面外的稳定性按下式验算：

$$\frac{N}{\varphi_y A} + \eta \frac{\beta_{tx} M_x}{\varphi_b W_{1x}} \leq f \tag{4-14}$$

式中 φ_y——弯矩作用平面外的轴心受压构件稳定系数,同轴心受压杆取值;

φ_b——均匀弯曲的受弯构件整体稳定系数,取值同第单元5的规定;

M_x——所计算构件范围内的最大弯矩;

η——截面影响系数,闭口截面 $\eta = 0.7$,其他截面 $\eta = 1.0$;

β_{tx}——等效弯矩系数,应按下列规定采用:

(A)在弯矩作用平面外有支承的构件,应根据两相邻支承点间构件段内的荷载和内力情况确定:

①所考虑构件段无横向荷载作用时: $\beta_{tx} = 0.65 + 0.35\frac{M_2}{M_1}$, M_1 和 M_2 是在弯矩作用平面内的端弯矩,使构件段产生同向曲率时取同号;产生反向曲率时取异号, $|M_1| \geq |M_2|$;

②所考虑构件段内有端弯矩和横向荷载同时作用时:使构件段产生同向曲率时, $\beta_{tx} = 1.0$;使构件产生反向曲率时 $\beta_{tx} = 0.85$;

③所考虑构件段内无端弯矩但有横向荷载作用时: $\beta_{tx} = 1.0$。

(B)弯矩作用平面外为悬臂的构件, $\beta_{tx} = 1.0$。

课题2 轴心受压柱的设计

2.1 实腹式轴心受压柱设计

2.1.1 实腹式轴压柱的基本要求

(1)承载能力要求

实腹式轴心受压构件必须满足构件的基本承载力要求,即强度、刚度和稳定性要求。

(2)构造要求

为防止在施工和运输过程中发生太大变形,当实腹式柱的腹板高厚比 $h_0/t_w > 80$ 时,应设置横向加劲肋以提高其抗扭刚度。其间距不大于 $3h_0$ 且应成对配,外伸宽度 b_s 不小于 $h_0/30 + 40$(mm),厚度 t_s 不小于 $b_s/15$。大型实腹式柱在受有较大水平力处和运输单元的端部应设置横隔(即加宽的横向加劲肋)。其间距不大于柱截面较大宽度的9倍或8m。横向加劲肋和横隔如图4-10所示。

2.1.2 实腹式轴心受压构件的设计原则和步骤

(1)实腹式受压柱的设计原则

实腹式轴心受压柱的设计应考虑以下几个原则:

1)截面面积分布应尽量远离中和轴,即尽量加大截面轮

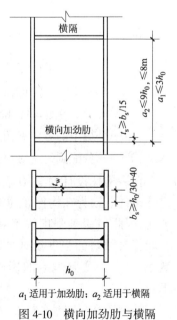

a_1 适用于加劲肋; a_2 适用于横隔

图 4-10 横向加劲肋与横隔

廓而减小板的厚度;

2)尽量做到两个轴的等稳定性;

3)构造简单,便于制作和加工;

4)方便和其他构件的连接;

5)选择可供应的钢材规格;

6)尽量采用双轴对称截面,避免弯扭失稳。

(2)轴心受压柱的设计步骤

实腹柱的设计首先初选一个截面,然后对所选截面验算,当截面不合适时调整截面再进行验算,直到满意。整个过程是一个需要反复调整的过程,经验就显得非常重要。

2.2 轴心受压格构柱的设计

2.2.1 格构式轴心受压构件的基本要求

(1)构件承载能力的基本要求

和实腹柱一样,格构柱承载能力的基本要求包括强度、刚度和稳定性要求。另外还必须满足单肢稳定的要求。

(2)缀条、缀板的受力计算和承载能力要求

1)斜缀条受力分析

构件受压屈曲时将产生横向剪力,其横向剪力 V 的大小为:

$$V = \frac{Af}{85}\sqrt{\frac{f_y}{235}} \tag{4-15}$$

式中　A——构件横截面面积;

　　　V——横截面总剪力大小。

该剪力 V 由前后双侧缀材平分承担:

$$V_1 = \frac{V}{2}$$

如图 4-11 所示斜缀条的内力为:

$$N_t = \frac{V_1}{n\cos\alpha} \tag{4-16}$$

式中　n——斜缀条数,图 4-11(a)为单缀条体系 $n = 1$;图 4-11(b)为双缀条体系 $n = 2$;

　　　α——缀条的方向夹角;

　　　V_1——分配到每一缀材面的剪力。

在格构柱设计时必须验算斜缀条的强度和稳定性条件。因为在构件屈曲变形中,剪力可能改变方向,因此斜缀条强度按不利情形轴心受压考虑。在验算时材料的强度设计值应乘以规定的折减系数 γ_0 以考虑实际偏心的影响。γ_0 的计算规定如下:

①在计算稳定时:

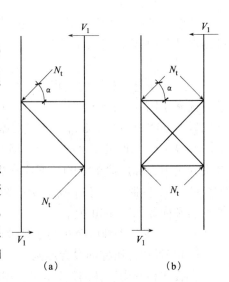

(a)　　　　　(b)

图 4-11　缀条计算间图

60

等边角钢：

$$\gamma_0 = 0.6 + 0.0015\lambda，但不大于1.0$$

短边相连的不等边角钢：

$$\gamma_0 = 0.6 + 0.0025\lambda，但不大于1.0$$

长边相连的不等边角钢：

$$\gamma_0 = 0.7$$

λ 为缀条长细比，按最小回转半径计算，当 λ 小于20时，取 $\lambda = 20$。

②在计算强度(与分肢的)连接时：

$$\gamma_0 = 0.85$$

斜缀条一般采用不小于∟45×4 或∟$56 \times 36 \times 4$ 的角钢。横缀条主要是用于减小分肢的计算长度，截面一般同斜缀条。

2)缀板受力分析

对缀板式格构柱，为了满足一定的刚度要求，《钢结构设计规范》规定，在构件同一截面处，缀板的线刚度(I_b/a)之和不得小于柱分肢线刚度(I_1/l_1)的6倍。通常取缀板宽度 $b_p \geqslant 2a/3$，厚度 $t_p \geqslant a/40$ 及6mm，如图4-12所示。

缀板所受的剪力 T 和弯矩 M 可根据下式计算：

$$T = \frac{V_1 l_1}{a} \tag{4-17a}$$

$$M = \frac{V_1 l_1}{2} \tag{4-17b}$$

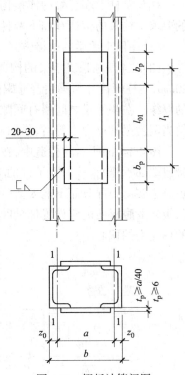

图4-12 缀板计算间图

式中　V_1——$V_1 = \dfrac{V}{2}$，V 见式(4-15)；

　　　l_1——相邻两缀板轴线间的距离；

　　　a——肢件轴线间的距离。

当缀板用角焊缝与肢件相连接时，搭接长度一般为 $20 \sim 30$mm。

3)横隔设置

为了增强整体刚度，格构柱除在受有较大水平力处设置横隔外，尚应在运输单元端部设置横隔，横隔间距不得大于柱较大宽度的9倍或8m。横隔可用钢板或角钢做成，如图4-13所示。

2.2.2　格构柱的设计步骤

同实腹柱一样，格构柱设计也是先初选截面，然后经过验算调整直到所选截面满意为止。

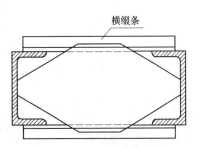

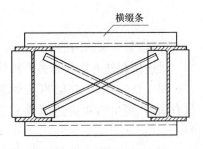

图4-13　格构柱的横隔

2.3 柱头与柱脚的构造

2.3.1 柱头

柱头是柱上端与梁的连接构造,它的作用是将上部荷载准确地传给柱身,符合基本假定的要求。柱头的构造有如下两种形式:

(1)柱顶支承梁的连接方式

图4-14是柱顶支承梁的构造示意图。梁的荷载通过顶板传给柱。顶板一般厚度16~20mm,与柱焊接并与梁用普通螺栓相连。图4-14(a)所示的构造中,梁的支承加劲肋对准柱的翼缘。在相邻梁之间留有间隙并用夹板和构造螺栓相连。这种构造形式简单、受力明确,但当两侧梁的反力不等时,易引起柱的偏心受力。

图4-14(b)所示的构造中,在梁端增加了带突缘的支承加劲肋连接于柱顶,(可以采用焊接或端部承压)直接对准了柱的轴线附近,加劲肋的底部刨平,顶紧于柱顶板。这样柱的腹板是主要承力部分而不能太薄(可以在柱头部分采用换板的方式增加腹板厚度)。同时在柱顶板之下腹板两侧应设置加劲肋。这种构造形式可以防止由于上部相邻梁反力不等时引起的柱受力的偏心。

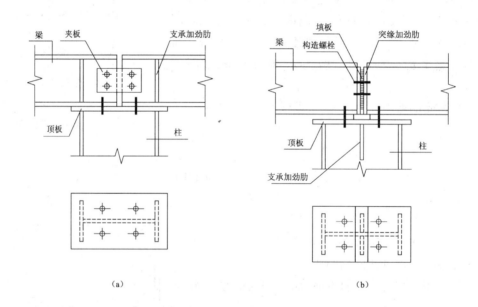

(a)　　　　　　　　　　　　　　(b)

图4-14　梁支承于柱顶的铰接连接

(2)柱侧承梁的构造

梁连接在柱的侧面是另一种柱头构造形式,如图4-15所示。

图4-15(a)所示将梁直接搁置于柱侧的承托上,用普通螺栓连接。梁与柱侧面之间留有间隙,用角钢和构造螺栓相连,这种连接方式最简便,适用于梁所传递的反力较小时。

图4-15(b)所示的方案是用厚钢板作承托,直接焊于柱侧。梁与柱侧仍留有空隙,梁吊

装就位后,用填板和构造螺栓将柱翼缘和梁端板连接起来。

当梁沿柱翼缘平面方向与柱相连时,采用图 4-15(c)所示的连接方式。在柱腹板上直接设置承托,梁端板支承在承托上,梁安装就位后,用填板和构造螺栓将梁端与柱腹板连接起来。这种连接方式使梁端反力直接传递给柱腹板。

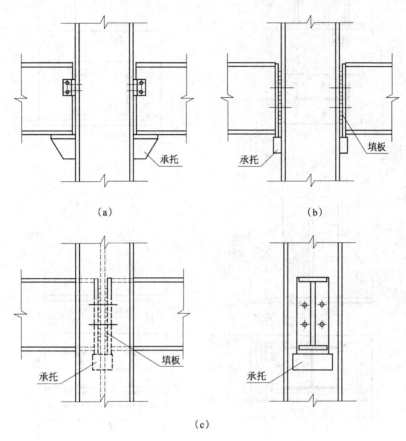

(a)   (b)

(c)

图 4-15 梁支承于柱侧的铰接连接

2.3.2 柱脚

轴心受压柱与基础的连接结构称为柱脚。柱脚构造可以分为刚接和铰接两种不同的形式。这里只介绍铰接柱脚的构造。

铰接柱脚主要用于轴心受压柱。其常用的构造形式如图 4-16 所示。

其中图 4-16(a)所示为最简单的单块底板的形式,可用于柱轴力较小时。

当压力较大时为了增加传力焊缝的长度,也为了增加底板的刚度,可以在底板上加焊梁靴,如图 4-16(b)所示。当轴力更大时,为了进一步加大柱脚的刚度,还可以再加焊隔板和肋板,如图 4-16(c)和图 4-16(d)所示。

柱脚底板与基础用锚栓固定,为了更好的方便安装,也可采用 4 个锚栓来固定柱身。锚栓直径一般为 20～27mm。底板上锚栓孔的直径一般为锚栓直径的 1.2～2 倍。柱吊装就位后,用垫板套住锚栓并与底板焊牢。

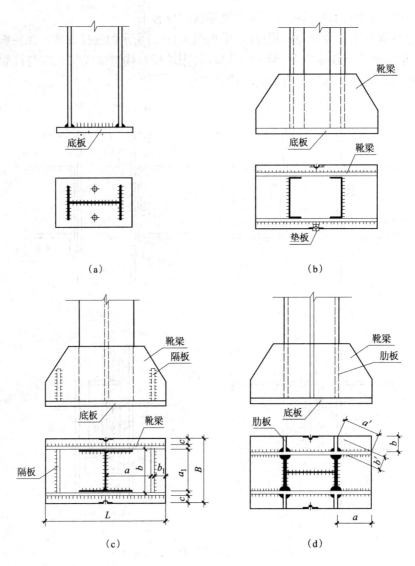

（a）

（b）

（c）

（d）

图 4-16　铰接柱脚

课题 3　框架柱的设计

3.1　框架柱的计算长度

框架柱一般为压弯构件,它的计算长度与两端的约束条件有关。对于端部约束条件比较简单的压弯构件计算长度,可依据表 4-3 的计算长度系数求得。当压弯构件是框架柱或排架柱时,则计算长度的确定就比较麻烦。由于框架结构可能失稳的形式有两种:一种是有侧移的,一种是无侧移的。无侧移的框架,其稳定承载力比连接条件与截面尺寸相同的有侧移框架的大很多。因此,确定框架柱的计算长度时应区分框架失稳时有无侧移。如果没有防止侧移的有效措施,则应按有侧移失稳的框架来考虑。

3.1.1 框架柱平面内计算长度的确定

《钢结构设计规范》规定:单层或多层框架等截面柱,在框架平面内的计算长度等于该层柱的高度乘以计算长度系数 μ。

(1)对于无支撑纯框架

1)当采用一阶弹性分析方法计算内力时,框架柱的计算长度系数 μ 按附录有侧移框架柱的计算长度系数确定。

2)当采用二阶弹性分析方法计算内力且在每层柱顶附加考虑假想水平力 H_{ni} 时,框架柱的计算长度系数 $\mu = 1.0$。H_{ni} 按下式计算:

$$H_{ni} = \frac{\alpha_y Q_i}{250} \sqrt{0.2 + \frac{1}{n_s}} \tag{4-18}$$

式中　Q_i——第 i 楼层的总重力荷载设计值;

　　　n_i——框架总层数;当 $\sqrt{0.2 + 1/n_s} > 1$ 时,取此根号值为 1.0;

　　　α_y——钢材强度影响系数,Q235 钢时为 1.0;Q345 钢时为 1.1;Q390 时为 1.2;Q420 时为 1.25。

(2)有支撑框架

1)当为强支撑框架时,框架柱的计算长度系数 μ 按附表 3-1 和附表 3-2 无侧移框架柱的计算长度系数确定。

2)当为弱支撑框架时,框架柱的轴压稳定系数 φ 按下式确定:

$$\varphi = \varphi_0 + (\varphi_1 - \varphi_0) \frac{S_b}{3(1.2\sum N_{bi} - \sum N_{0i})} \tag{4-19}$$

式中　$\sum N_{bi}$、$\sum N_{0i}$——第 i 层层间所有框架用无侧移框架和有侧移框架柱计算长度系数算得的轴压杆稳定承载力之和;

　　　φ_1、φ_0——分别是框架用无侧移框架柱和有侧移框架柱计算长度系数算得的轴心压杆稳定系数。

3)当满足下式要求时,为强支撑框架,否则为弱支撑框架:

$$S_b \geqslant 3(1.2\sum N_{bi} - \sum N_{0i}) \tag{4-20}$$

式中　S_b——有支撑结构(支撑桁架、剪力墙、电梯井等)的侧移刚度。

3.1.2 框架柱在框架平面外的计算长度

在框架平面外,柱的计算长度可取柱的全长。当有侧向支承时,取支承点之间的距离。

3.2 框架柱截面设计

框架柱有实腹式压弯构件和格构式压弯构件两种类型。除了高度较大的厂房框架柱和独立柱外多采用格构柱外,一般都采用实腹式截面。当弯矩较小或正负弯矩的绝对值相差较小时,常采用双轴对称截面。当正负弯矩绝对值相差较大时,常采用单轴对称截面以节约材料。设计的构件应该构造简单、制造方便、连接简单。

截面设计完成后还应进行连接节点设计(与梁的连接)及柱脚设计。

3.2.1 实腹式压弯构件的截面设计步骤

1)计算构件承受的内力设计值,即弯矩、剪力和轴力的设计值;

2)选择合适的截面形式;

3)选择钢材及确定钢材强度设计值;

4)确定构件的平面内和平面外的计算长度;

5)根据经验或已有的资料初步确定截面尺寸;

6)对所选的截面进行强度、刚度、整体稳定(包括弯矩平面内和平面外)和局部稳定验算;

7)如果验算不满足要求,或截面过大,则应对所选截面调整并重新验算,直到满意为止。

3.2.2 实腹式压弯构件的构造要求

压弯构件的加劲肋、横隔和纵向焊缝的构造要求同相应的轴心受压构件。

3.3 压弯构件的柱头和柱脚

3.3.1 柱头

框架柱的柱头同样有铰接和刚接两种,比较常用的是刚节点。刚节点对制造和安装的要求都较高,施工复杂。在设计中应该做到安全可靠、传力路线明确、方便施工的原则。图4-17为几种常见的刚接连接。

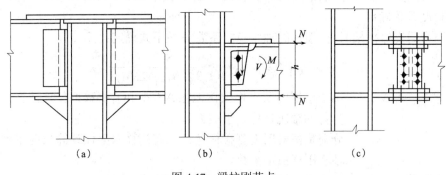

图 4-17 梁柱刚节点

3.3.2 柱脚

(1)形式和构造

框架柱的柱脚有铰接和刚接两种,铰接柱的构造和计算同轴心受力柱,这里只介绍刚接柱的构造和计算。

刚接柱根据底板做法可分为整体式(如图4-18a)和分离式(如图4-18b)两种类型。实腹柱或分肢间矩小于1.5m的格构柱常采用整体式柱脚;分肢间矩不小于1.5m的格构柱常采用分离式柱脚。刚接柱根据柱脚与地面的关系可分为露出式柱脚(如图4-18)、埋入式柱脚(如图4-19)和外包式柱脚(如图4-20)三种类型。

刚接柱脚在弯矩作用下产生的拉力由锚栓承受,锚栓承受较大的拉力,其直径和数量需经过计算确定。

为了有效地将拉力传递给锚栓,锚栓不应直接固定在底板上,应底板刚度不足,不能保证锚栓受拉的可靠性,而应固定在焊接于靴梁上的刚度较大的支托座上,如图4-18所示,使柱脚与基础形成刚接。

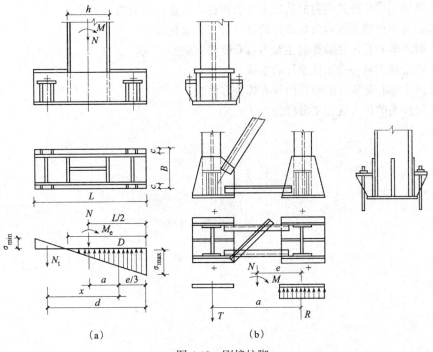

图 4-18 刚接柱脚

(a)整体式柱脚;(b)分离式柱脚

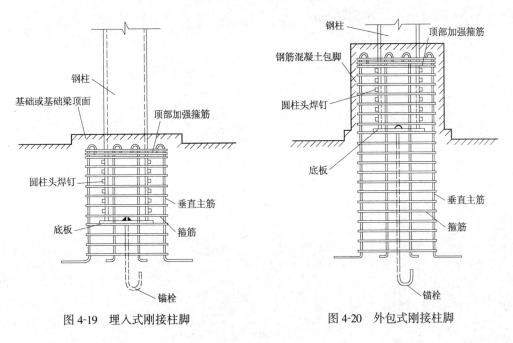

图 4-19 埋入式刚接柱脚   图 4-20 外包式刚接柱脚

复习思考题

1. 轴心受压构件的整体稳定系数 φ 需要根据哪几个因素查表确定?

2. 轴心受压构件整体失稳时有哪几种屈曲形式?双轴对称截面的屈曲形式是怎样的?

3．提高轴压受压柱的钢材的抗压强度能否提高其稳定承载力？为什么？

4．轴心受压柱的翼缘和腹板稳定的计算公式各是什么？

5．实腹式轴心受压柱验算的主要内容有哪些方面？

6．试述格构式轴心受压柱设计的步骤。

7．实腹式偏心受压柱的验算内容有哪些方面？

8．铰接柱头的传力过程是怎样的？

单元 5　梁

　　知 识 点：钢梁应满足的基本要求，型钢梁的设计步骤，组合梁的设计内容和步骤。

　　教学目标：梁是钢结构的重要受力构件，通过本单元的学习要求达到：掌握钢梁正常工作的基本要求，强度条件、刚度条件、特别是稳定条件；熟悉现行《钢结构设计规范》对钢梁的有关设计、构造的有关规定；熟悉型钢梁的设计步骤；熟悉组合梁的设计内容和构造；掌握钢梁的拼接和钢梁的连接设计与构造；了解钢和混凝土组合梁的构造知识。

课题 1　钢梁种类及强度、刚度、整体稳定的要求

1.1　钢梁的种类

1.1.1　钢梁的截面形式和应用

　　钢梁的截面形式有型钢梁和组合梁。型钢梁制造方便，加工简单，成本较低，当梁的跨度及荷载较小时可优先采用。常用的型钢梁有工字钢、槽钢和 H 型钢。当梁的跨度和荷载较大时则需采用由钢板焊接的组合梁。常采用的钢梁截面如图 5-1 所示。

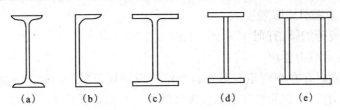

(a)　　　　(b)　　　　(c)　　　　(d)　　　　(e)

图 5-1　钢梁的截面形式

1.1.2　钢梁的种类

　　钢梁按照使用功能，可分为楼盖梁、屋盖梁、车间的工作平台及墙梁、吊车梁、檩条等。

　　按照支承情况可分为简支梁、连续梁、伸臂梁和框架梁等。

　　按受力不同可分单向弯曲梁和双向弯曲梁。平台梁、楼盖梁等属于前者，吊车梁、檩条、墙梁等则属于后者。

1.2　梁的承载力、刚度和稳定性要求

　　钢梁的设计中承载力、刚度和稳定性要求是钢梁安全工作的基本条件。

1.2.1　钢梁的承载力要求

　　梁的强度包括抗弯承载力、抗剪强度、局部压应力强度和在复杂应力状态下的折算应力等都要满足《钢结构设计规范》(GB 50017—2003)规定。

　　(1)梁的抗弯承载力

梁在弯矩作用下,截面中的正应力的发展过程可分为以下三个阶段:

1)弹性工作阶段:当弯矩较小时 $\sigma < f_y$,截面上正应力呈直线分布,其最大应力为 $\sigma = \dfrac{M}{W_n}$。

2)弹塑性工作阶段:随着荷载增加弯矩加大,截面外边缘进入塑性状态。中间部分仍保持为弹性,截面上的弯曲应力呈折线形分布,此阶段为弹塑性工作阶段。

3)塑性工作阶段:弯矩继续增大,当弹性区域消失,截面全部进入塑性工作阶段并形成塑性铰时,梁达到极限承载状态。此时梁所承受的截面弯矩值成为极限弯矩。

$$M_p = W_{pn}f_y \tag{5-1}$$

式中　W_{pn}——梁净截面塑性模量,应满足 $W_{pn} > W_n$(对矩形截面 $W_{pn} = 1.5W_n$)。

按塑性设计可以具有一定的经济效益,但又可能会使梁的变形过大,《钢结构设计规范》(GB 50017—2003)规定用截面塑性发展系数 γ 进行控制,对于在主平面内受弯的实腹式构件,梁的抗弯强度应满足下式要求:

$$\frac{M_x}{\gamma_x W_{nx}} + \frac{M_y}{\gamma_y W_{ny}} \leqslant f \tag{5-2}$$

式中　M_x、M_y——绕 x 轴和 y 轴的弯矩(对工字形截面:x 轴为强轴,y 轴为弱轴);

　　　W_{nx}、W_{ny}——对 x 轴和 y 轴的净截面模量;

　　　γ_x、γ_y——截面塑性发展系数:对工字形截面,$\gamma_x = 1.05$,$\gamma_y = 1.20$;对箱形截面,$\gamma_x = \gamma_y = 1.05$;对其他截面,可按附录4采用;

　　　f——钢材的抗弯强度设计值。

当梁受压翼缘的自由外伸宽度与其厚度之比大于 $13\sqrt{235/f_y}$ 而不超过 $15\sqrt{235/f_y}$ 时,应取 $\gamma_x = 1.0$,f_y 为钢材屈服强度。

对需要计算疲劳的梁,宜取 $\gamma_x = \gamma_y = 1.0$。

(2)梁的抗剪承载力要求

梁内一般会同时存在有弯矩和剪力,《钢结构设计规范》(GB 50017—2003)规定在主平面内受弯的实腹构件(考虑腹板屈曲后强度者除外),其抗剪承载力应满足下式要求:

$$\tau = \frac{VS}{It_w} \leqslant f_v \tag{5-3}$$

式中　V——计算截面沿腹板平面作用的剪力;

　　　S——计算剪应力处以上毛截面对中和轴的面积矩;

　　　I——毛截面惯性矩;

　　　t_w——腹板厚度;

　　　f_v——钢材的抗剪强度设计值。

(3)局部承压承载力

当梁上翼缘受有沿腹板平面作用的集中荷载,且该荷载处又未设置支承加劲肋时,在腹板上下承压处的局部范围将产生较大的压应力。此时应按下式验算腹板计算高度上边缘的局部承压承载力(图5-2)。

$$\sigma_c = \frac{\Psi F}{t_w l_z} \leqslant f \tag{5-4}$$

式中　F——集中荷载;

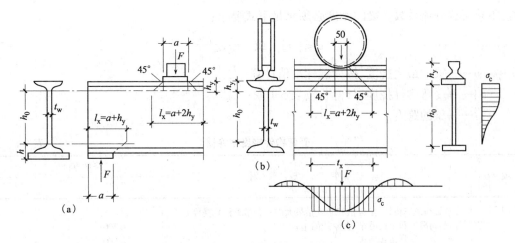

图 5-2　梁腹板局部压应力

f——钢材的抗压强度设计值；

Ψ——集中荷载增大系数；对重级工作制吊车梁，$\Psi = 1.35$；对其他梁，$\Psi = 1.0$；

l_z——集中荷载在腹板计算高度上边缘的假定分布长度；按下式计算：

$$l_z = a + 2h_y$$

式中　a——集中荷载沿梁跨度方向的支承长度，对钢轨上的轮压可取为 50mm；

h_y——自吊车梁轨顶或其他梁顶面至腹板计算高度上边缘的距离。

在梁的支座处，当不设置支承加劲肋时，也应按式(5-4)计算高度下边缘的局部压应力，但 Ψ 取 1.0。支座集中反力的假定分布长度，应根据支座具体尺寸按上式计算。

腹板的计算高度边缘：型钢梁为腹板与上、下翼缘相接处内圆弧的起点处；焊接组合梁为腹板上下边缘；铆接(或高强度螺栓连接)组合梁为上、下翼缘与腹板连接的铆钉中心。

(4)复杂应力状态下的承载力

在组合梁的腹板计算高度边缘处，同时受有较大的正应力、剪应力和局部压应力，或同时有较大的正应力和剪应力作用时(如连续梁中部支座处或梁的翼缘截面改变处等)，应按照复杂应力状态用下式进行承载力验算：

$$\sqrt{\sigma_1^2 + \sigma_c^2 - \sigma\sigma_c + 3\tau_1^2} \leqslant \beta_1 f \tag{5-5}$$

式中　σ_1, τ, σ_c——腹板计算高度边缘同一点上同时产生的正应力、剪应力和局部压应力，τ 和 σ_c 应按式(5-3)和式(5-4)计算，σ_1 按下式计算：

$$\sigma_1 = \frac{M}{I_n} y_1 \tag{5-6}$$

式中　I_n——梁净截面惯性矩；

y_1——所计算点至梁中和轴的距离；

β_1——强度设计值增大系数；当 σ_1 与 σ_c 异号时，取 $\beta_1 = 1.2$；当 σ_1 与 σ_c 同号或 $\sigma_c = 0$ 时，取 $\beta_1 = 1.1$。

σ_1 和 σ_c 以拉应力为正值，压应力为负值。

1.2.2　梁的刚度要求

梁的刚度要求属于正常使用要求，按正常使用极限状态理论进行计算，即取荷载标准

值,不乘荷载分项系数。梁的刚度必须满足下式要求:

$$v \leqslant [v] \quad 或 \quad \frac{v}{l} \leqslant \frac{[v]}{l} \tag{5-7}$$

式中 v——梁的最大挠度、按荷载标准值计算;

    $[v]$——受弯构件挠度容许值,按表 5-1 取;

    l——梁的跨度。

受弯构件挠度容许值   表 5-1

项 次	构 件 类 别	挠度容许值	
		$[v_r]$	$[v_Q]$
1	吊车梁和吊车桁架(按自重和起重量最大的一台吊车计算挠度) (1)手动吊车和单梁吊车(含悬挂吊车) (2)轻级工作制桥式吊车 (3)中级工作制桥式吊车 (4)重级工作制桥式吊车	$l/500$ $l/800$ $l/1000$ $l/1200$	
2	手动或电动葫芦的轨道梁	$l/400$	
3	有重轨(重量等于或大于 38kg/m)轨道的工作平台梁 有轻轨(重量等于或大于 24kg/m)轨道的工作平台梁	$l/600$ $l/400$	

4	楼(屋)盖梁或桁架,工作平台梁(第 3 项除外)和平台板
	(1)主梁或桁架(包括没有悬挂起重设备的梁和桁架)
	(2)抹灰顶棚的次梁
	(3)除(1)(2)款外的其他梁(包括楼梯梁)
	(4)屋盖檩条
	   支承无积灰的瓦楞铁和石棉瓦屋面
	   支承压型金属板、有积灰的瓦楞铁和石棉瓦等屋面
	   支承其他屋面材料
	(5)平台板
		$l/400$
		$l/250$
		$l/250$
		
		$l/150$
		$l/200$
		$l/200$
		$l/150$
			$l/500$
			$l/350$
			$l/300$

5	墙架构件 (1)支柱 (2)抗风桁架(作为连续支柱的支承时) (3)砌体墙的横梁(水平方向) (4)支承压型金属板、瓦楞铁和石棉瓦屋面的横梁(水平方向) (5)带有玻璃的横梁(竖直和水平方向)	 $l/200$	$l/400$ $l/1000$ $l/300$ $l/200$ $l/200$

注:1. l—受弯构件的跨度(对悬臂梁和伸臂梁为悬伸长度的两倍);

    2. $[v_r]$—全部荷载标准值产生的挠度(如有起拱应减去拱度)的容许值;

    3. $[v_Q]$—可变荷载标准值产生的挠度的容许值。

对可变荷载产生的挠度值和全部荷载标准值产生的挠度应分别进行验算。

下面列出简支梁在常见荷载作用下的最大挠度计算公式,供计算时参考:

(1)简支梁

在满跨均布荷载作用下:

$$v_{\max} = \frac{5}{384} \cdot \frac{q_k l^4}{EI}$$

在跨中间集中力作用下:

$$v_{\max} = \frac{1}{48} \cdot \frac{P_k l^3}{EI}$$

在跨间等距离布置两个集中荷载作用下：

$$\upsilon_{max} = \frac{13.63}{384} \cdot \frac{P_k l^4}{EI}$$

(2)悬臂梁

在满跨均布荷载作用下：

$$\upsilon_{max} = \frac{q_k l^4}{8EI}$$

在自由端集中荷载作用下：

$$\upsilon_{max} = \frac{P_k l^3}{3EI}$$

1.2.3　梁的整体稳定

由于工字形钢梁两个方向的刚度相差悬殊,当在最大刚度平面内受弯时,若弯矩较小,梁仅在弯矩作用平面内弯曲,无侧向位移。但随着弯矩增大到某一数值时,梁在偶然的很小的侧向干扰作用下,会突然向刚度较小的侧向弯曲,并伴有扭转,如图 5-3 所示。此时若除去侧向干扰力,侧向弯扭变形也不再消失。若弯矩再略增加,则弯扭变形将迅速增大,梁也随之失去承载能力导致梁的承载能力丧失,这种现象称为梁的整体失稳。保证梁的整体稳定是梁的正常工作的基本要求之一。

影响钢梁失稳的因素很多,理论分析和计算较为复杂。《钢结构设计规范》(GB 50017—2003)对梁的整体稳定计算作如下规定：

(1)当符合下列情况之一时,可不验算梁的整体稳定：

1)有铺板(各种钢筋混凝土和钢板)密铺在梁的受压翼缘上并与其牢固相连、能阻止梁受压翼缘的侧向位移时；

2)H 型钢截面或工字形截面简支梁受压翼缘的自由长度 l_1 与翼缘宽度 b_1 之比不超过表 5-2 所规定的数值时。

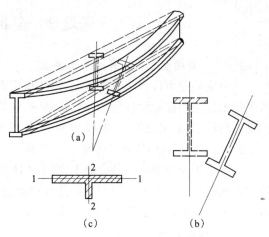

图 5-3　梁丧失整体稳定的情况

H 型钢或工字形截面简支梁不需计算整体稳定性的最大 l_1/b_1 值　　表 5-2

钢　号	跨中无侧向支承点的梁		跨中受压翼缘有侧向支承点的梁,不论荷载作用于何处
	荷载作用在上翼缘	荷载作用在下翼缘	
Q235	13.0	20.0	16.0
Q345	10.5	16.5	13.0
Q390	10.0	15.5	12.5
Q420	9.5	15.0	12.0

注：1. 其他钢号的梁不需计算整体稳定性的最大 l_1/b_1 值,应取 Q235 钢的数值乘以 $\sqrt{235/f_y}$ ；

　　2. 对跨中无侧向支承点的梁,l_1 为其跨度；对跨中有侧向支承点的梁,l_1 为受压翼缘侧向支承点间的距离(梁的支座处视为有侧向支承)。

(2)对于不符合上述条件的钢梁,在最大主平面内受弯的构件,其整体稳定条件,应按下式要求验算:

$$\frac{M_x}{\varphi_b \cdot W_x} \leqslant f \tag{5-8}$$

式中　M_x——绕强轴作用的最大弯矩;

　　　W_x——按受压翼缘确定的梁毛截面模量;

　　　φ_b——梁的整体稳定系数。

上述计算方法称为稳定系数法。φ_b值的大小由梁的截面特征和荷载特征确定。

(3)对于须验算梁的整体稳定,且在两个主平面内受弯的 H 型钢截面或工字形截面构件,其整体稳定性应按下式验算:

$$\frac{M_x}{\varphi_b W_x} + \frac{M_y}{\gamma_y W_y} \leqslant f \tag{5-9}$$

式中　W_x, W_y——按受压纤维确定的对 x 轴和 y 轴毛截面模量;

　　　φ_b——绕强轴弯曲所确定的梁整体稳定系数;

　　　γ_y——截面塑性发展系数,见式(5-2)说明。

课题 2　型钢梁的设计

2.1.1　型钢梁受力计算的基本要求

型钢梁的受力计算应满足强度、整体稳定和刚度的要求。当梁承受有集中荷载且在该荷载作用处梁的腹板没有用加劲肋加强时,还需验算腹板边缘的局部压应力。由于一般型钢梁的腹板、翼缘的高厚比、宽厚比都不大,可不必进行局部稳定的验算。

2.1.2　型钢梁的设计计算方法和步骤

型钢梁中应用最多的是普通工字钢和 H 型钢,型钢梁设计中要及时了解市场情况,选用常用的规格。一些大型号的型钢往往可能会发生供货困难,给施工带来困难,在设计中应加以重视。下面以普通工字钢和 H 型钢为例简述型钢梁的设计计算步骤和设计方法。

(1)计算梁的内力

在设计计算之前首先根据梁格布置和梁的荷载设计值、梁的跨度及支承条件,计算梁的最大弯矩设计值 M_{max},如果采用钢承板模板时,次梁间距不宜过大,以免楼板变形过大。

(2)计算需要的净截面模量 W_n,初选型钢规格

根据梁内力设计值的大小、跨度和支承情况,先选定钢材品种(要整个结构综合考虑),确定其抗弯强度设计值 f,然后根据梁的抗弯强度或稳定性要求,计算型钢所需的净截面模量 W_n。

$$W_n = \frac{M_{max}}{\gamma_x \cdot f} \quad 或 \quad W_n = \frac{M_{max}}{\phi_b \cdot f} \tag{5-10}$$

对于工字形钢取 $\gamma_x = 1.05$,考虑钢梁自重及其他因素(如最大弯矩处截面上是否有孔洞)适当提高 W_n 值,查型钢表初选型钢规格。

(3)截面强度验算

根据梁的总荷载(包括自重作用)计算最大弯矩设计值 M_{max} 及最大剪力设计值。按本

单元 1.2.1 节所述方法对梁的抗弯强度、抗剪强度进行验算,必要时进行局部受压验算。

(4)整体稳定验算

当梁上有刚性铺板或梁的受压翼缘的自由长度 l_1 与其宽度 b 之比满足规定限值时,认为梁的整体稳定有保证,否则应按式(5-8)验算梁的整体稳定性条件。

(5)刚度验算

钢梁的刚度验算应按荷载标准值计算,并按材料力学所述梁的挠度计算方法进行刚度验算。

在上述几项验算中如有某一项不能满足要求,应重新选择型钢规格再进行验算,直到满足各项要求为止。

课题 3 组合梁的设计

3.1 钢板组合梁的设计内容和设计步骤

由于型钢规格有限,当荷载较大或梁的跨度较大,采用型钢梁不能满足设计要求时,应改用组合梁。本节讲述钢板组合梁的设计计算方法和一般步骤。

3.1.1 钢板组合梁的设计内容

钢板组合梁的设计包括:选择材料牌号;选择截面形式并初步确定各部分尺寸;根据初选的截面进行强度、刚度、整体稳定性的验算,局部稳定验算及加劲肋设置;确定翼缘与腹板的焊缝;钢梁支座加劲肋设计及其他构造设计等内容。

3.1.2 钢板组合梁的设计步骤

(1)初选截面。通常情况下组合梁的设计是先根据使用要求和荷载跨度等条件确定材料牌号,初选梁的截面形式,再根据荷载作用的最大弯矩设计值初选梁的截面高度,进而确定其他尺寸。

(2)强度验算。根据所选的截面尺寸和梁控制截面的内力设计值按本单元 1.2.1 所述方法验算梁的强度。

(3)刚度验算。按本单元 1.2.2 所述方法验算梁的刚度。

(4)整体稳定性计算。按本单元 1.2.3 所述方法验算梁的整体稳定性。

上述(2)、(3)、(4)中若有一项不能满足,则应改变截面尺寸再验算,直到满足要求为止。

(5)局部稳定验算及加劲肋设置。分别验算翼缘及腹板的局部稳定性,当腹板高厚比达到一定的数值,应按规定设置相应的加劲肋。

(6)翼缘与腹板的连接焊缝设计。

(7)支座加劲肋设计。

3.2 截面设计步骤

工程上最常用的组合梁是两块翼缘板和一块腹板焊接成双轴对称的工字形截面(图5-4),下面就以工字形组合梁为例,说明截面设计方法。

3.2.1 初步确定截面尺寸

(1)确定截面高度 h

梁的截面高度是梁截面设计中最重要的尺寸,应该综合考虑建筑高度、刚度要求及经济条件而定。

1)建筑高度指按使用要求所允许的梁的最大高度 h_{max},用以保证室内净高不低于生产工艺或使用要求的规定值。所选梁高应满足 $h \leqslant h_{max}$。

2)刚度条件要求:根据梁的刚度条件可以确定梁的最小高度 h_{min},所选梁高应满足 $h \geqslant h_{max}$。

例如,承受均布荷载的简支梁要求:

$$\upsilon = \frac{5}{384} \frac{q_k l^4}{EI} \leqslant [\upsilon]$$

$$\frac{ql^2}{8} \times \frac{h}{2I} < \gamma_f$$

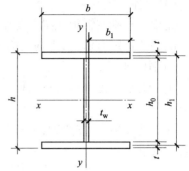

图 5-4　工字形焊接梁截面

对于工字形截面,取塑性发展系数 $\gamma = 1.05$,$E = 2.06 \times 10^5 N/mm^2$,$q \approx 1.3 q_k$,则有:

$$h = \frac{5 \times 1.05 fl^2}{1.3 \times 24 \times 2.06 \times 10^5 [\upsilon]} = \frac{fl^2}{1.224 \times 10^6 [\upsilon]} \geqslant h_{min} \tag{5-11}$$

如果所选梁高 $h \geqslant h_{min}$,则可满足梁的刚度要求,表 5-3 为均布荷载简支梁 h_{min}/l 的参考值,也可近似地用于跨中受几个集中荷载作用的单向受弯简支梁。

受均布荷载的简支梁的 h_{min}/l 参考值

表 5-3

$\frac{1}{n_0} = \frac{[\upsilon]}{l}$		$\frac{1}{1000}$	$\frac{1}{750}$	$\frac{1}{600}$	$\frac{1}{500}$	$\frac{1}{400}$	$\frac{1}{360}$	$\frac{1}{300}$	$\frac{1}{250}$	$\frac{1}{200}$	$\frac{1}{150}$
$\frac{h_{min}}{l}$	Q235 钢	$\frac{1}{6}$	$\frac{1}{8}$	$\frac{1}{10}$	$\frac{1}{12}$	$\frac{1}{15}$	$\frac{1}{16.6}$	$\frac{1}{20}$	$\frac{1}{24}$	$\frac{1}{30}$	$\frac{1}{40}$
	Q345 钢	$\frac{1}{4}$	$\frac{1}{5.4}$	$\frac{1}{6.8}$	$\frac{1}{8.2}$	$\frac{1}{10.2}$	$\frac{1}{11.3}$	$\frac{1}{13.6}$	$\frac{1}{16.3}$	$\frac{1}{20.4}$	$\frac{1}{4}$
	Q390 钢	$\frac{1}{3.7}$	$\frac{1}{4.9}$	$\frac{1}{6.1}$	$\frac{1}{7.3}$	$\frac{1}{9.2}$	$\frac{1}{10.2}$	$\frac{1}{12.2}$	$\frac{1}{14.7}$	$\frac{1}{18.4}$	$\frac{1}{24.5}$

3)梁的设计尚应尽量做到经济合理、节省钢材。设计经验和统计资料表明,当梁高取下列 h_e 值时较为经济合理:

$$h_e \approx 2W_x^{0.4} \quad 或 \quad h_e = 7\sqrt[3]{W_x} - 300mm \tag{5-12}$$

式中　h_e——梁经济高度;

　　　W_x——按强度条件计算所需的梁截面模量。

(2)确定腹板厚度 t_w

梁的腹板取得薄一些较经济,但应满足抗剪强度和局部稳定的要求。考虑抗剪强度时,可近似假定最大剪应力为腹板平均剪应力的 1.2 倍,即

$$\tau_{max} = \frac{VS}{h_0 t_w} \approx 1.2 \frac{V_{max}}{h_0 t_w} \leqslant f_v, \quad t_w \geqslant \frac{1.2 V_{max}}{h_0 f_v} \tag{5-13}$$

考虑局部稳定和构造等因素时,腹板厚度要求可用经验公式估算:

$$t_w \geqslant \frac{\sqrt{h_0}}{3.5} \tag{5-14}$$

式中 h_0——腹板高度,单位"mm"。

实际选用的腹板厚度尚应符合现有的钢板规格,除轻钢结构外一般不宜小于 6mm。

(3)确定翼缘尺寸

腹板尺寸确定之后,可按下式确定翼缘面积,每个翼缘面积为:

$$A_f = bt \approx \frac{W_x}{h_0} - \frac{1}{6} h_0 t_w \tag{5-15}$$

根据 A_f 值,可选定 b 或 t 中的一个数值,即可求出另一数值。翼缘宽度太小不易保证梁的整体稳定,太大则翼缘上应力分布不均匀。一般取 $b = \left(\frac{1}{5} \sim \frac{1}{3} \right) h$,$b$ 一般取 10mm 的整倍数,翼缘厚度 t 一般不宜小于 8mm。为保证受压翼缘的局部稳定,要求受压翼缘自由外伸宽度 b_1 与其厚度 t 之比应符合下式要求:

$$\frac{b_1}{t} \leqslant 13 \sqrt{\frac{235}{f_y}} \tag{5-16}$$

当计算梁抗弯强度取 $\gamma_x = 1.0$ 时,$\frac{b_1}{t}$ 可放宽至 $15 \sqrt{\frac{235}{f_y}}$。

(4)截面验算

梁截面尺寸确定后,应按实际尺寸计算截面几何特征,验算抗弯强度、抗剪强度、局部压应力、折算应力、刚度及整体稳定性。当验算不满足要求时,应重新选择截面直至满足要求。如果梁跨度较大,为节省钢材,可考虑改变梁沿跨长的截面,即制成变截面梁,但应有相应的构造措施保证,并验算变截面的强度和刚度。

3.2.2 翼缘焊缝计算

焊接组合工字形梁在受弯时,翼缘与腹板交接处将产生剪力,这一剪力 T 应由连接翼缘与腹板的角焊缝承受(图5-5),其单位长度上的剪力为:

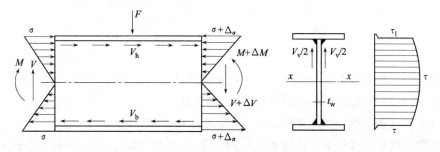

图 5-5 梁翼缘与腹板间的剪力

$$T = \tau_1 t_w = \frac{V S_1}{I}$$

焊缝强度条件要求

$$T \leqslant 2 h_e \cdot f_f^w, h_e = 0.7 h_f$$

故所需角焊缝尺寸为:

$$h_f \geqslant \frac{V S_1}{1.4 f_f^w I} \tag{5-17}$$

式中　V——梁的剪力设计值；

　　　　S_1——翼缘对梁中和轴的面积矩；

　　　　I——所计算截面的惯性矩。

按式(5-17)所选的 h_f 应满足角焊缝构造要求。

当梁上翼缘有集中荷载且设置加劲肋，或者有吊车移动荷载时，则翼缘与腹板的连接焊缝不仅承受水平剪力 T，还要承受竖向集中力 F 产生的竖向剪力 V_1 的作用。

$$V_1 = \sigma_c t_w = \frac{\varphi F}{l_2 \cdot t_w} \cdot t_w = \frac{\varphi F}{l_2} \tag{5-18}$$

在 V_1 和 T 的共同作用下，翼缘与腹板焊缝强度应满足下式要求：

$$\sqrt{\left(\frac{T}{2 \times 0.7h_f}\right)^2 + \left(\frac{V_1}{\beta_f \times 2 \times 0.7h_f}\right)^2} \leqslant f_f^w$$

即

$$h_f \geqslant \frac{1}{1.4f_f^w} \sqrt{\left(\frac{VS_1}{I_x}\right)^2 + \left(\frac{\Psi F}{\beta_f l_2}\right)^2} \tag{5-19a}$$

3.2.3　组合梁的局部稳定要求

组合梁截面设计时，以强度及整体稳定性考虑，腹板宜高而薄，如果不适当地加高、加宽、减薄，则腹板可能在压应力及剪应力作用下，偏离其正常位形成波性屈曲，受压翼缘也会在压应力作用下产生波形屈曲，最终丧失局部稳定，如图 5-6 所示。

梁中某一部分局部失稳后，对构件带来不利的影响，会使梁的强度和整体稳定性降低，刚度减小。

(1)翼缘的局部稳定

《钢结构设计规范》规定对梁受压翼缘采用限制其宽厚比的方式来保证翼缘的局部稳定性。规定梁受压翼缘自由外伸宽度 b_1 与 t 之比，应符合下式要求：

$$\frac{b_1}{t} \leqslant 13 \sqrt{\frac{235}{f_y}}$$

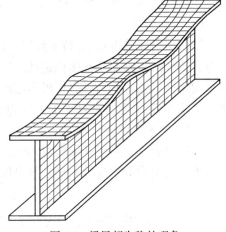

图 5-6　梁局部失稳的现象

翼缘板自由外伸宽度 b_1 的取值为：对焊接构件，取腹板边至翼缘板(肢)边缘的距离；对轧制构件，取内圆弧的起点至翼缘板(肢)边缘的距离。

当计算抗弯强度取 $\gamma_x = 1.0$ 时，b_1/t 可放宽至 $15\sqrt{235/f_y}$。

箱形截面梁受压翼缘板在两腹板之间的宽度 b_0 与其厚度 t 之比，应符合下式要求：

$$\frac{b_0}{t} \leqslant 40 \sqrt{\frac{235}{f_y}} \tag{5-19b}$$

当箱形截面梁受压翼缘板设有纵向加劲肋时，则公式中的 b_0 取腹板与纵向加劲肋之间的翼缘板宽度。

(2)腹板的局部稳定

腹板的局部稳定性与腹板的受力情况、腹板高厚比 b_0/t_w 及材料性能有关。

按照临界应力不低于相应的材料强度设计值的原则，规范限定了不同受力情况下的腹

板高度 h_0 与厚度 t_w 的允许值。

在局部压应力作用时

$$\frac{h_0}{t_w} \leqslant 84 \sqrt{\frac{235}{f_y}} \tag{5-20a}$$

在剪应力作用下

$$\frac{h_0}{t_w} \leqslant 104 \sqrt{\frac{235}{f_y}} \tag{5-20b}$$

在弯曲应力作用下

$$\frac{h_0}{t_w} \leqslant 174 \sqrt{\frac{235}{f_y}} \tag{5-20c}$$

3.2.4 加劲肋设计

(1)腹板加劲肋的设置和布置

根据式(5-20)可求得满足局部稳定条件的腹板高厚比的允许值,实际工程中,为了提高梁的承载力,节省钢材,往往需要加大梁高 h。而腹板厚度 t_w 又较薄,因此需在腹板两侧设置合适的加劲肋,以加劲肋作为腹板的支承,将腹板分成几个尺寸较小的区段,以提高腹板的临界应力,满足局部稳定的要求,且较为经济。

腹板加劲肋的布置如图 5-7 所示。当高厚比不大时,可设横向劲肋或不设加劲肋;h_0/t_w 较大时,需同时设横向和纵向加劲肋,必要时还要设短加劲肋。

横向加劲肋可提高腹板的临界应力并作为纵向加劲肋的支承。纵向加劲肋对提高弯曲临界应力较有效。短加劲肋常用于局部压应力较大的梁。

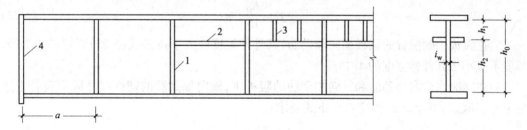

图 5-7 腹板上加劲肋的布置

对梁腹板加劲肋的布置,《钢结构设计规范》(GB 50017—2003)规定组合梁腹板配置加劲肋应符合下列规定:

1)当 $h_0/t_w \leqslant 80 \sqrt{235/f_y}$ 时,对有局部压应力($\sigma_c \neq 0$)的梁,应按构造配置横向加劲肋;但对无局部压应力($\sigma_c = 0$)的梁,可不配置加劲肋。

2)当 $h_0/t_w > 80 \sqrt{235/f_y}$ 时,应配置横向加劲肋。其中,当 $h_0/t_w > 170 \sqrt{235/f_y}$(受压翼缘扭转受到约束,如连有刚性铺板、制动板或焊有钢轨时)或 $h_0/t_w > 150 \sqrt{235/f_y}$(受压翼缘扭转未受到约束时),或按计算需要时,应在弯曲应力较大区格的受压区增加配置纵向加劲肋。局部压应力很大的梁,必要时尚应在受压区配置短加劲肋。

3)梁的支座处和上翼缘受有较大固定集中荷载处,宜设置支承加劲肋。

另外在任何情况下,腹板的 h_0/t_w 值均不宜超过 $250 \sqrt{\frac{235}{f_y}}$,对加劲肋的计算可按《钢结构设计规范》(GB 50017—2003)中的公式计算。

(2)加劲肋的构造要求

1)加劲肋一般用钢板或角钢制作,如图5-8所示。

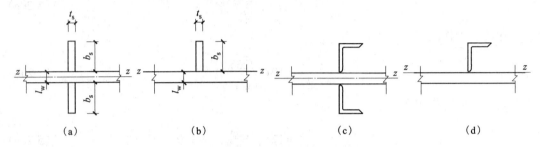

图5-8　加劲肋的截面

2)加劲肋宜在腹板两侧成对配置,也可单侧配置,但支承加劲肋、重级工作制吊车梁的加劲肋以及考虑腹板屈曲后强度的加劲肋不应单侧配置。

3)横向加劲肋的最小间距为 $0.5h_0$,最大间距为 $2h_0$(对无局部压应力的梁,当 $h_0/t_w \leqslant 100$ 时,可采用 $2.5h_0$)。

4)在腹板两侧成对配置的钢板横向加劲肋,其截面尺寸应符合下述要求:

外伸宽度

$$b_s \geqslant \frac{h_0}{30} + 40\text{mm} \tag{5-21}$$

厚度

$$t_s \geqslant \frac{h_0}{15} \tag{5-22}$$

5)在腹板一侧配置的钢板横向加劲肋,其外伸宽度应大于按公式(5-21)算得的 1.2 倍,厚度不应小于其外伸宽度的 1/15。

6)在同时用横向加劲肋和纵向加劲肋的腹板中,横向加劲肋的截面尺寸除应符合上述规定外,其截面惯性矩 I_z 尚应符合下式要求:

$$I_z \geqslant 3h_0 t_w^3 \tag{5-23}$$

纵向加劲梁的截面惯性矩 I_y,应符合下述要求:

当 $\dfrac{a}{h_0} \leqslant 0.85$ 时,

$$I_y \geqslant 1.5 h_0 t_w^3 \tag{5-24}$$

当 $\dfrac{a}{h_0} > 0.85$ 时,

$$I_y \geqslant \left(2.5 - 0.45\frac{a}{h_0}\right)\left(\frac{a}{h_0}\right)^2 h t_w^3 \tag{5-25}$$

7)短加劲肋的最小间距为 $0.75h_1$。短加劲肋外伸宽度应取为横向加劲肋外伸宽度的 0.7 ~ 1.0 倍,厚度不应小于短加劲肋外伸宽度的 1/15。

8)用型钢(H 型钢、工字钢、槽钢、肢尖焊于腹板的角钢)做成的加劲肋,其截面惯性矩不得小于相应钢板加劲肋的惯性矩。

9)在腹板两侧成对配置的加劲肋,其截面惯性矩应按梁腹板中心线为惯性主轴计算。

10)在腹板一侧配置的加劲肋,其截面惯性矩应按与加劲肋相连的腹板边缘为主轴进行计算。

(3)支座加劲肋

钢梁的支承加劲肋常用形式如图 5-9 所示。图 5-9(a)为一般支座加劲肋,图 5-9(b)为突缘式支座,其加劲肋向下伸出的长度不得大于厚度的 2 倍。

支座加劲肋除了将梁的荷载传递给支座外,同时还有保证腹板局部稳定的作用,因此,支座加劲肋也必须满足(2)的各项要求,还应根据加劲肋承受的支座反力或集中荷载对加劲肋截面进行稳定性和端面承压验算,最后进行焊缝设计计算。

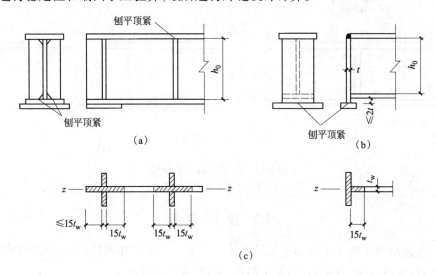

图 5-9 支承加劲肋的构造

课题 4 梁的拼接与连接

4.1 梁的拼接

梁的拼接分工厂拼接和工地拼接两种,工厂拼接是由于钢板规格尺寸的限制,必须在工厂把钢板接长或接宽而进行的拼接。由于运输或安装条件限制,梁需分段制造,运到现场进行的拼接为工地拼接。

4.1.1 工厂拼接

工厂拼接的梁其拼接位置一般由钢材尺寸确定,其翼缘与腹板的拼接位置最好错开,并避免与加劲肋及次梁连接处重合,见图 5-10 所示,以防止焊缝密集与交叉。其优点是便于加工,但较费材料,且有应力集中,不宜用在吊车梁及承受动力荷载的梁中。

4.1.2 工地拼接

由于运输和安装条件限制,梁需分段制作运输,运到工地进行拼接。

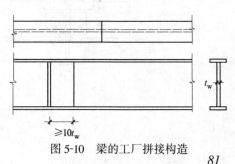

图 5-10 梁的工厂拼接构造

工地拼接的梁常用拼接构造如图 5-11 所示。

工地拼接位置一般应布置在弯曲应力较小的截面处,翼缘与腹板应基本上在同一截面处断开,以便于分段运输,减小运输碰撞。图 5-11(a)所示拼接构造端部平齐,翼缘与腹板在同一截面拼接会形成薄弱部位;而图 5-11(b)所示翼缘与腹板拼接位置略微错开,受力情况较好,但运输中易碰撞,应采取措施加以保护。

梁的工地拼接宜采用 V 形坡口对接焊缝,为减小焊缝应力,在工厂制作时应留一段长度约 500mm 的翼缘焊缝到工地后施焊,并按图 5-11(a)中施焊顺序焊接,可减少焊接应力。

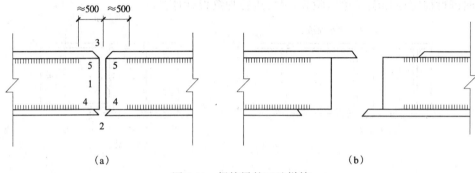

图 5-11 焊接梁的工地拼接
数字 1、2、3、4、5 表示施焊顺序

4.2 梁 的 连 接

梁的连接指钢结构中次梁与主梁的连接。次梁与主梁的连接应做到:安全可靠,符合结构计算假设;经济合理,省工省料;便于制造、运输、安装和维护。

4.2.1 次梁为简支梁

简支次梁与主梁的连接形式有平接和叠接两种,叠接是将次梁直接搁置在主梁上,如图 5-12(a)所示,用螺栓或焊缝固定,构造简单,但建筑高度较大,现在很少采用。

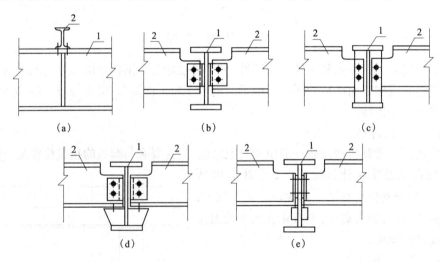

图 5-12 次梁与主梁的铰接连接
1—主梁;2—次梁

次梁与主梁平接是将次梁通过连接材料在侧面与主梁连接(图 5-12b、c、d、e)。图 5-12(b)和图 5-12(c)的连接方式用于反力较小的次梁,可采用螺栓连接或焊缝,计算时应考虑到此连接并非完全铰接及荷载的偏心影响,宜将次梁支座反力提高 20% ~ 30% 后再计算连接焊缝或螺栓。当次梁的支座反力较大时,宜采用图 5-12(d)和图 5-12(e)的连接方式,设置支托来支承次梁。

4.2.2 次梁为连续梁

次梁为连接梁时,与主梁的连接有叠接和侧面平接两种形式,图 5-13 为次梁与主梁平接的一种构造形式。为承受次梁端部的弯矩 M,在次梁上翼缘设置连接盖板并用焊缝连接,次梁下翼缘与支托顶板也用焊缝连接,焊缝受力按 $N = \dfrac{M}{h_1}$ 计算。盖板宽度应比次梁上翼缘宽度小 20 ~ 30mm,而支托顶板应比次梁下翼缘宽度大 20 ~ 30mm,以避免施工仰焊。次梁的竖向支座反力则由支托承担。

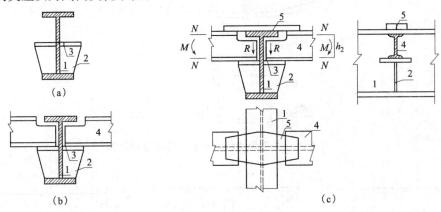

图 5-13　连续次梁与主梁连接的安装过程
1—主梁;2—承托顶板;3—支托顶板;4—次梁;5—连接盖板

课题 5　钢-混凝土组合梁

由混凝土翼缘板与钢梁通过抗剪连接件组成的梁称为钢-混凝土组合梁。本节对钢-混凝土组合梁作简单介绍。

5.1　钢-混凝土组合梁概述

钢-混凝土组合梁中,处于受压翼缘的混凝土板通过抗剪连接件与处于受拉区的钢梁连接成整体,混凝土板与钢梁之间不能产生相对滑移,因此,混凝土板与钢梁是一个具有公共中和轴的组合截面。混凝土板作为组合截面的受压翼缘,可充分利用混凝土良好的抗压性能,帮助钢梁承受弯曲压应力,并可提高构件的承载力与刚度,达到降低梁的高度、减少钢材用量、降低造价的目的,是一种较新的梁的结构形式,在工程中得到了广泛的应用(图 5-14)。

组合梁的混凝土翼缘板可以现浇,也可以是预制装配式的,也可采用压型钢板作混凝土翼缘板底模的组合梁(图 5-15)。

组合梁中抗剪连接件是保证钢筋混凝土板和钢梁形成整体共同工作的基础,其作用是承受板与梁接触面之间的纵向剪力,防止板、梁的相对滑移。《钢结构设计规范》规定:组合梁的抗剪连接件宜采用栓钉,也可采用槽钢、弯筋或有可靠依据的其他类型连接件,其设置方式如图 5-17 所示。

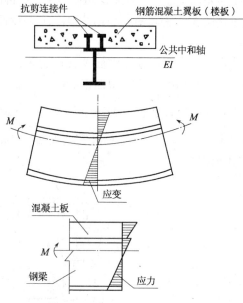

图 5-14　钢-混凝土组合梁的工作原理示意图

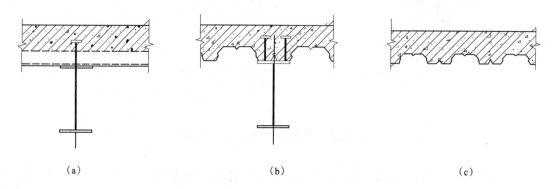

(a)　　　　　　　　　　(b)　　　　　　　　　　(c)

图 5-15　用压型钢板作混凝土翼缘底模的组合梁
(a)肋与钢梁平行的组合梁截面;(b)肋与钢梁垂直的组合梁截面;
(c)压型钢板作底模的楼板剖面

5.2　钢-混凝土组合梁的构造要求

5.2.1　一般要求

(1)组合梁截面高度不宜超过钢梁截面高度的 2.5 倍;混凝土板托高 h_{c2} 不宜超过翼板厚度 h_{c1} 的 1.5 倍;托板的顶面不宜小于钢梁上翼缘宽度与 $1.5h_{c2}$ 之和。

(2)组合梁边梁混凝土翼板的构造应满足图 5-16 的要求。有托板时,伸出长度不宜小于 h_{c2};无托板时满足伸出钢梁中心线不小于 150mm、伸出钢梁翼缘边不小于 50mm 的要求。

(3)连续组合梁在中间支座负弯矩区上部纵向钢筋及分布钢筋,应按现行国家标准《混凝土结构设计规范》(GB 50010—2002)的规定设置。

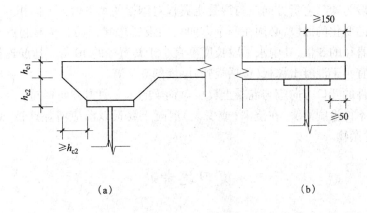

图 5-16　边梁构造要求

5.2.2　抗剪连接件的设置要求

抗剪连接件的设置应符合以下规定：

(1)栓钉连接件钉头下表面或槽钢连接件上翼缘下表面宜高出翼板底部钢筋顶面 30mm；

(2)连接件的最大间距不应大于混凝土翼板(包括板托)厚度的 4 倍,且不大于 400mm；

(3)连接件的外侧边缘与钢梁翼缘边缘之间的距离不应小于 20mm；

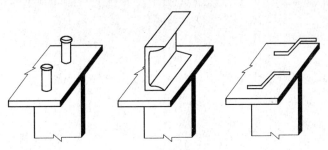

图 5-17　抗剪连接件

(4)连接件的外侧边缘至混凝土翼缘板边缘的距离不应小于 100mm；

(5)连接件顶面的混凝土保护层厚度不应小于 15mm；栓钉连接件除应满足上述要求外,尚应符合下列规定：

1)当栓钉位置不正对钢梁腹板时,如钢梁翼缘承受拉力,则栓钉杆径不应大于钢梁上翼缘厚度的 1.50 倍；如钢梁上翼缘不承受拉力,则栓钉杆直径不应大于钢梁上翼缘厚度的 2.50 倍；

2)栓钉长度不应小于其杆径 4 倍；

3)栓钉沿梁轴线方向的间距不应小于杆径 6 倍；垂直于梁轴线方向的间距不应小于杆径的 4 倍；

4)用压型钢板作底模的组合梁,栓钉杆直径不宜大于 19mm,混凝土凸肋宽度不应小于栓钉杆直径的 2.50 倍；栓钉高度 h_d 应符合 $(h_c + 30) \leqslant h_d \leqslant (h_c + 75)$ 的要求。

弯筋连接件除应符合(1)～(5)条要求外,尚应满足以下规定：弯筋连接件宜采用直径不小于 12mm 的钢筋成对布置,用两条长度不大于 4 倍钢筋直径的侧焊缝焊接于钢梁翼缘上,其弯起角度一般为45°,弯折方向应与混凝土翼板对钢梁的水平剪力方向相同。在梁跨中纵向水平剪力方向变化的区段,必须在两个方向均匀设置弯起钢筋。从弯起点算起的钢筋长度不宜小于其直径的5倍,其中水平段长度不宜小于其直径的10倍。弯筋连接件沿梁长度方向的间距不宜小于混凝土翼板(包括板托)厚度的0.7倍。

槽钢连接件的开口方向应与混凝土翼板对钢梁的水平剪力方向相同。

钢梁顶面不得涂刷油漆,在浇灌(或安装)混凝土翼板以前应清除铁锈、焊渣、冰层、积雪、泥土和其他杂物。

复习思考题

1. 简述钢梁的承载力、刚度和稳定性的要求。
2. 试述提高梁的整体稳定性的方法?
3. 组合梁的翼缘不满足局部稳定性要求时,应如何处理?
4. 焊接组合梁腹板加劲肋如何布置?
5. 支座和中间支承加劲肋各按什么类型构件进行稳定验算? 计算长度如何取?

单元6　钢　屋　盖

知 识 点:钢屋盖的组成,屋盖支撑,钢屋盖檩条形式和连接构造,普通钢屋架设计。

教学目标:本单元主要讨论以角钢组成的普通平面钢桁架构成的钢屋盖结构的设计和构造,通过学习要求达到:掌握组成钢屋盖的结构体系;掌握屋盖支撑的布置原则和方法;掌握屋面檩条的设计和构造要求及连接方法;熟练掌握杆件截面选择的方法和原则;熟练掌握钢屋架节点的构造要求和设计;熟练掌握钢屋架施工图的绘制方法。

课题1　钢屋盖结构的组成

1.1　钢屋盖结构的组成

钢屋盖结构由屋面板或檩条、屋架、托架、天窗架和屋盖支撑系统等构件组成。根据屋面材料和结构布置不同,可以分为有檩屋盖结构和无檩屋盖结构两种承重结构。当屋面采用压型钢板、石棉瓦、钢丝网水泥波形瓦、预应力混凝土槽瓦和加气混凝土屋面板等轻型屋面材料时,屋面荷载由檩条传给屋架,这种屋盖为有檩屋盖,结构体系见图6-1(a)所示。当屋面采用钢筋混凝土大型屋面板时,屋面荷载通过大型屋面板直接传递给屋架,这种屋盖称为无檩屋盖,结构体系如图6-1(b)所示。

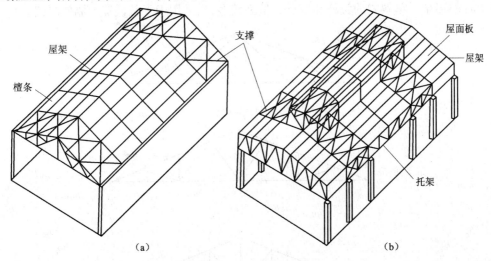

图6-1　屋盖结构的组成
(a)有檩体系;(b)无檩体系

屋架的跨度和间距取决于柱网布置,无檩屋盖因受大型屋面板尺寸的限制,故屋架跨度一般取3m的倍数,常用的跨度有15、18、21……36m等,屋架间距宜为6m;有檩屋盖的屋架间距和跨度非常灵活,其比较经济的屋架间距为 4~9m,是现在常用的结构体系。

在工业厂房中,为了采光和通风,一般要设置天窗,天窗的主要结构是天窗架。常用纵向天窗的天窗架侧腿都直接连接在屋架的上弦节点处。如果只考虑采光则可在屋面设置采光带。

1.2 常用屋架形式和主要尺寸

1.2.1 屋架外形选择的原则

屋架按外形可分为三角形屋架、梯形屋架和平行弦屋架三种形式。对屋架外形的选择、弦杆节间的划分和腹杆布置,应按下列原则综合考虑:

(1)满足使用要求。根据排水需要和建筑外观要求不同来选择。

(2)受力合理。应使屋架外形与弯距图相近似,杆件受力均匀;短杆受压,长杆受拉;荷载尽量布置在节点上,以减少弦杆局部弯距。另外,屋架的高度还应满足刚度的要求。

(3)方便施工。屋架中杆件的规格和数量宜少,节点的构造应简单,各杆之间的夹角应控制在 30°~60°之间。

1.2.2 常用屋架的形式及适用范围

(1)三角形屋架

三角形屋架适用于屋面坡度较大 $\left(i < \dfrac{1}{6} \sim \dfrac{1}{2}\right)$ 的有檩屋盖结构。三角形屋架的外形与均布荷载的弯矩图相差较大,因此弦杆内力沿屋架跨度分布不均匀,弦杆内力在支座处最大,在跨中最小,弦杆截面不能充分发挥作用。一般三角形屋架宜用于中、小跨度的轻屋面结构。三角形屋架的腹杆布置可有芬克式(如图 6-2a)、人字式(如图 6-2b)、单斜式(如图 6-2c)三种。芬克式屋架的腹杆受力合理(长腹杆受拉,短腹杆受压),且可分为两小榀屋架制造,运输方便,故应用较广。人字式的杆件和节点都较少,但受压腹杆较长,只适用于跨度小于 18m 的屋架。单斜式的腹杆和节点数量都较多,只适用于下弦设置天棚的屋架。

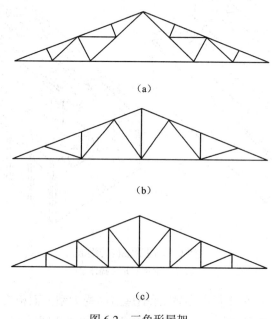

(a)

(b)

(c)

图 6-2 三角形屋架

(2)梯形屋架

梯形屋架适用于屋面坡度较小$\left(i<\dfrac{1}{3}\right)$的屋盖结构。梯形屋架的外形比较接近于弯矩图,腹杆较短,受力情况较好。梯形屋架上弦节间长度应与屋面板的尺寸或檩条间距相配合,使荷载作用于节点上,当上弦节间太长时,应采用再分式腹杆形式如图6-3所示。

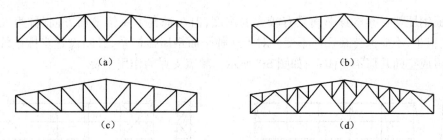

(a)　　　　　　　　　　　(b)

(c)　　　　　　　　　　　(d)

图6-3　梯形屋架

(3)平行弦屋架

平行弦屋架多用于托架式支撑体系,其上、下弦平行,腹杆长度一致,杆件类型少,符合标准化、工业化制造要求,如图6-4所示。

1.2.3　屋架的主要尺寸

屋架的主要尺寸指屋架的跨度和高度,以及梯形屋架的端部高度。

(1)跨度

屋架的跨度根据生产工艺和使用要求确定,同时应考虑结构布置的经济合理性。对无檩体系,常用的模数为3m,其常见的屋架跨度(标志跨度)为18m、21m、24m、27m、30m、36m等。对于有檩体系,其跨度可不受3m模数的限制,布置比较灵活。

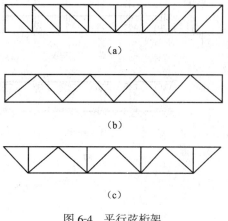

(a)

(b)

(c)

图6-4　平行弦桁架

(2)高度

屋架的高度取决于建筑要求,屋面坡度、运输条件、刚度条件和经济高度等因素。屋架的最小高度取决于刚度条件,最大高度取决于运输条件,经济高度则根据上、下弦杆及腹杆的重量为最小来确定。

三角形屋架的跨中高度一般取 $h=\left(\dfrac{1}{6}\sim\dfrac{1}{4}\right)L$,$L$ 为屋架跨度。

梯形屋架的跨中高度一般取 $h=\left(\dfrac{1}{10}\sim\dfrac{1}{6}\right)L$。梯形屋架的端部高度,当屋架与柱刚接时常取 1800~2400mm,铰接时端高不宜小于$\dfrac{1}{18}L$。

设计屋架尺寸时,首先应根据屋架形式和工程经验确定端部尺寸,然后根据屋面坡度确定屋架跨中高度,最后综合考虑各种因素,确定屋架高度。

屋架的跨度和高度确定之后,各杆件的轴线即可根据几何关系求得。

课题 2　屋 盖 支 撑

2.1　屋盖支撑的作用

平面钢屋架在其本身平面具有较大的刚度,但在垂直于屋架平面方向(称为屋架平面外)刚度很小,不能保持其几何不变。对于这种平面钢屋盖体系,必须设置支撑系统。以保证屋盖组成空间几何不变体系,如图6-5所示。屋盖支撑的作用主要是:

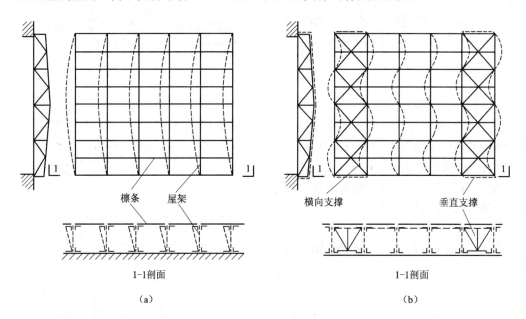

图 6-5　屋盖支撑作用示意图

(a)无支撑时;(b)有支撑时

2.1.1　保证屋盖结构的空间几何稳定性

平面钢屋架能保证屋架平面内的几何稳定性,支撑系统则用来保证屋架平面外的几何稳定性。从而使整个屋盖结构的空间几何不变性和稳定性得到可靠保证。

2.1.2　保证屋盖结构的空间刚度和空间整体性

屋架上弦和下弦的水平支撑与屋架弦杆组成水平桁架,桁架端部和中部的垂直支撑与屋架竖杆组成垂直桁架,都有一定的侧向抗弯刚度。因而,无论屋盖结构承受哪个方向的荷载,都能通过一定的桁架体系把力传给支座,只发生较小的弹性变形,即有足够的空间刚度和整体性。

2.1.3　为屋架弦杆提供侧向支撑点

水平支撑和垂直支撑组成的桁架体系,可作为屋架弦杆的侧向支撑点,使其在屋架平面外的计算长度大为缩短,从而使受压杆的稳定性能提高,使受拉杆的侧向刚度得到加强。

2.1.4　承受和传递水平荷载

支撑体系可以传递纵向和横向的水平荷载,如风荷载、吊车的制动荷载及水平地震荷载等。

2.1.5 保证屋盖结构安装质量和安全施工

支撑系统能加强屋盖结构在安装中的稳定性,为保证安装质量和安全施工创造了良好的条件。

2.2 屋盖支撑的类型和布置

屋盖支撑的种类如图6-6所示,可按下列要求布置。

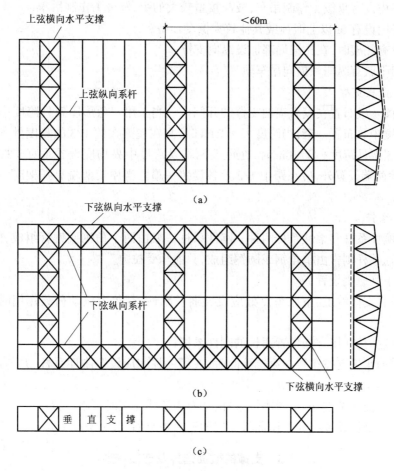

图6-6 屋盖支撑布置

(a)上弦横向水平支撑及上弦纵向系杆平面布置图;

(b)下弦横向和纵向水平支撑平面布置;(c)屋架垂直支撑布置

2.2.1 上弦横向水平支撑

上弦横向水平支撑一般布置在屋盖两端的第一柱间或横向伸缩缝区段的两端;也可设在第二柱间,但必须用刚性系杆与端屋架连接,见图6-6(a)。支撑的间距不宜大于60m,当温度区段较长时,在区段中间应增设横向水平支撑。

在有檩体系和无檩体系中,一般都应设置屋盖上弦水平支撑。

2.2.2 下弦横向水平支撑

下列情况,均宜设置屋架下弦横向水平支撑:

(1)跨度 $L \geqslant 18m$；

(2)屋架下弦设有悬挂吊车，厂房内有吨位较大的桥式吊车或有振动设备；

(3)采用下弦弯折的屋架以及山墙抗风柱支承于屋架下弦。

下弦横向水平支撑应布置在有上弦横向水平支撑的同一柱间内。

2.2.3　下弦纵向水平支撑

下列情况，均宜设置下弦纵向水平支撑：

(1)厂房内设有重级工作制吊车，或起重量较大的中、轻级工作制吊车；

(2)厂房内设有 5t 以上锻锤或其他较大振动设备；

(3)当设有托架时，在托架局部加设纵向支撑；

(4)屋架下弦有纵向和横向吊车轨。

2.2.4　垂直支撑

垂直支撑一般布置在设有横向支撑的开间内。当采用三角形屋架且跨度小于 24m 时，只在屋架跨度中央布置一道；当跨度大于 24m 时，宜在屋架大约 1/3 的跨度处各布置一道。当采用梯形屋架且跨度小于 30m 时，在屋架两端及跨度中央均应设置垂直支撑；当跨度大于 30m 时，除两端设置外，应在跨中 1/3 处各设置一道。当屋架两端有托架时，可用托架代替。

2.2.5　系杆

系杆分刚性系杆和柔性系杆两种。刚性系杆一般由两个角钢或钢管组成，能承受压力和拉力。柔性系杆则常由单角钢或圆钢组成，只能承受拉力。

系杆按下列原则设置：

(1)在垂直支撑的上、下弦节点处应设置通长刚性(有较大振动荷载作用时)或柔性系杆；

(2)有天窗时，在屋脊处设置通长的刚性系杆；

(3)当横向水平支撑布置在第二柱间时，在第一柱间应设置刚性系杆，并与山墙抗风柱相连接；

(4)在屋架支座节点处，设置刚性系杆，如有圈梁或托架时可不设置；

(5)如为有檩屋盖或将大型屋面板与屋架三点焊牢固时，可不设上弦系杆。

2.3　支撑的截面选择及连接构造

屋盖支撑的截面尺寸一般可由杆件容许长细比和构造要求确定，交叉斜杆一般可按受拉杆的容许长细比确定，非交叉斜杆、弦杆均按压杆的容许长细比确定。对于跨度较大且承受墙面传来较大风荷的水平支撑，应按桁架体系计算其内力，并按内力选择截面，同时还应控制其长细比。

支撑构件与屋架的连接应力求简单、安装方便。支撑与屋架的连接一般采用 M20 螺栓(C 级)，支撑与天窗架的连接可采用 M16 螺栓(C 级)。有重级工作制吊车或有较大振动设备的厂房，支撑与屋架的连接宜采用高强螺栓连接，或用 C 级螺栓再加安装焊缝的连接方法将节点固定。上弦横向水平支撑的角钢肢尖宜朝下，以方便屋面材料的安装。支撑连接构造如图 6-7 所示。

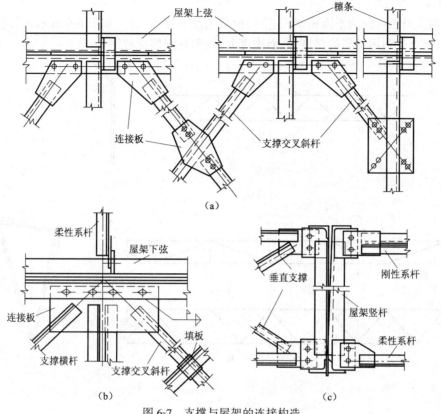

图 6-7 支撑与屋架的连接构造

(a)上弦支撑连接;(b)下弦支撑连接;(c)垂直支撑连接

课题3 钢 檩 条

3.1 檩条的形式

檩条通常为双向弯曲构件,其形式有实腹式和格构式两种,在实际工程中宜优先采用实腹式。

檩条一般设计成单跨简支构件,实腹式檩条也可设计成连续构件。

3.1.1 实腹式檩条

如图 6-8 所示,热轧型钢和冷弯薄壁型钢都可作为檩条。热轧型钢最常用的为槽钢和 H 型钢。特点是用钢量大,不能充分发挥钢材的强度;冷弯薄壁型钢又分 C 型和 Z 型两种,其特点是用钢量省,制造安装方便,在工程中应用普遍,前者一般做成简支,后者可做成连续构件。

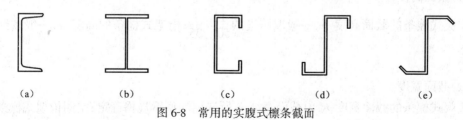

(a)   (b)   (c)   (d)   (e)

图 6-8 常用的实腹式檩条截面

3.1.2 格构式檩条

格构式檩条可分为平面桁架式、空间桁架式及下撑式三种,如图6-9所示。其特点是节省钢材,能充分利用材料的强度,截面刚度大,但制造安装比较困难。

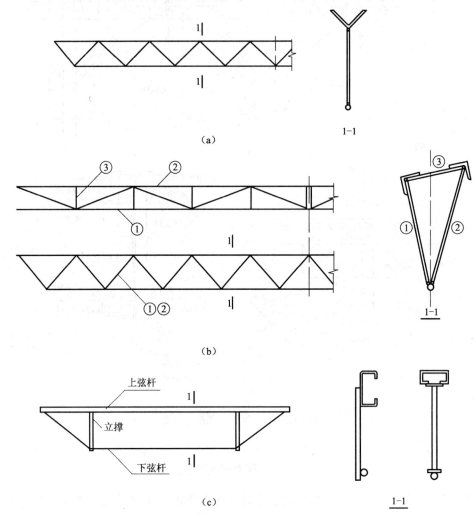

图 6-9 桁架式檩条

(a)平面桁架式檩条;(b)空间桁架式檩条;(c)下撑式檩条

3.2 檩条的设计

3.2.1 檩条截面尺寸

(1)截面高度

实腹式檩条的截面高度 h,一般取跨度的 $\frac{1}{50} \sim \frac{1}{35}$;桁架式檩条的高度 h,一般取跨度的 $\frac{1}{20} \sim \frac{1}{12}$。

(2)截面宽度

实腹式檩条的截面宽度 b,由截面高度 h 所选用的型钢规格确定;空间桁架式檩条上弦

的总宽度 b 取截面总宽度的 $\frac{1}{2.0} \sim \frac{1}{1.5}$。

3.2.2　檩条荷载

(1)永久荷载(恒荷载)

屋面材料重量(包括防水层、保温或隔热层等),支撑及檩条结构自重。

(2)可变荷载(活荷载)

屋面均布活荷载、雪荷载、积灰荷载和风荷载。屋面均布活荷载标准值 0.5kN/m^2;雪荷载、积灰荷载及风荷载可按《建筑结构荷载规范》或当地资料取用。

另外对檩条应考虑施工或检修荷载作用于跨中时的承载力,一般取集中荷载 1kN。

(3)荷载组合

1)均布活荷载不与雪荷载同时考虑,设计时取两者中的较大值;

2)积灰荷载应与均布活荷载或雪荷载中的较大值同时考虑;

3)施工或检修集中荷载不与均匀活荷载或雪荷载同时考虑;

4)对于平坡屋面(坡度为 $\frac{1}{20} \sim \frac{1}{8}$),可不考虑风正压力,当风荷载较大时,应验算在风吸力作用下,永久荷载与风荷载组合截面应力反号的情况,此时永久荷载的分项系数取 1.0。

3.3　檩条的连接与构造

3.3.1　檩条的布置与连接

(1)檩条的布置

檩条宜位于屋面上弦节点处,实腹式檩条的截面均宜垂直于屋面坡度。实腹式檩条应采用双檩方案,屋脊檩条可用槽钢,角钢或圆钢相连,见图 6-10 所示。

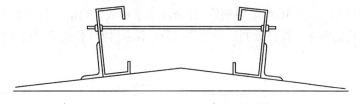

图 6-10　屋脊檩条布置图(双檩)

(2)檩条的连接

实腹式檩条与屋架上弦的连接处设置檩托。檩条端部与檩托的连接螺栓应不少于 2 个,并沿檩条高度方向设置。螺栓直径一般为 M12 ~ M16,如图 6-11 所示。

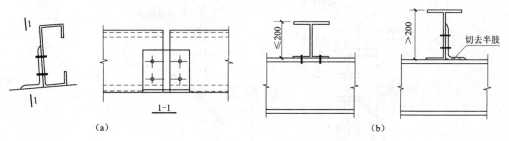

图 6-11　实腹式檩条端部连接

3.3.2 檩条的构造

为了保证檩条的稳定性,一般在檩条间要设置拉条和撑杆作为其侧向支撑点,如图6-12所示。

(1)拉条的设置

对于实腹式檩条,一般需在檩条间设置拉条,作为其侧向支撑点。当檩条跨度不大于4m时,可按计算要求确定是否需要设置拉条;当屋面坡度 $i > \frac{1}{10}$,檩条跨度大于4m时,宜在檩条跨中位置设一道拉条;跨度大于6m时,宜在檩条跨度 $\frac{1}{3}$ 处各设一道拉条。在檐口处还应设置斜拉条和撑杆。拉条的直径为8~12mm,根据荷载和檩距大小取用。

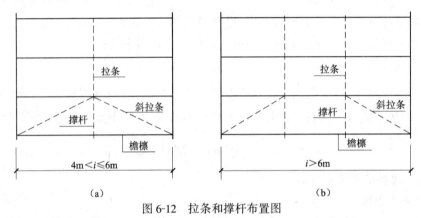

图6-12 拉条和撑杆布置图

(2)撑杆的位置

檩条撑杆的作用主要是限制檐檩和天窗缺口边缘向上或向下两个方向的侧向弯曲。撑杆的长细比按压杆要求 $\lambda \leqslant 220$,可采用钢管、方钢或角钢做成。目前工程中多采用钢管内设拉条的方法,它的构造简单。撑杆处同时设置斜拉条。拉条、撑杆和檩条的连接如图6-13所示。

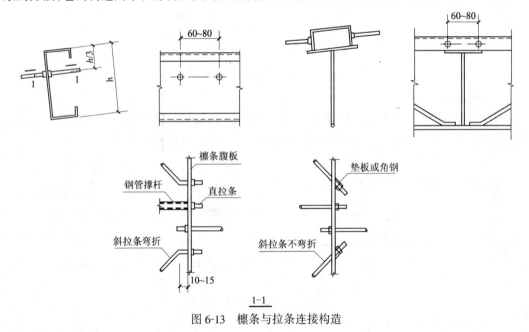

图6-13 檩条与拉条连接构造

课题4 普通钢屋盖设计

4.1 屋架杆件截面设计

4.1.1 容许长细比

钢屋架的杆件截面都较小,长细比较大。因此,在自重荷载作用下会产生过大的挠度;在运输和安装过程中容易因刚度不足而产生弯曲;在动力荷载作用下会引起较大的振动,这些都不利于杆件的工作。因此在《钢结构设计规范》中对压杆和拉杆都规定了容许的最大长细比,如表4-1和表4-2所示。

除表4-1和表4-2中要求外还有如下要求:

(1)屋架(包括空间桁架)的受压腹杆,当其内力等于或小于承载能力的50%时,容许长细比值可取为200;

(2)张紧的圆钢拉杆的长细比不受限制;

(3)跨度等于或大于60m的桁架,其受压弦杆和端压杆的容许长细比值宜取100,其他受压腹杆可取150(承受静力荷载)或120(承受动力荷载);其受拉弦杆和腹杆的长细比不宜超过300(承受静力荷载)或250(承受动力荷载)。

4.1.2 杆件截面的选择和计算

(1)杆件的截面形式

普通钢屋架的杆件一般采用两个角钢组成的T形和十字形截面。T形钢是一种性能优越且比双角钢组合T字形截面省钢的截面形式。T字钢可由H型钢切得或直接采购,由于不存在双角钢相并的间隙,耐腐蚀性能好。T字钢做弦杆和双角钢组合截面做腹板的桁架比全角钢桁架用钢量可节省12%~15%。

表6-1所列为各种角钢组合的截面形式及其 i_y/i_x 的近似比值,供设计参考选用,对于不同的杆件可选不同组合形式。

普通钢屋架常用杆件的截面形式　　　　表6-1

序　号	杆件截面的角钢类型	截 面 形 式	回转半径比值 i_y/i_x 比值
1	两个不等肢角钢短肢相连	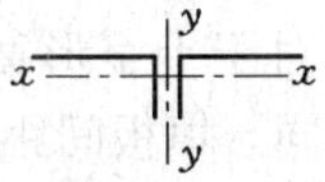	2.0~2.5
2	两个不等肢角钢长肢相连	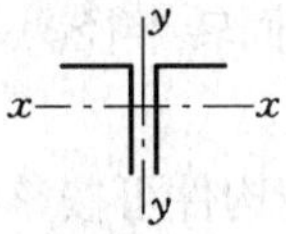	0.8~1.0
3	两个等肢角钢	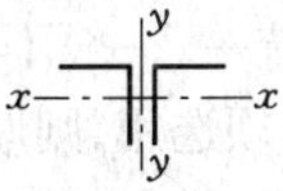	1.3~1.5

序　　号	杆件截面的角钢类型	截　面　形　式	回转半径比值 i_y/i_x 比值
4	两个等肢角钢十字形连接	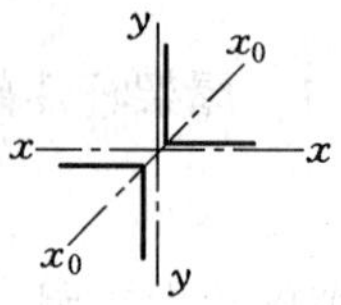	1.0
5	单角钢	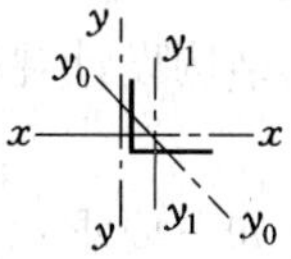	—

（2）杆件截面的选择

1）屋架上弦杆，如无节间荷载，屋架平面外计算长度通常等于屋架平面内计算长度的两倍，为满足 $\lambda_x \approx \lambda_y$ 的要求，宜采用不等肢角钢短边相连的截面形式。当有节间荷载时，为了提高杆件在屋架平面内的抗弯能力，宜采用不等肢角钢长边相连的截面形式，或双等肢角钢组成的 T 形截面。

2）屋架下弦杆，其截面主要由强度条件和刚度条件控制。可采用双等肢角钢或两不等肢角钢短肢相连的 T 形截面，以提高侧向刚度，满足运输和吊装对屋架刚度的要求，且便于与支撑连接。

3）屋架支座斜杆，其屋架平面内和平面外的计算长度相等，当 $i_x \approx i_y$ 时，才能满足稳定性条件，因此采用两不等肢角钢长边相连的 T 形截面比较合适。

4）屋架的其他腹杆，在屋架平面内的计算长度 l_{0x} 等于在屋架平面外的计算长度 l_{0y} 的0.8 倍，为满足稳定性条件要求宜采用双等肢角钢组成的 T 形截面。双角钢组成的十字截面通常用于屋架中部竖杆，它的刚度大，便于与支撑或系杆连接，传力无偏心，吊装不分反正，施工方便。

（3）填板的设置

当采用双角钢组成的 T 形或十字形截面时，为了确保两个角钢共同工作，在两角钢间每隔一定距离应焊上一块填板如图 6-14 所示。填板宽度一般取 $40 \sim 60$mm。填板长度，对于 T 形截面应伸出角钢肢边 $10 \sim 15$mm；对于十字形截面应从角钢肢尖缩进 $10 \sim 15$mm，以便施焊。填板的厚度应与节点板厚度相同。填板间距 l_d，对受压杆取 $l_d \leq 40i$；对受拉杆取 $l_d \leq 80i$，i 为回转半径。对 T 形截面，i 为一个角钢对平行于填板的自身形心轴的回转半径；对于十字形截面，i 为一个角钢的最小回转半径。一般杆件中填板数不得少于 2 个（T 形截面）和 3 个（十字形截面）。

按上述要求设置填板时，双角钢构件可按整体实腹截面考虑。

（4）杆件截面选择的一般原则

1）同一屋架的角钢规格应尽量统一，一般不宜超过 $5 \sim 6$ 种。在一榀屋架中，应避免选用肢宽相同而厚度不同的角钢，如必须选用，则厚度相差至少为 2mm，以避免制造时混料。

2）应优先选用肢宽壁薄的角钢，以增大回转半径，但肢厚应不小于 4mm。

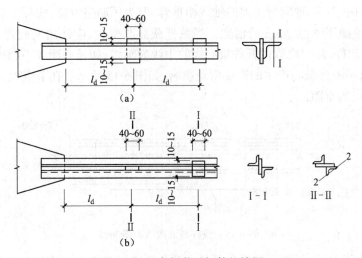

图 6-14 双角钢截面杆件的填板

(a)双角钢 T 形截面;(b)双角钢十字形截面

3)对于跨度不大的屋架,其上、下弦杆的截面一般沿长度保持不变,按最大受力节间选择;如果跨度大于 24m,应根据弦杆内力的大小,从节点部分开始改变截面,但应改变肢宽而保持厚度不变,以方便拼接构造的处理,且半跨内最多改变一次。

4)为了防止杆件在运输和安装时产生弯扭和损坏,普通钢屋架中角钢最小尺寸不应小于 ∟45×4 或 ∟56×36×4;用于十字形截面的角钢应不小于 ∟63×5;需用螺栓与支撑或系杆连接的角钢,其肢宽应满足表 6-2 中的规定。

用螺栓与支撑或系杆连接的角钢最小肢宽 表 6-2

螺栓直径 d(mm)	常用孔径 d_0(mm)	最小肢宽(mm)
16	17.5	63
18	19.5	70
20	21.5	75

(5)杆件截面计算

屋架杆件应按实腹式轴心受力构件的要求设计选择杆件截面;当上、下弦杆有节间荷载作用时,应按拉弯和压弯构件选取上、下弦截面。屋架所有杆件截面还应满足容许长细比的要求。

屋架杆件截面计算一般采用验算的方法,即先按设计经验和要求选定截面,然后再按受力情况逐一验算,如不满足要求,重新选择截面进行验算,直至合适为止。

对于屋架中内力很小的腹杆或因构造要求设置的杆件(如芬克式屋架跨中央竖杆),按刚度条件确定截面。

4.2 屋架节点的构造

在普通钢屋架中,各杆件的内力通过各自的杆端焊缝传至节点板,并在节点中心取得平衡。节点设计应做到构造合理、强度可靠和制造、安装方便。

4.2.1 节点的一般构造要求

节点的设计应满足以下构造要求:

(1)杆件的中心线,理应与屋架的轴线相重合,但为了制造方便,实际上应使角钢肢背外表面到重心线的距离取为5mm的倍数。当弦杆截面改变时,应使角钢肢背齐平,以便于拼接和放置屋面构件,此时应取两杆件重心线的中线为轴线;如偏心距 e 不超过较大杆件截面高度的5%,可不考虑偏心产生的附加弯矩影响,如图6-15所示。在节点板上拼接的两个弦杆间可留10mm的空隙。

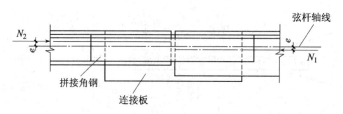

图 6-15 弦杆截面改变时的轴线

(2)在节点板上,为了便于施焊和拼接,避免焊缝过于集中。腹杆与弦杆、腹杆与腹杆的最近点应留15~20mm的空隙,如图6-16所示。

(3)角钢端部一般宜垂直于轴线切割如图6-17(a)。为了减小节点板尺寸,也可采用如图6-17(b)、(c)的形式。但图6-17(d)所示的斜切则不宜采用。

(4)节点板尺寸在计算各杆件所需焊缝长度后方能确定,其形状一般采用至少有两条平行边的四边形,如矩形、梯形或平行四边形。节点板边缘与构件边缘的夹角不应小于15°,且节点板的外形应尽量使连接焊缝中心受力,如图6-18所示。

图 6-16 杆件间间隙   图 6-17 角钢端部切割形式

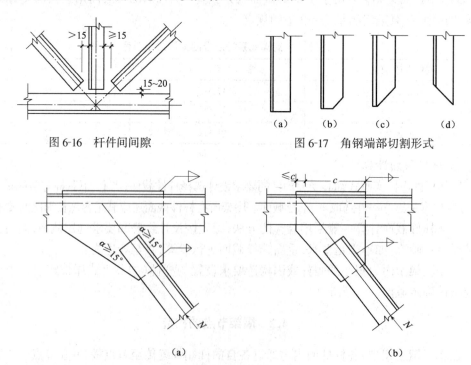

图 6-18 斜杆的节点板形状

对上弦节点,节点板应伸出弦杆角钢肢背10~15mm,以便于施焊。当屋面板或檩条支承于上弦节点时,也可将节点板缩进肢背5~10mm,用塞焊焊接。

节点板的厚度应根据杆件的内力确定。普通钢屋架节点板的厚度可按表6-3选用。

普通钢屋架节点板厚度选用表 表6-3

梯形屋架腹杆最大内力或三角屋架弦杆端节点内力(kN)	节点板钢材	Q235钢	≤150	160~250	260~400	410~550	560~750	760~950
		16Mn	≤200	210~300	310~450	460~600	610~800	810~1000
中间节点板厚度(mm)			6	8	10	12	14	16
支座节点板厚度(mm)			8	10	12	14	16	18

4.2.2 支座节点构造

支座节点用以固定屋架并传递支座反力,图6-19所示为梯形和三角形铰接支座节点。支座节点包括节点板、加劲板、支座板的锚栓等。加劲肋设在支座中心处,用以加强支座底板刚度,增强支座节点板的侧向刚度。支座底板是直接支承于柱或墙上。锚栓预埋于钢筋混凝土柱顶或混凝土垫块中(当为砖墙时),直径一般取20~27mm。底板上的锚栓孔直径一般为锚栓直径的2~2.5倍,并开成圆孔或半圆带矩形孔,以便安装和调整就位。调整后可用垫板套在锚栓上,再将垫板与底板焊牢。垫板厚度与底板相同,孔径稍大于锚栓直径。为了便于施焊,下弦杆与支座底板之间的净空部分应不小于下弦角钢的水平肢宽,且不小于130mm。

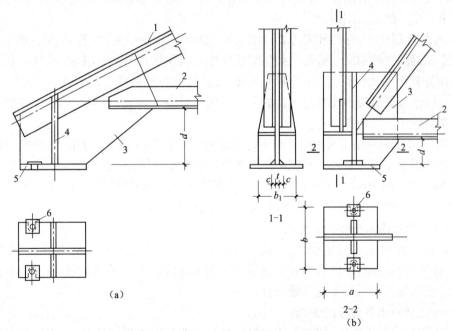

图6-19　支座节点

(a)三角形屋架支座节点;(b)梯形屋架支座节点

1—上弦杆;2—下弦杆;3—节点板;4—加劲肋;5—底板;6—垫板

支座节点的构造和计算与柱脚的构造和计算类似,一般底板的面积可根据锚栓孔的构造要求确定。如采用矩形,平行于屋架方向的尺寸 L 取250~300mm;垂直于屋架方向的尺寸 B(短边)取柱宽减去20~40mm,且不小于200mm。

(5)屋架节点板的计算

101

屋架节点板在腹杆的轴向力作用下,有可能由于强度和稳定性不足而产生破坏。因此《钢结构设计规范》规定,对于屋架节点板应按要求进行验算。

4.3　钢屋架施工图绘制

4.3.1　钢屋架施工图概述

钢屋架施工图是钢屋架加工制作和安装的主要依据,它包括构件布置图和构件详图两部分,必须绘制正确、详尽清楚。一般按运输单元绘制。当屋架对称时,可仅绘制半榀屋架。

施工图的主要内容和绘制要求如下:

(1)施工图一般应包括屋架的正面图,上、下弦杆的平面图,各重要部分的侧面图和剖面图,以及某些特殊零件图,屋架简图,材料表和说明。重要节点应绘制节点详图。

(2)在图纸的左上角绘制一屋架简图,它的左半跨注明屋架几何尺寸,右半跨注明杆件内力的设计值。梯形屋架跨度不小于 24m、三角形屋架跨度不小于 15m 时,应在制造时起拱,拱度约为跨度的 1/500,并应标注在屋架简图中。

(3)施工图中应注明各杆件和零件的加工尺寸、定位尺寸、安装尺寸和空洞位置。腹杆应注明杆端至节点中心的距离,节点板应注明上、下两边至弦杆轴线的距离以及左、右两边至通过节点中心的垂线距离。

(4)在施工图中,各杆件和零件要详细编号。编号的次序按主次、上下、左右顺序逐一进行。完全相同的零件用同一编号。如果组成杆件的两角钢型号和尺寸相同,仅因孔洞位置或斜切角等原因而成镜面对称时,亦采用同一编号,并在材料表中注明正、反字样,以示区别。有支撑连接的屋架和无支撑连接的屋架可用一张施工图表示,但在图中应注明哪种编号的屋架有连接支撑的螺栓孔。

(5)施工图的材料表包括:杆件和零件的编号、规格尺寸、数量、质量,以及屋架的总质量。不规则的节点板质量可按长宽组成的矩形轮廓尺寸计算,不必扣除斜切边。

(6)施工图的说明包括:选用的钢号、焊条型号、焊接方法和质量要求,未注明的焊缝尺寸、螺栓直径、螺栓孔径,以及防锈处理、运输、安装和制造要求等内容。

4.3.2　绘制施工图的一般步骤

绘制施工图时,首先应根据图纸内容布置好图面,再选择适当的比例绘制。一般轴线用 1:20 或 1:30 比例绘制;杆件截面和节点板尺寸用 1:10 或 1:15 比例绘制;零件节点图可适当放大。绘制施工图可按下述步骤进行:

(1)按比例画出各杆件的轴线;

(2)绘制杆件的轮廓线,使杆件截面重心线与屋架几何轴线相重合,一般取角钢肢背到轴线的距离为 5mm 的倍数;

(3)杆件两端角钢与角钢之间留出 15~20mm 的间隙;

(4)根据计算所需的焊缝长度,绘出节点板的尺寸。

绘制节点板伸出弦杆角钢肢的厚度时,应以两条线表示清楚,可不按比例绘制。零件间的连接焊缝应注明焊脚尺寸和焊缝长度。

钢屋架施工图如图 6-20 所示。

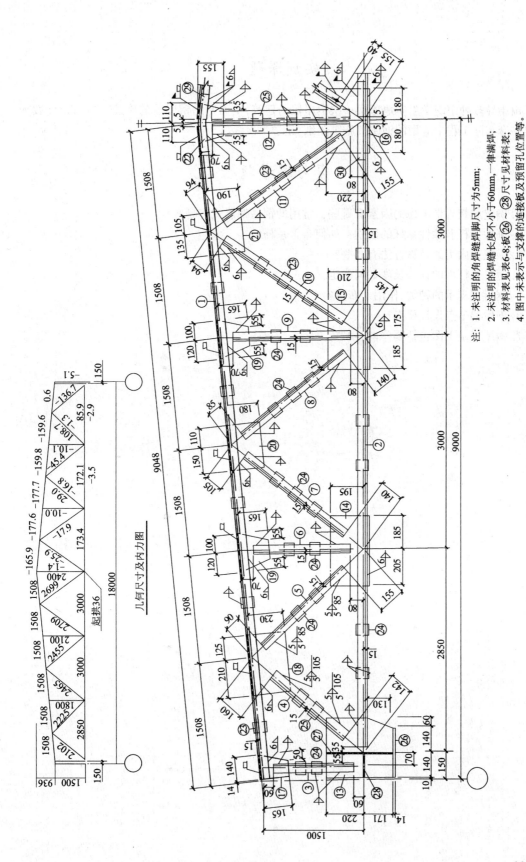

图6-20 钢屋架施工图

注: 1. 未注明的角焊缝焊脚尺寸为5mm;
2. 未注明的焊缝长度不小于60mm,一律满焊;
3. 材料表见表6-8;板㉖～㉘尺寸见材料表;
4. 图中未表示与支撑的连接板及预留孔位置等。

103

实训课题

由指导教师组织学生实地考察一次钢屋盖的建筑,全面熟悉钢屋盖的构造。再由指导教师给出一套实际工程中应用的钢屋架施工图纸,让学生识读。

复习思考题

1. 确定屋架外形考虑的因素有哪些? 常用的钢屋架形式有哪些?
2. 刚性系杆和柔性系杆的区别? 如何布置系杆?
3. 钢屋架内力的计算方法有哪些?
4. 钢屋架杆件的计算长度如何确定?
5. 钢屋盖支承的种类、作用及布置?
6. 钢屋架节点设计要点?
7. 钢屋架施工图包括哪些内容?

单元7　钢结构加工制作

知 识 点：本单元讲述了钢结构施工详图的识读以及钢结构加工前的准备，钢零件及部件加工的机具和方法，钢构件的焊接工艺和方法，钢构件的预拼装，钢结构成品检验、管理和包装。

教学目标：通过学习，使学生掌握钢结构加工制作的程序和方法，熟悉钢零件及部件加工的机具和具体方法，掌握钢结构焊接和预拼装，熟悉成品的检验与管理，以便以后在现场进行管理。

课题1　钢结构设计图与施工详图

我国钢结构施工设计分设计图与施工详图两个阶段出图。钢结构构件的制作、加工必须以施工详图为依据，而详图则应根据设计图编制。

1.1　设计图与施工详图的区别

1.1.1　设计图具有以下特征：

(1)根据工艺、建筑要求及初步设计等，并经施工设计方案与计算等工作而编制的施工设计图；

(2)目的、深度及内容仅为编制详图提供依据；

(3)由设计单位编制；

(4)图纸表示简明，数量少；

(5)图纸内容一般包括：设计总说明与布置图、构件图、节点图、钢材订货表。

1.1.2　施工详图具有以下特征：

(1)直接根据设计图编制的工厂施工及安装详图，只对设计进行深化；

(2)目的为直接供制造、加工及安装的施工用图；

(3)一般应由制造厂或施工单位编制；

(4)图纸表示详细，数量多；

(5)图纸内容包括：构件安装布置图及构件详图。

1.2　施工详图设计的内容

1.2.1　详图的构造设计与计算

详图的构造设计，应按设计图给出的节点图或连接条件，并按设计规范的要求进行，是对设计图的深化和补充，一般包括以下内容：

(1)桁架、支撑等节点板构造与计算；

(2)连接板与托板的构造与计算；

(3)柱、梁支座加劲肋的构造与设计；

(4)焊接、螺栓连接的构造与计算；

(5)桁架或大跨度实腹梁起拱构造与设计；

(6)现场组装的定位、细部构造等。

1.2.2 详图图纸绘制的内容

(1)图纸目录；

(2)设计总说明，应根据设计图总说明编写；

(3)供现场安装用布置图，一般应按构件系统分别绘制平面和剖面布置图，如屋盖、刚架、吊车梁等；

(4)构件详图，按设计图及布置图中的构件编制，带材料表；

(5)安装节点图。

1.3 施工详图的识读

1.3.1 识图的基本知识

钢结构施工详图的绘制应符合国家标准《房屋建筑制图统一标准》(GB 50001—2001)及《建筑结构制图标准》(GB 50105—2001)的有关规定。

(1)图幅。钢结构详图常用的图幅为 A_1、A_2 或 A_2 延长图幅。

(2)图线。常用有粗实线、粗虚线、粗点划线、中实线、中虚线、细点划线、折断线、波浪线等。

(3)尺寸线。一个构件的尺寸线一般为三道，由内向外依次为：加工尺寸线、装配尺寸线、安装尺寸线，尺寸以"mm"为单位。

(4)符号及投影。详图中常用符号有剖面符号、剖切符号、对称符号、折断省略符号、连接符号、索引符号等，同时还可利用自然投影表示上下及侧面的图形。

1.3.2 钢结构详图的标注方法

(1) 型钢标注方法

详图中型钢的标注方法见表7-1。

型钢标注方法 表 7-1

名 称	截面	标 注	说 明	名 称	截面	标 注	说 明
等边角钢	∟	$∟ b×d$	b 为肢宽 d 为肢厚	钢 管	○	$\phi d×t$	d、t 分别为圆管直径、壁厚
不等边角钢	∟	$∟ B×b×d$	B 为长肢宽	薄壁卷边槽钢	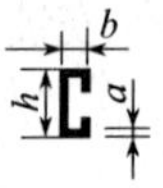	$B⊏ h×b× a×t$	冷弯薄壁型钢加注 B 字首
H 型钢	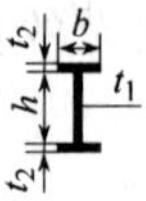 I	$Hh×b×t_1×t_2$	焊接 H 型钢	薄壁卷边 Z 型钢	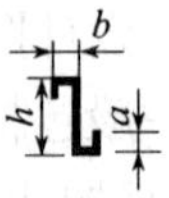	$BZ h×b× a×t$	
		$HW(或 M、N)$ $h×b×t_1×t_2$	热轧 H 型钢按 HW、HM、HN 不同系列标准				

名称	截面	标注	说明	名称	截面	标注	说明
工字钢	I	工 N	N为工字钢高度规格号码	薄壁方钢管	□	$B □ h × t$	
槽钢	C	匚 N		薄壁槽钢	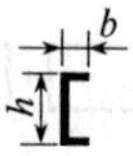	$B 匚 h × b × t$	
方钢		□ b		薄壁等肢角钢	L	$B 匚 b × t$	
钢板	—	$- L × B × t$	L、B、t 分别为钢板长、宽、厚度	起重机钢轨		QU × ×	× ×为起重机轨道型号
圆钢		$φd$	d为圆钢直径	铁路钢轨		× ×kg/m 钢轨	× ×为轻轨或钢轨型号

(2)螺栓及螺栓孔的表示方法

详图中螺栓及栓孔表示方法见表7-2。

螺栓及栓孔表示方法　　　　　　　　　　　　　　　　表 7-2

名　　　　称	图　　例	说　　　明
永久螺栓		
高强螺栓		
安装螺栓		1. 细"＋"线表示定位线； 2. 必须标注螺栓孔、电焊铆钉的直径
圆形螺栓孔		
长圆形螺栓孔	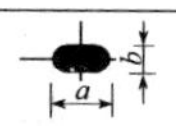	
电焊铆钉		

(3)焊缝标注方法

钢结构常用焊缝代号标注见表7-3。

建筑钢结构常用焊接连接焊缝代号标注示例　　　　　　　　表 7-3

序号	焊缝名称	形　　式	标准标注法	变通标注法
1	I形焊缝 (手工焊、半自动焊)	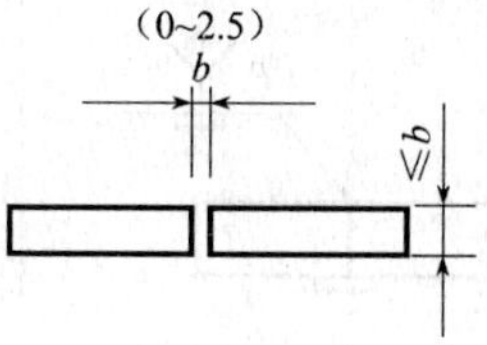 (0~2.5) b　$≤b$	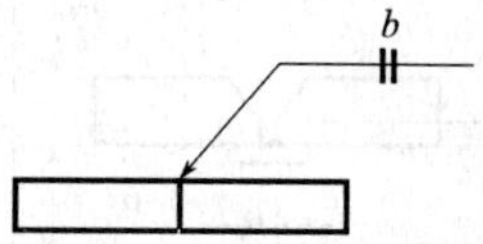 b	

序号	焊缝名称	形　式	标准标注法	变通标注法
2	I形焊缝 （自动焊）			
3	单边 V 形焊缝			
4	带钝边单边 V 形焊缝			
5	带垫板 V 形焊缝			
6	带垫板 V 形焊缝			
7	Y 形焊缝			
8	带垫板 Y 形焊缝			

序号	焊缝名称	形　式	标准标注法	变通标注法
9	双单边V形焊缝	β (35°~50°) >10 b(0~3)	β b	
10	双V形焊缝	a (40°~60°) >10 b(0~3)	a b	
11	T形接头双面角焊缝	K	K K	K
12	T形接头带钝边双单边V形焊缝（不焊透）	β S	S β β S	
13	T形接头带钝边双单边V形焊缝（焊透）	20~40 b(0~3) β(40°~50°) P (1~3)	Px b β b Px b	
14	双面角焊缝	K K		K

序号	焊缝名称	形　式	标准标注法	变通标注法
15	双面角焊缝			
16	T形接头角焊缝			
17	双面角焊缝			
18	周围焊角焊缝			
19	三面围焊角焊缝			
20	L型围焊角焊缝			

序号	焊缝名称	形　式	标准标注法	变通标注法
21	双面 L 型围焊角焊缝	K	K	
22	双面角焊缝	K_1 L_1 K_1 K_2 K_2 L_2		$\dfrac{K_1\text{-}L_1}{K_2\text{-}L_2}$
23	双面角焊缝	L K K		$K\text{-}L$
24	槽　焊　缝	S L K	S $K\text{-}L$	
25	喇叭型焊缝	b	b b	
26	双面喇叭型焊缝	K	K	

序号	焊缝名称	形　式	标准标注法	变通标注法
27	不对称 Y 型焊缝		或	
28	断续角焊缝			
29	交错断续角焊缝			
30	塞焊缝			
31	塞焊缝			

序号	焊缝名称	形　式	标准标注法	变通标注法
32	较长双面角焊缝	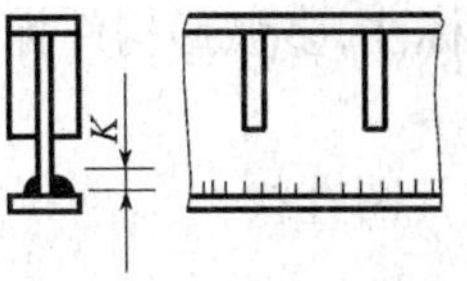	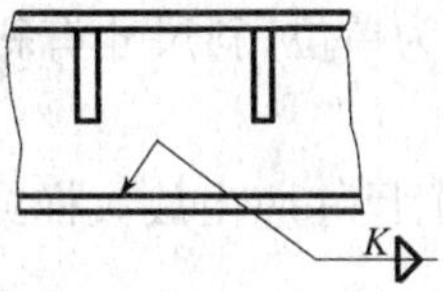	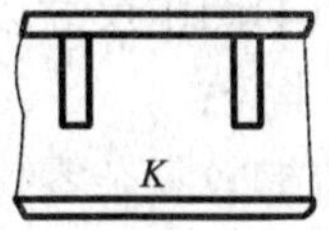
33	单面角焊缝	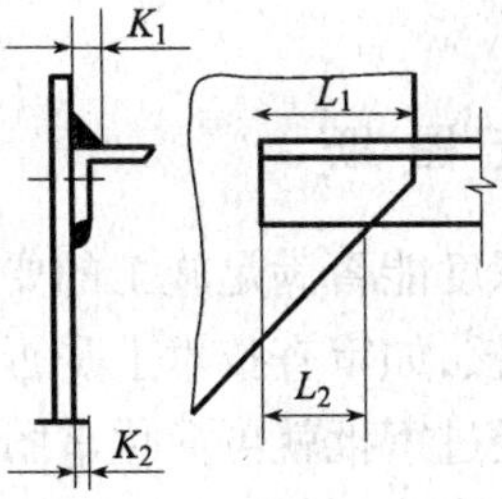	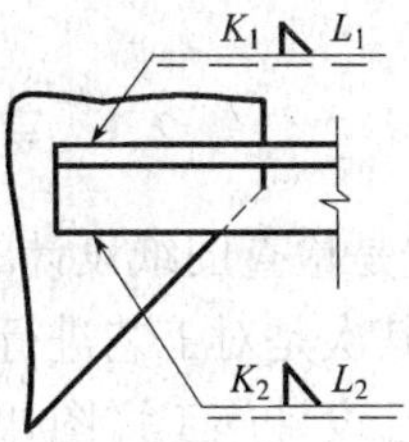	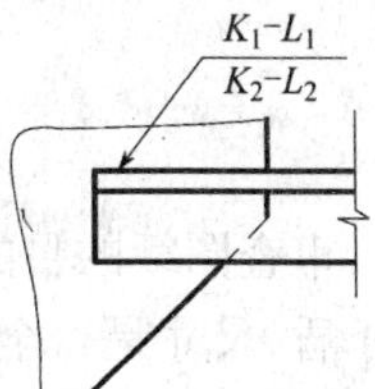
34	双面角焊缝	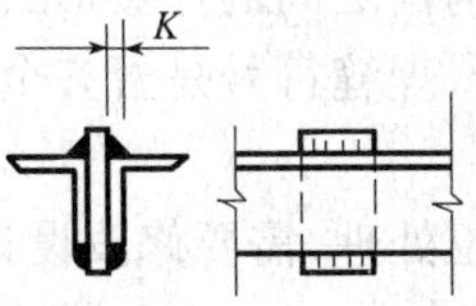		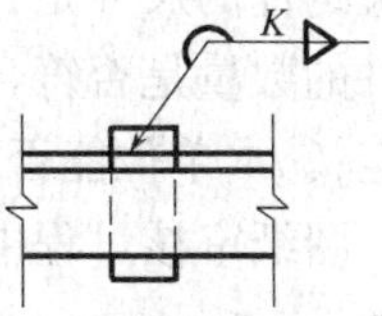
35	平面封底 V 型焊缝	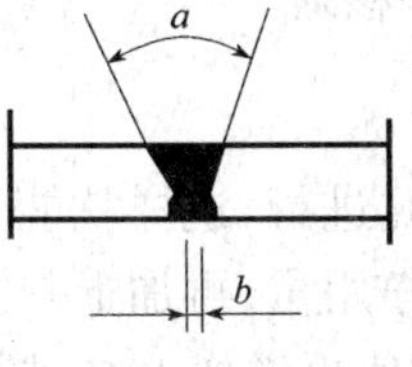	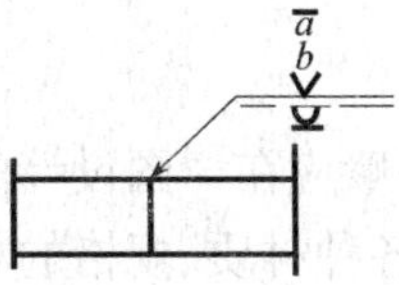	
36	现场角焊缝	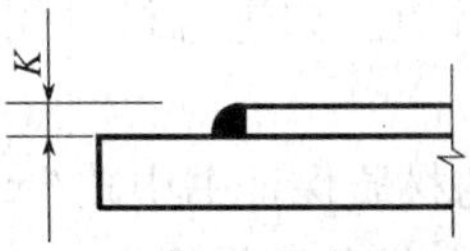	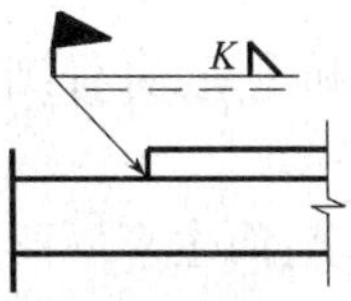	

1.3.3　布置图的识读方法

(1)结构的平面、立面布置图中,构件以粗单线或简单外形图表示,并在其旁注明标号;

(2)构件编号一般在平、剖面图上,编号有字首代号,一般采用拼音字母,如刚架-GJ,檩条-LT等;

(3)图中剖面利用对称关系简化图形。

1.3.4　构件图的识读方法

(1)构件图以粗实线绘制;

(2)图形一般选用比例为 1:20、1:15、1:50,对于构件较长、较高的,长度、高度与截面尺寸比例可能不相同;

(3)构件中每一零件均有编号,其规格、数量、重量等在材料表中查找;

(4)图中尺寸以"mm"为单位,斜尺寸有斜度标注,多弧形构件标明每一弧形尺寸对应的曲率半径;

(5)较复杂零件或交汇尺寸应由放大样或展开图查找。

课题 2　钢结构加工前的生产准备

2.1　审　查　图　纸

审查图纸的目的,首先是检查图纸设计的深度能否满足施工的要求,如检查构件之间有无矛盾,尺寸是否全面等;其次是对工艺进行审核,如审查技术上是否合理,是否满足技术要求等。如果是加工单位自己设计施工详图,又经过审批就可简化审图程序。

图纸审核的主要内容包括:①设计文件是否齐全;②构件的几何尺寸是否标注齐全;③相关构件的尺寸是否正确;④节点是否清楚;⑤构件之间的连接形式是否合理;⑥标题栏内构件的数量是否符合工程的总数量;⑦加工符号、焊缝符号是否齐全;⑧标注方法是否符合规定;⑨本单位能否满足图纸上的技术要求等。

图纸审核过程中发现的问题应报原设计单位处理,需要修改设计的应有书面设计变更文件。

2.2　采购和核对

2.2.1　采购

为了尽快采购钢材,一般应在详图设计的同时进行,这样就能不因材料原因耽误施工。应根据图纸材料表计算出各种材质、规格的材料净用量,再加上一定数量的损耗,提出材料需用量计划。工程预算一般可按实际用量所需数值再增加 10% 进行提料。

2.2.2　核对

核对来料的规格、尺寸和重量,并仔细核对材质。如进行材料代用,必须经设计部门同意,同时应按下列原则进行:

(1)当钢号满足设计要求,而生产厂商提供的材质保证书中缺少设计提出的部分性能要求时,应做补充试验,合格后方可使用。每炉钢材,每种型号规格一般不宜少于 3 个试件。

(2)当钢材性能满足设计要求,而钢号的质量优于设计提出的要求时,应注意节约,避免以优代劣。

(3)当钢材性能满足设计要求,而钢号的质量低于设计提出的要求时,一般不允许代用,如代用必须经设计单位同意。

(4)当钢材的钢号和技术性能都与设计提出的要求不符时,首先检查钢材,然后按设计重新计算,改变结构截面、焊缝尺寸和节点构造。

(5)对于成批混合的钢材,如用于主要承重结构时,必须逐根进行化学成分和机械性能试验。

(6)当钢材的化学成分允许偏差在规定的范围内可以使用。

(7)当采用进口钢材时,应验证其化学成分和机械性能是否满足相应钢号的标准。

(8)当钢材规格与设计要求不符时,不能随意以大代小,须经计算后才能代用。

(9)当钢材规格、品种供应不全时,可根据钢材选用原则灵活调整。建筑结构对材质要求一般是:受拉高于受压构件;焊接高于螺栓或铆接连接的结构;厚钢板高于薄钢板结构;低温高于高温结构;受动力荷载高于受静力荷载的结构。

(10)钢材机械性能所需保证项目仅有一项不合格时,当冷弯合格时,抗拉强度的上限值可以不限;伸长率比规定的数值低1%时允许使用,但不宜用于塑性变形构件;冲击功值一组三个试样,允许其中一个单值低于规定值,但不得低于规定值的70%。

2.3 有关试验与工艺规程的编制

2.3.1 有关试验

(1)钢材复验

当钢材属于下列情况之一时,加工下料前应进行复验:

①国外进口钢材;

②不同批次的钢材混合;

③对质量有疑议的钢材;

④板厚大于等于40mm,并承受沿板厚方向拉力作用,且设计有要求的厚板;

⑤建筑结构安全等级为一级,大跨度钢结构、钢网架和钢桁架结构中主要受力构件所采用的钢材;

⑥现行设计规范中未含的钢材品种及设计有复验要求的钢材。

钢材的化学成分、力学性能及设计要求的其他指标应符合国家现行有关标准的规定,进口钢材应符合供货国相应标准的规定。

(2)连接材料的复验

1)焊接材料:在大型、重型及特种钢结构上采用的焊接材料应进行抽样检验,其结果应符合设计要求和国家现行有关标准的规定。

2)扭剪型高强度螺栓:采用扭剪型高强度螺栓的连接幅应按规定进行预拉力复验,其结果应符合相关的规定。

3)高强度大六角头螺栓:采用高强度大六角头螺栓的连接幅应按规定进行扭矩系数复验,其结果应符合相关的规定。

(3)工艺试验

工艺试验一般可分为三类:

1)焊接试验

钢材可焊性试验、焊接工艺性试验、焊接工艺评定试验等均属于焊接性试验,而焊接工艺评定试验是各工程制作时最常遇到的试验。焊接工艺评定是焊接工艺的验证,是衡量制造单位是否具备生产能力的一个重要的基础技术资料,未经焊接工艺评定的焊接方法、技术系数不能用于工程施工。焊接工艺评定同时对提高劳动生产率、降低制造成本、提高产品质量、搞好焊工技能培训是必不可少的。

2)摩擦面的抗滑移系数试验

当钢结构构件的连接采用摩擦型高强螺栓连接时,应对连接面进行处理,使其连接面的抗滑移系数能达到设计规定的数值。连接面的技术处理方法有:喷砂或喷丸、酸洗、砂轮打磨、综合处理等。

3)工艺性试验

对构造复杂的构件,必要时应在正式投产前进行工艺性试验。工艺性试验可以是单工序,也可以是几个工序或全部工序;可以是个别零件,也可以是整个构件,甚至是一个安装单元或全部安装构件。

2.3.2 编制工艺规程

钢结构工程施工前,制作单位应按施工图纸和技术文件的要求编制出完全、正确的施工工艺规程,用于指导、控制施工过程。

(1)编制工艺规程的依据:

①工程设计图纸及施工详图;

②图纸设计总说明和相关技术文件;

③图纸和合同中规定的国家标准、技术规范等;

④制作单位实际能力情况等。

(2)制定工艺规程的原则是在一定的生产条件下,操作时能以最快的速度、最少的劳动量和最低的费用,可靠地加工出符合图纸设计要求的产品,其要体现出技术上的先进、经济上的合理和良好的劳动条件及安全性。

(3)工艺规程的内容包括:

①根据执行的标准编写成品技术要求;

②为保证成品达到规定的标准而制订的措施:关键零件的精度要求,检查方法和检查工具;主要构件的工艺流程、工序质量标准、工艺措施;采用的加工设备和工艺装备。

(4)工艺规程是钢结构制造中主要的和根本性的指导性文件,也是生产制作中最可靠的质量保证措施。工艺规程必须经过审批,一经制订就必须严格执行,不得随意更改。

2.4 其他工艺准备

除了上述准备工作外,还有工号划分、编制工艺流程表、工艺卡和流水卡、配料与材料拼接、确定余量、工艺装备、加工工具准备等工艺准备工作。

2.4.1 工号划分

根据产品特点、工程量的大小和安装施工速度,将整个工程划分成若干个生产工号(生产单元),以便分批投料,配套加工,配套出成品。

生产工号(生产单元)的划分应注意以下几点:

(1)条件允许情况下,同一张图纸上的构件宜安排在同一生产工号中加工;

(2)相同构件或加工方法相同的构件宜放在同一生产工号中加工;

(3)工程量较大工程划分生产工号时要考虑施工顺序,先安装的构件要优先安排加工;

(4)同一生产工号中的构件数量不要过多。

2.4.2 编制工艺流程表

从施工详图中摘出零件,编制出工艺流程表(或工艺过程卡)。加工工艺过程由若干个工序所组成,工序内容根据零件加工性质确定,工艺流程表就是反应这个过程的文件。工艺流程表的内容包括零件名称、件号、材料编号、规格、工序顺序号、工序名称和内容、所用设备和工艺装备名称及编号、工时定额等。关键零件还需标注加工尺寸和公差，重要工序还需要画出工序图等。

2.4.3 零件流水卡

根据工程设计图纸和技术文件提出的成品要求，确定各工序的精度要求和质量要求，结合制作单位的设备和实际加工能力，确定各个零件下料、加工的流水程序，即编制出零件流水卡。零件流水卡是编制工艺卡和配料的依据。

2.4.4 配料与材料拼接位置

根据来料尺寸和用料要求，统筹安排合理配料。当零件尺寸过长或过大无法运输、现场材料的拼接，都需确定材料拼接位置，材料拼接应注意以下几点：

(1)拼接位置应避开安装孔和复杂部位；

(2)双角钢断面的构件，两角钢应在同一处拼接；

(3)一般接头属于等强度连接，应尽量布置在受力较小的部位；

(4)焊接 H 型钢的翼、腹板拼接缝应尽量避免在同一断面处，上下翼缘板拼接位置应与腹板错开 200mm 以上。

2.4.5 确定焊接收缩量和加工余量

焊接收缩量由于受焊肉大小、气候条件、施焊工艺和结构断面等因素影响，其值变化较大。

由于铣刨加工时常常成叠进行操作，尤其长度较大时，材料不易对齐，在编制加工工艺时要对加工边预留加工余量，一般为 5mm 为宜。

2.4.6 工艺装备

钢结构制作工程中的工艺装备一般分两类，即原材料加工过程中所需的工艺装备和拼装焊接所需的工艺装备。前者主要能保证构件符合图纸的尺寸要求，如定位靠山、模具等；后者主要保证构件的整体几何尺寸和减少变形量，如夹紧器、拼装胎等。因为工艺装备的生产周期较长，要根据工艺要求提前准备，争取先行安排加工。

2.4.7 设备和工具

根据产品加工需要来确定加工设备和操作工具，有时还需要调拨或添置必要的设备和工具，这些都应提前做好准备工作。

2.5 生产场地布置

要根据产品的品种、特点和批量、工艺流程、产品的进度要求，每班的工作量、生产面积、现有生产设备和起重运输能力等来布置生产场地。

生产场地布置的原则：

(1)根据流水顺序安排生产场地，尽量减少运输量，避免倒流水；

(2)根据生产需要合理安排操作面积，以保证操作安全并要保证材料和零件的堆放场地；

(3)保证成品能顺利运出；

(4)有利供电、供气、照明线路的布置；

(5)加工设备布置要考虑留有一定间距，以便操作和堆放材料等，见图 7-1 所示。

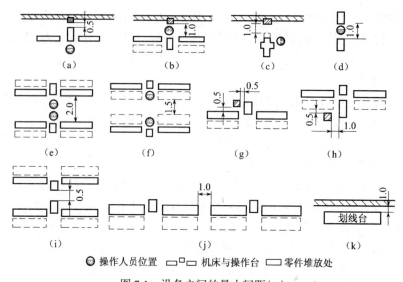

● 操作人员位置　□∘□ 机床与操作台　▭ 零件堆放处

图 7-1　设备之间的最小间距(m)

课题3　钢零件及钢部件加工

　　根据专业化程度和生产规模,钢结构的生产有三种生产组织方式:专业分工的大流水作业生产;一包到底的混合组织方式;扩大放样室的业务范围。

　　钢结构制作的工序较多,对加工顺序要周密安排,避免或减少工作倒流,以减少往返运输和周转时间。图 7-2 为大流水作业生产的工艺流程。

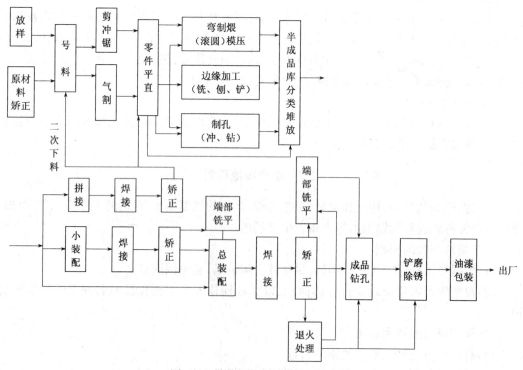

图 7-2　大流水作业生产的工艺流程

3.1 放样和号料

放样是钢结构制作工艺中的第一道工序,只有放样尺寸准确,才能避免以后各道加工工序的累积误差,才能保证整个工程的质量。

3.1.1 放样工作内容

放样的内容包括:核对图纸的安装尺寸和孔距;以 1:1 的大样放出节点;核对各部分的尺寸;制作样板和样杆作为下料、弯制、铣、刨、制孔等加工的依据。

放样时以 1:1 的比例在放样台上利用几何作图方法弹出大样。放样经检查无误后,用铁皮或塑料板制作样板,用木杆、钢皮或扁铁制作样杆。样板、样杆上应注明工号、图号、零件号、数量及加工边、坡口部位、弯折线和弯折方向、孔径和滚圆半径等。然后用样板、样杆进行号料,见图 7-3。样板、样杆应妥善保存,直至工程结束以后。

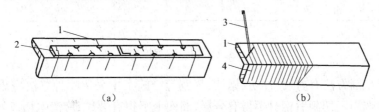

图 7-3 样板号料

(a)样杆号孔;(b)样板号料

1—角钢;2—样杆;3—划针;4—样板

3.1.2 号料工作的内容

号料的工作内容包括:检查核对材料;在材料上划出切割、铣、刨、弯曲、钻孔等加工位置;打冲孔;标出零件编号等。

钢材如有较大弯曲等问题时应先矫正,根据配料表和样板进行套裁,尽可能节约材料。当工艺有规定时,应按规定的方向进行取料,号料应有利于切割和保证零件质量。

3.1.3 放样号料用工具

放样号料用工具及设备有:划针、冲子、手锤、粉线、弯尺、直尺、钢卷尺、大钢卷尺、剪子、小型剪板机、折弯机。

用作计量长度的钢盘尺,必须经授权的计量单位计量,且附有偏差卡片,使用时按偏差卡片的记录数值核对其误差数。

钢结构制作、安装、验收及土建施工用的量具,必须用同一标准进行鉴定,且应具有相同的精度等级。

3.1.4 放样号料应注意的问题

(1)放样时,铣、刨的工作要考虑加工余量,焊接构件要按工艺要求放出焊接收缩量,高层钢结构的框架柱尚应预留弹性压缩量;

(2)号料时要根据切割方法留出适当的切割余量;

(3)如果图纸要求桁架起拱,放样时上、下弦应同时起拱,起拱后垂直杆的方向仍然垂直于水平线,而不与下弧杆垂直;

(4)样板的允许偏差见表 7-4,号料的允许偏差见表 7-5。

放样和样板(样杆)的允许偏差 表7-4

项 目	允 许 偏 差
平行线距离和分段尺寸	±0.5mm
对角线差	1.0mm
宽度、长度	±0.5mm
孔 距	±0.5mm
加工样板的角度	±20′

号料的允许偏差(mm) 表7-5

项 目	允 许 偏 差
零件外形尺寸	±1.0
孔 距	±0.5

3.2 切 割

钢材下料切割方法有剪切、冲切、锯切、气割等。施工中采用哪种方法应该根据具体要求和实际条件选用。切割后钢材不得有分层,断面上不得有裂纹,应清除切口处的毛刺或溶渣和飞溅物。气割和机械剪切的允许偏差应符合表7-6和表7-7的规定。

气割的允许偏差(mm) 表7-6

项 目	允 许 偏 差
零件宽度,长度	±3.0
切割面平面度	0.05t,且不大于2.0
割纹深度	0.3
局部缺口深度	1.0

注:t 为切割面厚度。

机械剪切的允许偏差(mm) 表7-7

项 目	允 许 偏 差
零件宽度,长度	±3.0
边缘缺棱	1.0
型钢端部垂直度	2.0

3.2.1 气割

氧割或气割是以氧气与燃料燃烧时产生的高温来熔化钢材,并借喷射压力将溶渣吹去,造成割缝达到切割金属的目的。但熔点高于火焰温度或难于氧化的材料,则不宜采用气割。氧与各种燃料燃烧时的火焰温度大约在2000~3200℃。

气割能切割各种厚度的钢材,设备灵活,费用经济,切割精度也高,是目前广泛使用的切割方法。气割按切割设备分类可分为:手工气割、半自动气割、仿型气割、多头气割、数控气割和光电跟踪气割。

手工气割操作要点:①首先点燃割炬,随即调整火焰;②开始切割时,打开切割氧阀门,观察切割氧流线的形状,若为笔直而清晰的圆柱体,并有适当的长度即可正常切割;③发现嘴头产生鸣爆并发生回火现象,可能因嘴头过热或堵住或乙炔供应不及时,此时需马上处理;④临近终点时,嘴头应向前进的反方向倾斜,以利于钢板的下部提前割透,使收尾时割缝整齐;⑤当切割结束时应迅速关闭切割氧气阀门,并将割炬抬起,再关闭乙炔阀门,最后关闭预热氧阀门。

3.2.2 机械切割

(1)带锯机床

带锯机床适用于切断型钢及型钢构件,其效率高,切割精度高。

(2)砂轮锯

砂轮锯适用于切割薄壁型钢及小型钢管,其切口光滑、生刺较薄易清除,噪声大、粉尘多。

(3)无齿锯

无齿锯是依靠高速摩擦而使工件熔化,形成切口,适用于精度要求低的构件。其切割速度快,噪声大。

(4)剪板机、型钢冲剪机

此法适用于薄钢板、压型钢板等,其具有切割速度快、切口整齐,效率高等特点,剪刀必须锋利,剪切时调整刀片间隙。

3.2.3 等离子切割

等离子切割适用于不锈钢、铝、铜及其合金等,在一些尖端技术上应用广泛。其具有切割温度高、冲刷力大、切割边质量好、变形小、可以切割任何高熔点金属等特点。

3.3 矫正和成型

3.3.1 矫正

在钢结构制作过程中,由于原材料变形、切割变形、焊接变形、运输变形等经常影响构件的制作及安装。矫正就是造成新的变形去抵消已经发生的变形。型钢的矫正分机械矫正、手工矫正和火焰矫正等。

型钢机械矫正是在矫正机上进行,在使用时要根据矫正机的技术性能和实际使用情况进行选择。手工矫正多数用在小规格的各种型钢上,依靠锤击力进行矫正。火焰矫正法是在构件局部用火焰加热,利用金属热胀冷缩的物理性能,冷却时产生很大的冷缩应力来矫正变形。

型钢在矫正前首先要确定弯曲点的位置,这是矫正工作不可缺少的步骤。目测法是现在常用找弯方法,确定型钢的弯曲点时应注意型钢自重下沉产生的弯曲影响准确性,对于较长的型钢要放在水平面上,用拉线法测量。型钢矫正后的允许偏差见表7-8。

钢材矫正的允许偏差(mm)　　　　　　　　　　　表7-8

项次	偏 差 名 称	示　意　图	允　许　偏　差
1	钢板、扁钢的局部挠曲矢高 f	 1000 尺子	在1m范围内 $\delta > 14, f \leqslant 1.0$ $\delta \leqslant 14, f \leqslant 1.5$

项次	偏差名称	示意图	允许偏差
2	角钢、槽钢、工字钢的挠曲矢高 f		长度的1/1000但不大于5
3	角钢肢的垂直度 Δ	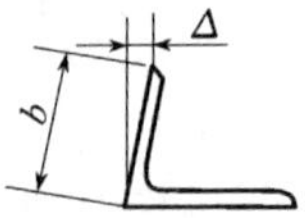	$\Delta \leqslant b/100$ 但双肢铆接连接时角钢的角度不得大于90°
4	翼缘对腹板的垂直度	槽钢	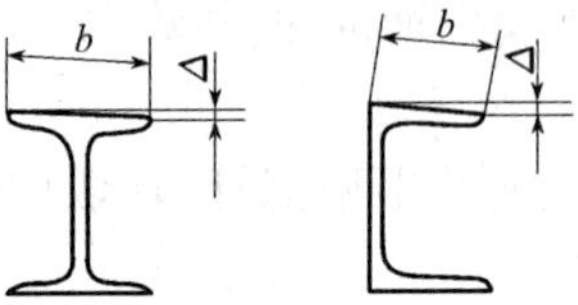 $\Delta \leqslant b/80$(槽钢)
		工字钢 H型钢	$\Delta \leqslant b/100$,且不大于2.0(工字钢)(H型钢)

3.3.2 弯曲成型

型钢冷弯曲的工艺方法有滚圆机滚弯、压力机压弯、还有顶弯、拉弯等,先按型材的截面形状,材质规格及弯曲半径制作相应的胎模,经试弯符合要求方准加工。

钢结构零件、部件在冷矫正和冷弯曲时,根据验收规范要求,最小弯曲率半径和最大弯曲矢高应符合表7-9的规定。

最小曲率半径和最大弯曲矢高允许值　　　　表7-9

项次	钢材类别	示意图	对于轴线	矫正		弯曲	
				r	f	r	f
1	钢板、扁钢	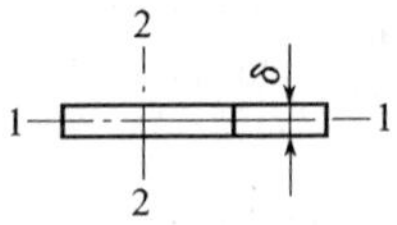	1—1	50δ	$\dfrac{L^2}{400\delta}$	25δ	$\dfrac{L^2}{200\delta}$
			2—2 (扁钢)	$100b$	$\dfrac{L^2}{800b}$	$50b$	$\dfrac{L^2}{400b}$
2	角钢	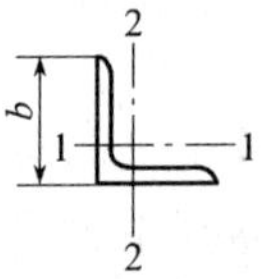	1—1	$90b$	$\dfrac{L^2}{720b}$	$45b$	$\dfrac{L^2}{360b}$
3	槽钢	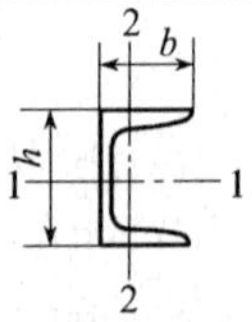	1—1	$50h$	$\dfrac{L^2}{400h}$	$25h$	$\dfrac{L^2}{200h}$
			2—2	$90b$	$\dfrac{L^2}{720b}$	$45b$	$\dfrac{L^2}{360b}$
4	工字钢	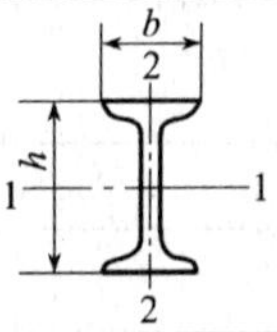	1—1	$50h$	$\dfrac{L^2}{400h}$	$25h$	$\dfrac{L^2}{200h}$
			2—2	$50b$	$\dfrac{L^2}{400b}$	$25b$	$\dfrac{L^2}{200b}$

注:1. 图中:r-曲率半径;f-弯曲矢高;L-弯曲弦长;
　　2. 超过以上数值时,必须先加热再行加工;
　　3. 当温度低于 −20℃(低合金钢低于 −15℃)时,不得对钢材进行锤击、剪冲和冲孔。

角钢煨圆长度计算见图7-4。

角钢冷滚煨圆时其中性层的位置不在形心，而在靠近背面的位置，其距离为：

$$A = \frac{nt}{\pi}$$

对于等肢角钢 $n = 6$

对于不等肢角钢 n 值经试验得出如下数值：

对 $\llcorner 90 \times 56 \times 6$ 煨 90 边方向 $n = 10.0$

煨 56 边方向 $n = 4.0$

对 $\llcorner 75 \times 50 \times 5$ 煨 75 边方向 $n = 6.5$

煨 50 边方向 $n = 4.0$

对 $\llcorner 63 \times 40 \times 6$ 煨 63 边方向 $n = 7.0$

煨 40 边方向 $n = 3.5$

其他规格的不等肢角钢 n 值参照上述数值考虑。

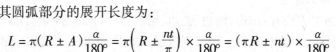

图 7-4　角钢煨圆长度计算

角钢煨弯时其圆弧部分的展开长度为：

$$L = \pi(R \pm A)\frac{\alpha}{180°} = \pi\left(R \pm \frac{nt}{\pi}\right) \times \frac{\alpha}{180°} = (\pi R \pm nt) \times \frac{\alpha}{180°}$$

式中　R——圆弧半径；

t——角钢厚度；

α——圆弧部分的圆心角。

当外煨时 A 取正号，内煨时 A 取负号。

当采用热煨等其他工艺时，长度还有变化，实际施工中一般会适当加长。当大批量生产时，必须进行工艺试验以取得精确的结果。

【例 7-1】　一角钢断面 $\llcorner 90 \times 56 \times 6$，弯内 $R600$ 半圆，如图7-5所示，计算两个面冷弯时各自总长。

【解】　两个直段部分总长为：$2 \times 500 = 1000$mm

圆弧部分长度为：

当煨 90 边时 $n = 10.0$

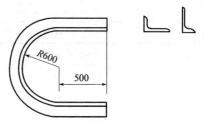

图 7-5　不等肢角钢两种
方向煨弯示意

$$L_1 = (\pi R + nt) \times \frac{\alpha}{180°} = (600\pi + 10 \times 6) \times \frac{180°}{180°} = 1945 \text{ mm}$$

当煨 56 边时 $n = 4.0$

$$L_1 = (\pi R + nt) \times \frac{\alpha}{180°} = (600\pi + 4 \times 6) \times \frac{180°}{180°} = 1909 \text{ mm}$$

总长为：当煨 90 边时

$$L = 1945 + 1000 = 2945 \text{mm}$$

当煨 56 边时

$$L = 1909 + 1000 = 2909 \text{mm}$$

【例 7-2】 一角钢以图 7-6 所示割口煨弯，试计算其切口宽度及总长度。

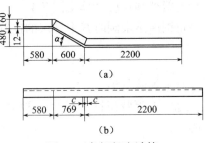

图 7-6 角钢长度计算

【解】 $\alpha = \tan^{-1}\dfrac{480}{600} = 38°40'$

$\dfrac{\alpha}{2} = \dfrac{38°40'}{2} = 19°20'$

切口宽度：$C = (b-t)\tan\dfrac{\alpha}{2} = (160-12)\tan19°20'$

$\qquad\qquad\qquad = 52\text{mm}$

总长度 $L = 580 + \sqrt{480^2 + 600^2} + 2200 = 3549\text{mm}$

3.4 边 缘 加 工

钢吊车梁翼缘板的边缘、钢柱脚和肩梁承压支承面以及其他图纸要求的加工面，焊接对接口、坡口的边缘，尺寸要求严格的加劲肋、隔板、腹板和有孔眼的节点板，以及由于切割方法产生硬化等缺陷的边缘，一般需要边缘加工，采用精密切割就可代替刨铣加工。

3.4.1 边缘加工方法

常用的边缘加工方法有：铲边、刨边、铣边、切割等。对加工质量要求不高并且工作量不大的采用铲边，有手工铲边和机械铲边。刨边使用的是刨边机，由刨刀来切削板材的边缘。铣边比刨边机工效高、能耗少、质量优。切割有碳弧气刨、半自动与自动气割机、坡口机等方法。

3.4.2 边缘加工质量

边缘加工允许偏差见表 7-10。

边缘加工的允许偏差   表 7-10

项　目	允　许　偏　差
零件宽度、长度	±1.0mm
加工边直线度	$l/3000$，且不大于 2.0mm
相邻两边夹角	±6′
加工面垂直度	$0.025t$，且不大于 0.5mm
加工面表面粗糙度	∜

注：t-构件厚度；l-构件长度。

3.5 制 孔

高强度螺栓的采用，使孔加工在钢结构制造中占有很大比重，在精度上要求也越来越高。

3.5.1 制孔的质量

(1)精制螺栓孔。精制螺栓孔(A、B 级螺栓孔-Ⅰ类孔)的直径应与螺栓公称直径相等，孔应具有 H12 的精度，孔壁表面粗糙度 $R_a \leqslant 12.5\mu m$。其孔径允许偏差应符合表 7-11 的规定。

(2)普通螺栓孔。普通螺栓孔(C 级螺栓孔-Ⅱ类孔)包括高强度螺栓(大六角头螺栓、扭剪型螺栓等)、普通螺钉孔、半圆头铆钉等的孔。其孔直径应比螺栓杆、钉杆的公称直径大

$1.0\sim3.0\text{mm}$，孔壁粗糙度 $R_a\leqslant25\mu\text{m}$。孔的允许偏差应符合表 7-12 的规定。

精制螺栓孔径允许偏差（mm） 表 7-11

螺栓公称直径、螺孔直径	螺栓公称直径允许偏差	螺栓孔直径允许偏差
10~18	0 −0.18	+0.18 0
18~30	0 −0.21	+0.21 0
30~50	0 −0.25	+0.25 0

普通螺栓孔允许偏差（mm） 表 7-12

项　　目	允　许　偏　差
直　　径	+1.0 0
圆　　度	2.0
垂　直　度	$0.03t$，且不大于 2.0

注：t 为板的厚度。

（3）孔距。螺栓孔孔距的允许偏差应符合表 7-13 的规定。如果超过偏差，应采用与母材材质相匹配的焊条补焊后重新制孔。

孔距的允许偏差（mm） 表 7-13

项　　目	允　许　偏　差			
	≤500	501~1200	1201~3000	>3000
同一组内任意两孔间距离	±1.0	±1.5	—	—
相邻两组的端孔间距离	±1.5	±2.0	±2.5	±3.0

注：孔的分组规定：
（1）在节点中连接板与一根杆件相连的所有连接孔划为一组；
（2）接头处的孔；
通用接头——半个拼接板上的孔为一组；阶梯接头——二接头之间的孔为一组；
（3）在两相邻节点或接头间的连接孔为一组，但不包括注（1）、（2）所指的孔；
（4）受弯构件翼缘上，每 1m 长度内的孔为一组。

3.5.2　制孔的方法

制孔通常有钻孔和冲孔两种方法。钻孔是钢结构制作中普通采用的方法是切削而成。冲孔是冲孔设备靠冲裁力产生的孔，孔壁质量差，在钢结构制作中已较少采用。

钻孔有人工钻孔和机床钻孔。前者多用于钻直径较小、料较薄的孔；后者施钻方便快捷，精度高，钻孔前先选钻头，再根据钻孔的位置和尺寸情况选择相应钻孔设备。

除了钻孔之外，还有扩孔、锪孔、铰孔等。扩孔是将已有孔眼扩大到需要的直径，锪孔是将已钻好的孔上表面加工成一定形状的孔，铰孔是将已经粗加工的孔进行精加工以提高孔的光洁度和精度。

3.6　组　　装

组装，也称拼装、装配、组立，是按照施工图的要求，把已加工完成的各零件和半成品构件装配成独立的成品。

3.6.1 组装的基本要求

(1)组装应按工艺方法的组装次序进行。当有隐蔽焊缝时,必须先施焊,经验收合格后方可覆盖。当复杂部位不易施焊时,也需按工艺次序进行组装。

(2)组装前,连接表面及焊缝每边 30~50mm 范围内的铁锈、毛刺、污垢、冰雪必须清除干净。

(3)布置拼装胎具时,其定位必须考虑预放出焊接收缩量及加工余量。

(4)为减少大件组装焊接的变形,一般应先采取小件组焊,经矫正后,再组装大部件。胎具及组装的首件必须经过检验方可大批进行组装。

(5)板材、型材的拼接应在组装前进行,构件的组装应在部件组装、焊接、矫正后进行。

(6)组装时要求磨光顶紧的部位,其顶紧接触面应有 75% 以上的面积紧贴。

(7)组装好的构件应立即用油漆在明显部位编号,写明图号、构件号、件数等,以便查找。

3.6.2 组装的方法

(1)地样法。用 1:1 的比例在装配平台上放出构件实样,然后根据零件在实样上的位置进行组装,此法适用于桁架、构架等小批量结构的组装。

(2)仿形复制装配法。先用地样法组装成单面的结构,进行定位点焊后翻身,以此作为复制胎模,在上装配另一面的结构,此法适用于横断面互为对称的桁架结构。

(3)立装。根据构件的特点及其零件的稳定位置,选择自上而下或自下而上的方法组装,此方法用于放置平稳,高度不大的结构或大直径圆筒。

(4)卧装。将构件放在卧的位置进行组装,此法适用断面不大但长度较长的细长构件。

(5)胎模装配法。把构件的零件用胎模定位在其装配位置上进行组装,此法要注意各种加工余量,适用于构件批量大,精度高的产品。

钢结构组装方法的选择,必须根据构件特性和技术要求,制作厂的加工能力、机械设备等,选择有效地、满足要求的、效益高的方法。

3.6.3 组装工程质量验收

(1)主控项目

钢构件组装工程质量验收的主控项目应符合表 7-14 的规定。

表 7-14

主控项目内容及要求

项　目	项次	项目内容	规范编号	验收要求	检验方法	检查数量
组装	1	吊车梁(桁架)	第8.3.1条	吊车梁和吊车桁架不应下挠	构件直立,在两端支承后,用水准仪和钢尺检查	全数检查
端部铣平及安装焊缝坡口	1	端部铣平精度	第8.4.1条	端部铣平的允许偏差应符合相关的规定	用钢尺、角尺、塞尺等检查	按铣平面数量抽查10%,且不应少于3个
钢构件外形尺寸	1	外形尺寸	第8.5.1条	钢构件外形尺寸主控项目的允许偏差应符合相关的规定	用钢尺检查	全数检查

(2)一般项目

钢构件组装工程质量验收的一般项目应符合表 7-15 的规定。

一般项目内容及要求　　　　　　表 7-15

项目	项次	项目内容	规范编号	验收要求	检验方法	检查数量
焊接H型钢	1	焊接H型钢接缝	第8.2.1条	焊接H型钢的翼缘板拼接缝和腹板拼接缝的间距不应小于200mm。翼缘板拼接长度不应小于2倍板宽;腹板拼接宽度不应小于300mm,长度不应小于600mm	观察和用钢尺检查	全数检查
	2	焊接H型钢精度	第8.2.2条	焊接H型钢的允许偏差应符合相关的规定	用钢尺、角尺、塞尺等检查	按钢构件数抽查10%,宜不应小于3件
组装	1	焊接组装精度	第8.3.2条	焊接连接组装的允许偏差应符合相关的规定	用钢尺检验	按构件灯抽查10%,且不应少于3个
	2	顶紧接触面	第8.3.3条	顶紧接触面应有75%以上的面积紧贴	用0.3mm塞尺检查,其塞入面积应小于25%,边缘间隙不应大于0.8mm	按接触面的数量抽查10%,且不应少于10个
	3	轴线交点错位	第8.3.4条	桁架结构杆件轴线交点错位的允许偏差不得大于3.0mm,允许偏差不得大于4.0mm	尺量检查	按构件数抽查10%,且不应少于3个,每个抽查构件按节点数抽查10%,且不应少于3个节点
端部铣平及安装焊缝坡口	1	焊缝坡口精度	第8.4.2条	安装焊缝坡口的允许偏差应符合表6-4的规定	用焊缝量规检查	按坡口数量抽查10%,且不应少于3条
	2	铣平面保护	第8.4.3条	外露铣平面应防锈保护	观察检查	全数检查
钢构件外形尺寸	1	外形尺寸	第8.5.2条	钢构件外形尺寸一般项目的允许偏差应符合相关的规定		按构件数量抽查10%,且不应少于3件

3.7　表　面　处　理

成品表面处理就是除锈处理,在下道工序涂层之前必须进行,直接关系到涂装工程质量的好坏。

高强度螺栓摩擦面处理是为了保证抗滑移系数值满足设计要求。摩擦面处理是连接节点处的钢材表面进行加工,一般有喷砂、喷丸、酸洗、砂轮打磨等方法,可根据实际条件进行选择。

喷砂是选用干燥的石英砂,喷嘴距离钢材表面 10～15cm 喷射,处理后的钢材表面呈灰白色,目前应用不多。现在常用的是喷丸,磨料是钢丸,处理过的摩擦面的抗滑移系数值较高。酸洗是用浓度 18% 的硫酸洗,用清水再冲洗,此法会继续腐蚀摩擦面。砂轮打磨是用电动砂轮打磨,方向与构件受力方向垂直,不得在表面磨出明显的凹坑。

处理好的摩擦面严禁有飞边、毛刺、焊疤和污损等,不得涂油漆,在运输过程中防止摩擦面受损,出厂前按批检验抗滑移系数。

3.8 常用加工机具

3.8.1 测量、划线工具

(1)钢卷尺。常用的有长度为 1m、2m 的小钢卷尺,长度为 5m、10m、15m、20m、30m 的大钢卷尺,用钢尺能量到的正确度误差为 0.5mm。

(2)直角尺。直角尺用于测量两个平面是否垂直和划较短的垂直线。

(3)卡钳。卡钳有内卡钳、外卡钳两种,见图 7-7。内卡钳用于量孔内径或槽道大小,外卡钳用于量零件的厚度和圆柱形零件的外径等。内、外卡钳均属间接量具,需用尺确定数值,因此在使用卡钳时应注意铆钉的紧固,不能松动,以免造成测量错误。

(4)划针。划针一般由中碳钢锻制而成,用于较精确零件划线,见图 7-8。

(5)划规及地规。划规是划圆弧和圆的工具,见图 7-9。制造划规时为保证规尖的硬度,应将规尖进行淬火处理。地规由两个地规体和一条规杆组成,用于划较大圆弧,见图 7-9。

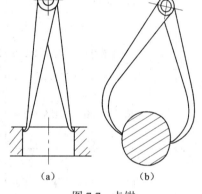

图 7-7　卡钳
(a)内卡钳;(b)外卡钳

(6)样冲。样冲多用高碳钢制成,其尖端磨成 60° 锐角,并需淬火。样冲是用来在零件上冲打标记的工具,见图 7-10。

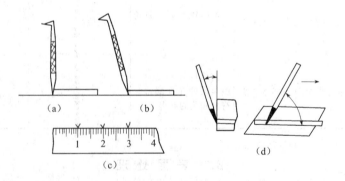

图 7-8　划针划线示意图
(a)不正确;(b)正确;(c)表示正确用尺划线方向;(d)划线时应倾斜角度

3.8.2 切割、切削机具

(1)半自动切割机

128

图 7-11 为半自动切割机的一种。它可由可调速的电动机拖动,沿着轨道可直线运行,或做圆运动,这样切割嘴就可以割出直线或圆弧。

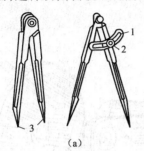

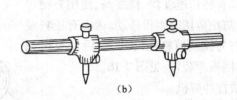

图 7-9　划规示意图
(a)划规;(b)地规
1—弧片;2—制动螺栓;3—淬火处

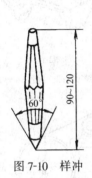

图 7-10　样冲

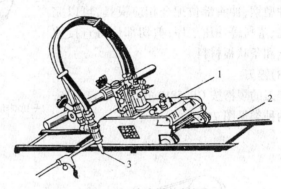

图 7-11　半自动切割机
1—气割小车;2—轨道;3—切割嘴

(2)风动砂轮机

风动砂轮机以压缩空气为动力,携带方便,使用安全可靠,因而得到广泛地应用。风动砂轮机的外形见图 7-12。

(3)电动砂轮机

电动砂轮机由罩壳、砂轮、长端盖、电动机、开关和手把组成,见图 7-13。

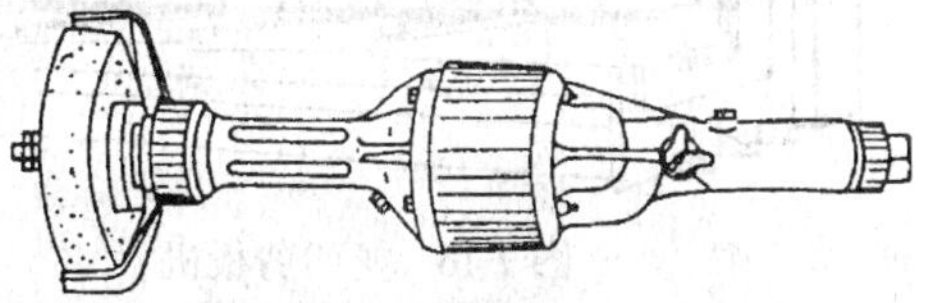

图 7-12　风动砂轮机

(4)风铲

风铲属风动冲击工具,其具有结构简单、效率高、体积小、重量轻等特点,见图 7-14。

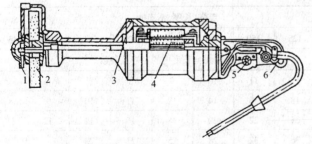

图 7-13　手提式电动砂轮机
1—罩壳;2—砂轮;3—长端盖;4—电动机;5—开关;6—手把

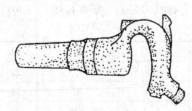

图 7-14　风铲

(5)砂轮锯

如图 7-15 所示,它是由切割动力头、可转夹钳、中心调整机构及底座等部分组成。

(6)龙门剪板机

龙门剪板机是板材剪切中应用较广的剪板机,其具有剪切速度快、精度高、使用方便等特点。为防止剪切时钢板移动,床面有压料及栅料装置;为控制剪料的尺寸,前后设有可调节的定位档板等装置,见图 7-16。

(7)联合冲剪机

联合冲剪机集冲压、剪切、剪断等功能于一体,图 7-17 为 QA34 - 25 型联合冲剪机的外形示意图。型钢剪切头配合相应模具,可以剪断各种型钢;冲头部位配合相应模具,可以完成冲孔、落料等冲压工序;剪切部位可直接剪断扁钢和条状板材。

(8)锉刀

锉刀的规格按 GB 5810 的规定见表 7-16,锉刀的种类见图 7-18。

图 7-15　砂轮锯

1—切割动力头;2—中心调整机构;3—底座;4—可转夹钳

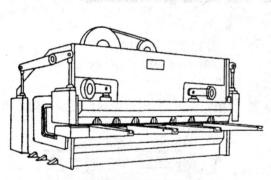

图 7-16　龙门剪板机

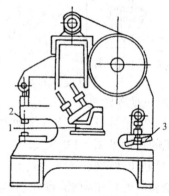

图 7-17　QA34-25 型联合冲剪机

1—型钢剪切头;2—冲头;3—剪切刃

锉刀规格　　　　　　　　　　　　　　表 7-16

锉纹号	习惯称呼	规格(长度,不连柄)								
		100	125	150	200	250	300	350	400	450
		每 10mm 轴向长度内的主锉纹条数								
1	粗	14	12	11	10	9	8	7	6	5.5
2	中	20	18	16	14	12	11	10	9	8
3	细	28	25	22	20	18	16	14	12	11
4	双细	40	36	32	28	25	22	20		
5	油光	56	50	45	40	36	32			

(9)凿子

凿子主要用于凿削消除毛坯件表面多余的金属、毛刺、分割材料,切坡口及不便于机械加工的场合,见图 7-19。

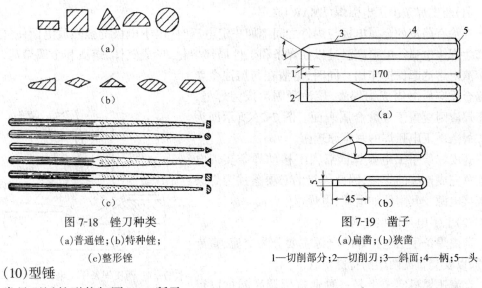

图 7-18　锉刀种类
(a)普通锉;(b)特种锉;
(c)整形锉

图 7-19　凿子
(a)扁凿;(b)狭凿
1—切削部分;2—切削刃;3—斜面;4—柄;5—头

(10)型锤

常见型锤的形状如图 7-20 所示。

图 7-20　几种常见型锤

3.8.3　其他机具

其他机具主要包括:钢尺,游标卡尺,手锯,锤,自动气体切割机,等离子切割机,铣边机,矫正机,数据钻床,冲剪机等。

课题 4　钢结构焊接

4.1　焊接方法与设备

金属的焊接方法多种多样,主要的种类为熔焊、压焊和钎焊。建筑钢结构制造和安装焊接方法均采用熔焊,熔焊是以高温集中热源加热待连接金属,使之局部熔化、冷却后形成牢固连接的过程。

用于加热和熔化金属的高温能源有:电弧、焊渣、气体火焰、等离子体、电子束、激光等。以加热能源的区别可以把熔焊方法分类为:电弧焊、电渣焊、气焊、等离子焊、电子束焊、激光焊等。其中电弧焊还可分为:熔化电极与不熔化电极电弧焊、气体保护与自保护电弧焊、栓焊。以焊接过程的自动进行程度不同还可分为:手工焊和半自动焊、自动焊。

限于成本、应用条件等原因,在钢结构制作和安装领域中,广泛使用的是电弧焊。在电弧焊中又以药皮焊条手工电弧焊、自动埋弧焊、半自动与自动 CO_2 气体保护焊和自保护焊为主。在某些特殊应用场合,则必须使用电渣焊和栓焊。

4.1.1 药皮焊条手工电弧焊

(1)药皮焊条手工电弧焊(SMAW)原理

在涂有药皮的金属电极与焊件之间施加一定电压时,由于电极的强烈放电而使气体电离产生焊接电弧。电弧高温足以使焊条和工件局部熔化,形成气体、熔渣和金属熔池,气体和熔渣对熔池起保护作用。同时,熔渣在与熔池金属起冶金反应后凝固成为焊渣,熔池凝固后成为焊缝,固态焊渣则覆盖于焊缝金属表面。图 7-21 所示即为药皮焊条手工电弧焊的基本原理图。

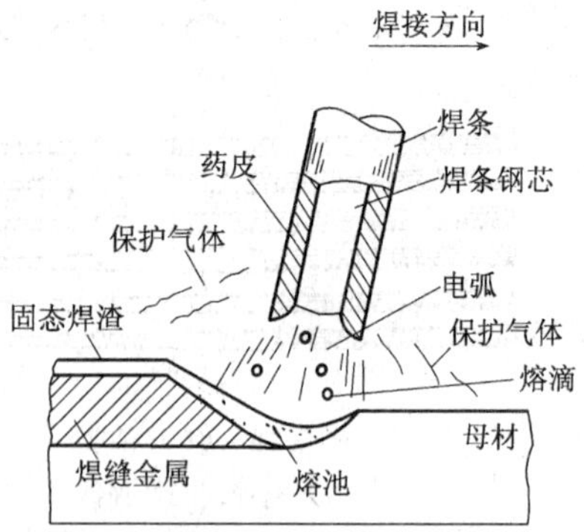

药皮焊条手工电弧焊依靠人工移动焊条实现电弧前移完成连续的焊接,因此焊接的必要条件为焊条和焊接电源及其附件如电缆、电焊钳。

(2)手工电弧焊接电源

药皮焊条手工电弧焊的电源主要分为交流、直流两种,以及交直流两用的特殊形式。

图 7-21　药皮焊条手工电弧焊原理简图

交流弧焊机实质上是一种通过可调高漏抗以得到下降外特性和所要求空载电压的降压变压器。其种类主要可分为动铁式(BX_1 系列)、动圈式(BX_3 系列)和抽头式(BX_6 系列)。前两种交流焊机为目前一般钢结构制作、安装领域中应用最为广泛的电焊机。抽头式弧焊变压器只适用于小功率焊机,但价格低廉,在小型企业制作、安装轻型结构和家庭装修、维修领域得到广泛的应用。

直流弧焊机分为直流发电机和弧焊整流器两种。传统的弧焊发电机较少使用,常用于药皮焊条手工电弧焊的整流电源主要有硅整流式(ZXG 系列)、可控硅整流式(ZX-5 系列)和逆变整流式(ZX-7 系列)。可控硅式整流器的外特性可控,动态特性好,网路补偿方便,功率因素高,属于节能产品,因而得到了发展和广泛的应用。

手工电弧焊电源按其使用方式分类有单站式和多站式。单站式为一机供一个操作岗位使用,多站式为一机供多个操作岗位使用。但无论是交流还是直流多站焊机,各操作岗位均需有单独的电抗器或变阻器以供调节焊接电流。由于多站焊机电能损耗很大,运行不很可靠,因此即使还有节约一次投资等优点,也未得到广泛应用。

(3)焊接工艺参数

1)电源极性。采用交流电源时,焊条与工件的极性随电源频率而变换,电弧稳定性较差,碱性低氢型焊条药皮中需要增加低电离电势的物质作为稳弧剂才能稳定施焊。采用直流电源时,工件接正极称为正极性(或正接),工件接负极称为反极性(或反接),一般药皮焊条直流反接可以获得稳定的焊接电弧,焊接时飞溅较小。

2)弧长与焊接电压。焊接时焊条与工件距离变化立即引起焊接电压的改变。弧长增大时,电压升高,使焊缝的宽度增大,熔深减小;弧长减小则得到相反的效果。一般低氢型焊条要求短弧、低电压操作才能得到预期的焊缝性能要求。

3)焊接电流。焊接电流对手工电弧焊的电弧稳定和焊缝成形有极为密切的影响,焊接电流大则焊缝熔深大,易得到凸起的表面堆高,反之则熔深浅。电流太小时不易起弧,焊接时电弧不稳定、易熄弧;电流太大时则飞溅很大。不适当的电流值还会造成其他的焊缝缺陷。

焊接电流的选择还应与焊条直径相配合,直径大小主要影响电流密度。电流密度太小,电弧不稳;电流密度太大时焊条发红,影响正常焊接过程。一般按焊条直径的4倍值选择焊接电流,但立、仰焊位置时宜减少20%。焊条药皮的类型对选择焊接电流值有影响,主要是由于药皮的导电性不同,如铁粉型焊条药皮导电性强,使用电流较大。

4)焊接速度。焊接速度太小时,母材易过热变脆。此外熔池凝固太慢也使焊缝成形过宽;焊接速度太大时熔池长、焊缝很窄,熔池冷却太快也会造成夹渣、气孔、裂纹等缺陷。一般焊接速度的选择应与电流相配合。

5)运条方式。手工电弧焊时的运条方式有直线形式及横向摆动式,横向摆动方式还分螺旋形、月牙形、锯齿形、八字形等,均由焊工具体掌握以控制焊道的宽度。但要求焊缝晶粒细密、冲击韧性较高时,宜指定采用多道、多层焊接。

6)焊接层次。无论是角接还是坡口对接,均要根据板厚和焊道厚度、宽度安排焊接层次以完成整个焊缝。多层焊时由于后焊焊道对先焊焊道(层)有回火作用,可改善接头的组织和力学性能。

4.1.2 埋弧焊

(1)埋弧焊(SAW)原理

埋弧焊与药皮焊条电弧焊一样是利用电弧热作为熔化金属的热源,但与药皮焊条电弧焊不同的是焊丝外表没有药皮,熔渣是由覆盖在焊接坡口区的焊剂形成的。当焊丝与母材之间施加电压并互相接触引燃电弧后,电弧热将焊丝端部及电弧区周围的焊剂及母材熔化,形成金属熔滴、熔池及熔渣。金属熔池受到浮于表面的熔渣和焊剂蒸汽的保护而不与空气接触,避免氮、氢、氧有害气体的侵入。随着焊丝向焊接坡口前方移动,熔池冷却凝固后形成焊缝,熔渣冷却后成渣壳,见图7-22。与药皮焊条电弧焊一样,熔渣与熔化金属发生冶金反应,从而影响并改善焊缝的化学成分和力学性能。

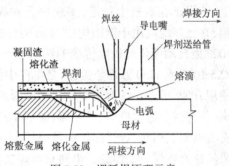

图7-22 埋弧焊原理示意

(2)埋弧焊的特点

1)焊接电弧受焊剂的包围,熔渣覆盖焊缝金属起隔热作用,因此热效率较高,再加上使用粗焊丝,大电流密度,因而熔深大,减小了坡口尺寸及填充金属量。因而埋弧焊已成为大型构件制作中应用最广的高效焊接方法。

2)埋弧焊的热输入大($Q = IU/v$)、冷却速度慢、熔池存在时间长使冶金反应充分,各种有害气体能及时从熔池中逸出,避免气孔产生,也减小了冷裂纹敏感性。

3)埋弧焊不见弧光及飞溅,操作条件好。

4)埋弧焊的焊剂保护方式使焊接位置一般限于平焊。在特定情况下,如板厚约20mm在横焊时坡口下方加铜托也可施焊,其他焊位则难以施焊。

5)埋弧焊时一般要求坡口加工精度稍高,或需要加导向装置,使焊丝与坡口对准以避免焊偏。

6)埋弧焊由于需要不断输送焊剂到电弧区,因而大多数应用于自动焊。如使用附带小型焊剂斗的焊枪和细焊丝,也可以实现半自动焊,但应用不太广泛。

(3)埋弧焊设备

1)埋弧焊设备组成:自动埋弧焊设备由交流或直流焊接电源、焊接小车、控制盒和电缆等附件组成。①焊接电源。交流电源由接触器、降压变压器、电抗器及其他附件组成,适用于一般碳钢使用中性熔炼焊剂时的焊接,其成本较低且维护较简易。也还应用于大型构件焊接时需要防止磁偏吹的场合,或与另一直流电源配合作双丝焊接。由于自动埋弧焊通常用粗焊丝大电流焊接厚板,焊接电源额定电流一般需达1000A才能满足不同情况下高效焊接的要求。直流电源一般使用可控硅整流器,外特性有平特性及降特性两种,平特性用于细丝焊薄板,降特性应用于粗丝焊接厚板。直流电源广泛应用于重要结构中高强钢构件使用碱性焊剂时的焊接。②焊接小车。焊车由送丝机构和行走机构(含电机)、焊头的各方向调整机构和手轮、支架、底座及焊剂斗(或设有焊剂回收及输送装置)、焊丝盘等附件组成。③控制盒。控制盒由焊车及送丝调速控制板、程序操作控制板、电流及电压显示仪表或数码显示器、各种调节旋钮、按钮开关、导线插座等组成。

半自动埋弧焊设备不设置行走小车,但增设软管连接手持焊枪,焊枪上带有导丝嘴、按钮开关及小型焊剂斗,其他则与自动焊装置类同。半自动埋弧焊机的功率因受手持焊枪重量及可操作性的限制,一般配用额定电流630A的电源,适用于中、薄板构件的焊接。

2)自动埋弧焊的种类。钢结构行业中埋弧焊通常用于钢构件的制作焊接,尤其是构件纵向组合焊缝的焊接。按其特定用途可分为角焊机和对焊、角焊通用焊机;按其使用功能可分为单丝或双丝,单头或双头;按其机头行走方式可分为独立小车式、门架式或悬臂式。①埋弧自动角焊机的特点是不设轨道,利用焊机底架上的两个靠轮直接贴在T形工件的翼缘上,使焊车在腹板上行走,实现焊头对焊缝的自动对准,传统上应用于H型钢船形位置焊接,并已广泛应用于钢结构中H形构件的焊接。②对焊与角焊通用型自动埋弧焊机。MZ-1000型自动埋弧焊机以传统的四轮小车带有机头调整装置、控制盒、丝盘、送丝装置,配以ZX5-1000或1250弧焊整流器,是生产中使用最为广泛的焊机,用于对接焊、角接焊、搭接焊,使用方便、可靠。③双头双丝自动埋弧焊机。双头双丝自动埋弧焊机的特点是使用带双机头(各有两套送丝机构、导电嘴、焊剂斗和控制盒)的焊车,电源则采用一台交流电源和一台直流电源。用作双丝焊时,两丝前后串联排列焊同一条焊缝,用作双头焊时,机头旋转90°后两丝并列各焊一条焊缝。串列双丝焊接在钢结构大型断面构件焊接中得到广泛应用。④门架式自动埋弧焊机。特点:焊机门架为自行式,轨道铺设于地面。整机以两组直流电动机驱动,并带有回程定位装置,可于起焊位置自动停车。门架上装有两台自动埋弧焊机并配备两套焊剂回收和导弧装置。适用于双边双极、双边单极或单边单极埋弧焊接,通常用于钢结构大型断面构件纵向组合焊缝的高效焊接。⑤轻型圆管内自动埋弧焊机。特点:机头设计紧凑,小车可行走于直径400mm的圆管内进行纵缝焊接。控制盒可与机头分离以便于筒体内焊接。⑥悬臂式自动焊机。特点为焊接机头悬挂于横臂前端,可随横臂上下升降、前后伸缩,随立柱作360°回转。行走及回转采用交流变频驱动,无级调速,数字显示,参数可预置。

(4)埋弧焊焊接工艺参数

影响埋弧焊焊缝成形和质量的因素有:焊接电流、焊接电压、焊接速度、焊丝直径、焊丝倾斜角度、焊丝数目和排列方式、焊剂粒度和堆放高度。前面五项影响因素的影响趋势与其他电弧焊接方法相似,仅影响程度不同,最后三项因素的影响是埋弧焊所特有的,需要在此进一步说明。

1)焊剂堆放高度。焊剂堆放高度一般为 25～50mm。高度太小时对电弧的包围保护不完全,影响焊接质量;堆放高度太大时,透气性不好,易使焊缝产生气孔和表面成形不良。因此必须根据使用电流的大小适当选择焊剂堆放高度,电流及弧压大时弧柱长度及范围大,应适当增大焊剂堆放高度和宽度。

2)焊剂粒度。焊剂粒度的大小也是根据电流值选择,电流大时应选用细粒度焊剂,否则焊缝外形不良。电流小时,应选用粗粒度焊剂,否则透气性不好,焊缝表面易出现麻坑。一般粒度为 8～40 目,细粒度时为 14～80 目。

3)焊剂回收次数。焊剂回收反复使用时要清除飞溅颗粒、渣壳、杂物等,反复使用次数过多时应与新焊剂混合使用,否则影响焊缝质量。

4)焊丝直径。由于细焊丝比粗焊丝的电阻热大,因而熔化系数大,在同样焊接电流时,细焊丝比粗焊丝可提高焊接速度及生产率。同时由于利用了焊丝的电阻热因而可以节约电能。

5)焊丝数目。双焊丝并列焊接时,可以增加熔宽并提高生产率。双焊丝串列焊接分双焊丝共熔池和不共熔池两种形式,前者可提高生产率、调节焊缝成形系数,后者除了可提高生产率以外,前丝电弧形成的温度场还能对后丝的焊缝起预热作用,后丝电弧则对前丝焊缝起后热作用,降低了熔池冷却速度,可改善焊缝的组织性能,减小冷裂纹倾向。

在实际生产中根据各工艺参数对焊缝成形和质量的影响,结合施工生产各方面的实际情况,如接头形式、板厚、坡口形式、焊接设备条件等,通过焊接工艺评定试验仔细选择焊丝直径、电流、电压、焊接速度、焊接层数等参数值,对于获得优良的焊缝质量是很重要的。

4.1.3 CO_2 气体保护及自保护焊

(1)CO_2 气体保护焊原理

CO_2 气体保护焊是熔化极气体保护焊(GMAW)的一种,也是熔化极电弧焊的一种,其电弧产生及焊接过程原理与手工电弧焊、埋弧焊相似,其区别在于没有手工焊条药皮及埋弧焊剂所产生的大量熔渣;所使用的熔化电极为实芯焊丝或药芯焊丝;由保护气罩导入的 CO_2 气体或与其他惰性气体混合的混合气体围绕导丝嘴及焊丝端头隔离空气,对电弧区及熔池起保护作用。其熔池的脱氧反应和必要合金元素的渗入,大部分只能由焊丝的合金成分完成。而药芯焊丝管内包容的少量焊剂成分仅起辅助的冶金反应作用和保护作用。图 7-23 为 CO_2 气体保护焊的原理示意图。

(2)CO_2 气体保护焊的分类

用于钢结构焊接的 CO_2 气体保护焊分类如下:

1)按焊丝分类:有实芯焊丝 CO_2 气体保护焊(GMAW)及药芯焊丝 CO_2 气体保护焊(FCAW)。

2)按熔滴过渡形式分类:有短路过渡、滴状过渡和射滴过渡形式。

3)按保护气体性质分类:有纯 CO_2 气体保护焊及 $Ar + CO_2$ 混合气体保护焊(统称为 MAG)。

(3)CO_2 气体保护焊的特点

1)因可用机械连续送丝方式不仅适合于构件长焊

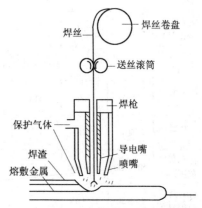

图 7-23　气体保护电弧焊接法简图

缝的自动焊,还因不用焊剂而使设备较简单,操作较简便,也适用于半自动焊接短焊缝。

2)因使用细焊丝、大电流密度以及有 CO_2 保护气体的冷却、压缩作用,而使电弧能量集中,焊缝熔深比手工电弧焊大,焊接效率高,一般是手工电弧焊的 3~4 倍。

3)因焊道窄,母材加热较集中,热影响区较小,相应的变形及残余应力较小。

4)因明弧作业,工件坡口形状可见,便于电弧对准待焊部位。

5)用实芯焊丝时基本无熔渣,用药芯焊丝时熔渣很薄,易于清除,与手工电弧焊和埋弧焊比较,减少了焊工大量辅助操作时间和体力消耗。

6)使用气体纯度及含水量符合相应规程要求时,它是低氢焊接方法,对焊接延迟裂纹产生的敏感性较小。

(4) CO_2 气体保护焊设备

熔化极气体保护焊设备由焊接电源、送丝机两大部分和气瓶、流量计及预热器、焊枪、电缆等附件组成,见图 7-24。

焊接电源由变压器、可控硅(晶闸管)或晶体管整流主电路、集成元件触发控制线路、过流过压保护电路、起弧时缓慢送丝以减小电流、电压的控制电路及停弧时焊丝回烧、填弧坑、去球等附加控制电路组成。以保证起弧可靠、稳定,焊接电流、电压可调,防止弧坑裂纹产生,再引弧方便简捷,整个电弧过程稳定,焊接质量优越的要求。

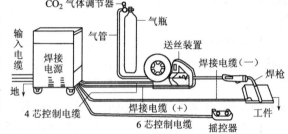

图 7-24 CO_2 气体保护焊设备组成

送丝机由枪体、导电嘴、导丝嘴、导气嘴、保护罩及开关等组成。焊枪电缆一般为电缆与送丝、送气软管同轴式,使焊枪轻巧便于操作。

保护气供气系统由气瓶、气流流量调节器和气管组成。

表 7-17 所示为具有代表性国内企业生产的 CO_2 气体保护焊机的产品型号及技术参数。

国产各种二氧化碳气体保护焊机技术参数实例　　　　　　表 7-17

| 型　号 | DYNA AUTO | | NBC-315 | NBC-500 | NB-500 | NB-630 | NBC-500R | NBC-600R | NBC-400-1 | NZ-630 自动焊 |
	XC-350	XC-500								
电源 (W/Hz)	三相 380V/50Hz									
输入容量 (kV·A)	18	30.8	12.7	26.9	17.9	22	32	45	18.8	36
空载电压 (V)			18.5~41.5	21.5~51.5					21~49	
额定电流 (A)	350	500	315	500	500	630	500	600	400	630
负载持续率(%)	50	60	60	60	60	60	60	80	60	60
电流调整范围(A)	50~350	50~500	60~315	100~500	50~500	50~630	50~500	50~600	80~400	110~630
电压调整范围(V)	15~36	15~45		14~44	20~35	15~42	15~48	18~34	20~44

型　号	DYNA AUTO		NBC-315	NBC-500	NB-500	NB-630	NBC-500R	NBC-600R	NBC-400-1	NZ-630 自动焊
	XC-350	XC-500								
电压调整级数(级)			40	40						
电源重量(kg)	96	146	132	230	280	280	222	315	166	179
电源外形尺寸(mm)	348×592×642	400×607×850	790×520×645	890×560×670	600×400×800	600×400×800	465×665×890	565×720×920	434×685×1005	600×770×1000
送丝机重量(kg)					8	15				焊车重量19
适用焊丝直径(mm)	0.8~1.6	0.8~1.6	0.8、1.0、1.2、1.6		1~1.6	1.2~3.2	1.2、1.6	1.2、1.6	1.0、1.2、1.6	1.2~2.0
送丝速度(m/min)	1.5~15	1.5~15			0.5~7.1	0.8~4.6			3~16	1~12

(5)CO_2 气体保护焊工艺参数

CO_2 气体保护焊工艺参数除了与一般电弧焊相同的电流、电压、焊接速度、焊丝直径及倾斜角度等参数以外,还有 CO_2 气体保护焊所特有的保护气成分配比及流量、焊丝伸出长度(即导电嘴与工件之间距离)、保护气罩与工件之间距离等对焊缝成形和质量有重大影响。

1)焊接电流和电压的影响。与其他电弧焊接方法相同的是,当电流大时焊缝熔深大,余高大;当电压高时熔宽大,熔深浅。反之则得到相反的焊缝成形。同时焊接电流大,则焊丝熔敷速度大,生产效率高。采用恒压电源(平特性)等速送丝系统时,一般规律为送丝速度大则焊接电流大,熔敷速度随之增大。但对 CO_2 气体保护焊来说,电流、电压对熔滴过渡形式有更为特殊的影响,进而影响焊接电弧的稳定性及焊缝成形。因而有必要对熔滴过渡形式进行更深一步的说明。

在电弧焊中焊丝作为外加电场的一极(用直流电源,焊丝接正极时称为直流反接,接负极时称为直流正接),在电弧激发后被产生的电弧热熔化而形成熔滴向母材熔池中过渡,其过渡形式有多种,因焊接方法、工艺参数变化而异,对于 CO_2 气体保护焊而言,主要存在三种熔滴过渡形式,即短路过渡、滴状过渡、射滴过渡。以下简述这三种过渡形式的特点、与工艺参数(主要是电流、电压)的关系以及其应用范围。

①短路过渡。短路过渡是在细焊丝、低电压和小电流情况下发生的。焊丝熔化后由于斑点压力对熔滴有排斥作用,使熔滴悬挂于焊丝端头并积聚长大,甚至与母材的熔池相连并过渡到熔池中,这就是短路过渡形式。

短路过渡主要特征是短路时间和短路频率。影响短路过渡稳定性的因素主要是电压,电压约为 18~21V 时,短路时间长,过程较稳定。

焊接电流和焊丝直径也即焊丝的电流密度对短路过渡过程的影响也很大。在最佳电流范围内短路频率较高,短路过渡过程稳定,飞溅较小。电流达到允许电流范围的上限时,短路频率低,过程不稳定,飞溅大,必须采取增加电路电感的方法以降低短路电流的增长速度,避免产生熔滴的瞬时爆炸和飞溅。另外一个措施是采用 Ar-CO_2 混合气体(各约 50%),因富 Ar 气体下斑点压力较小,电弧对熔滴的排斥力较小,过程比较稳定和平静。细焊丝工作范围较宽,焊接过程易于控制,粗焊丝则工作范围很窄,过程难以控制。因此,只有焊丝直径在ϕ1.2mm 以下时,才可能采用短路过渡形式。短路过渡形式一般适用于薄钢板的焊接。

②滴状过渡。滴状过渡是在电弧稍长,电压较高时产生的,此时熔滴受到较大的斑点压力、熔滴在 CO_2 气氛中一般不能沿焊丝轴向过渡到熔池中,而是偏离焊线轴向,甚至于上翘。由于产生较大的飞溅,因此滴状过渡形式在生产中很难采用。只有在富氩混合气焊接时,熔滴才能形成轴向过渡和得到稳定的电弧过程。但因富氩气体的成本是纯 CO_2 气体的几倍,在建筑钢结构的生产和施工安装中应用较少。

③射滴过渡。CO_2 气体保护焊的射滴过渡是一种自由过渡的形式,但其中也伴有瞬时短路。它是在 ϕ1.6~3.0 的焊丝,大电流条件下产生的,是一种稳定的电弧过程。

焊丝直径 ϕ1.2~3.0 时,如电流较大,电弧电压较高,能产生如前所述的滴状过渡。但如电弧电压降低,电弧的强烈吹力将会排除部分熔池金属,而使电弧部分潜入熔池的凹坑中,随着电流增大则焊丝端头几乎全部潜入熔池,同时熔滴尺寸减小,过渡频率增加,飞溅明显降低,形成典型的射滴过渡。但电流增大有一定限度,电流过大时,电弧力过大,会强烈扰动熔池,破坏正常焊接过程。

由于射滴过渡对电源动特性要求不高,而且电流大,熔敷速度高,适合于中厚板的焊接,不易出现未熔合缺陷,但由于熔深大,熔宽也大,射滴过渡用于空间位置焊接时,焊缝成形不易控制。

2)CO_2 + Ar 混合气配比的影响。不论对于短路过渡还是滴状过渡的情况,在 CO_2 气体中加入 Ar 气,飞溅率都能减少。短路过渡时 CO_2 含量在50%~70%范围内都有良好效果,在大电流滴状过渡时,Ar 气含量为75%~80%时,可以达到喷射过渡,电弧稳定,飞溅很少。

对于焊缝成形来说20% CO_2 + 80% Ar 混合气体条件下,焊缝表面最光滑,但同时使熔透率减小,熔宽变窄。

3)保护气流量的影响。气体流量大时保护较充分,但流量太大时对电弧的冷却和压缩很剧烈,电弧力太大会扰乱熔池,影响焊缝成形。

4)导电嘴与焊丝端头距离的影响。导电嘴与焊丝伸出端的距离亦称为焊丝伸出长度。该长度大则由于焊丝电阻而使焊丝伸出段产生的热量大,有利于提高焊丝的熔敷率,但伸出长度过大时会发生焊丝伸出段红热软化而使电弧过程不稳定的情况,应予以避免。通常ϕ1.2mm 焊丝伸出长度保持在 15~20mm,按焊接电流大小做选择。

5)焊炬与工件的距离。焊炬与工件距离太大时,保护气流到达工件表面处的温度差,空气易侵入,保护效果不好,焊缝易出气孔。距离太小则保护罩易被飞溅堵塞,使保护气流不顺畅,需经常清理保护罩。严重时出现大量气孔,焊缝金属氧化,甚至导电嘴与保护罩之间产生短路而烧损,必须频繁更换,合适的距离根据使用电流大小而定。

6)电源极性的影响。采用反接时(焊丝接正极,母材接负极),电弧的电磁收缩力较强,熔滴过渡的轴向性强,且熔滴较细,因而电弧稳定。反之则电弧不稳。

7)焊接速度的影响。CO_2 气体保护焊,焊接速度的影响与其他电弧焊方法相同,焊接速度太慢则熔池金属在电弧下堆积,反而减小熔深,且热影响区太宽,对于热输入敏感的母材易造成熔合线及热影响区脆化。焊接速度太快,则熔池冷却速度太快,不仅易出现焊缝成形不良(波纹粗)、气孔等缺陷,而且对淬硬敏感性强的母材易出现延迟裂纹。因此焊接速度应根据焊接电流、电压的选择来加以合理匹配。

8)CO_2气体纯度的影响。气体的纯度对焊接质量有一定影响,杂质中的水分和碳氢化合物会使熔敷金属中扩散氢含量增高,对厚板多层焊易于产生冷裂纹或延迟裂纹。

总之,CO_2气体保护焊影响焊接电弧稳定性和焊缝成形、质量的参数较多,在实际施焊时必须加以注意,仔细选配。

4.1.4 电渣焊

(1)电渣焊(ESW)原理

电渣焊是利用电流通过熔渣所产生的电阻热作为热源,将填充金属和母材熔化,凝固后形成金属原子间牢固连接。它是一种用于立焊位置的焊接方法。

(2)电渣焊的种类

电渣焊种类有熔嘴电渣焊、非熔嘴电渣焊、丝极电渣焊和板极电渣焊。在建筑钢结中应用较多的是管状熔嘴和非熔嘴电渣焊,是箱形梁、柱隔板与面板全焊透连接的必要手段。而丝极和板极电渣焊则在重型机械行业中应用较多。以下将主要介绍前两种电渣焊。

(3)熔嘴电渣焊过程特点

熔嘴电渣焊是电渣焊的一种形式,将母材坡口两面均用马形卡装设水冷固定式或滑动式铜成形块(根据构件条件也可用永久性钢垫块),钢焊丝穿过外涂药皮的导电钢管组合成熔嘴作为熔化电极,熔嘴从顶端伸入母材的坡口间隙内,施加一定数量的焊剂,主电源通电同时焊丝送进。由于焊丝与母材坡口底部的引弧板接触产生电弧,电弧热使熔嘴钢管和外敷的药皮及焊剂同时熔化而形成渣池。渣池达到一定深度后电弧过程转为电渣过程,同时使母材熔化形成熔池,随着熔化电极、焊剂、母材的不断熔化,形成的金属熔池在水冷铜成形块的冷却作用下不断凝固,而比熔融金属比重轻的熔渣在熔池之上形成保护渣池,随着熔池及渣池的不断上升而形成立焊缝。熔池上升到待焊母材坡口全长后,继续进行焊接过程,直至将渣池及熔池引出母材上端的引出板夹缝,方可断电停止焊接。图7-25所示为管状熔嘴电渣焊原理图。

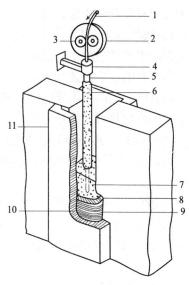

图7-25 管状熔嘴电渣焊原理示意

1—焊丝;2—丝盘;3—送丝轮;
4—蝴嘴夹头;5—熔嘴;6—熔嘴药皮;
7—熔渣;8—熔融金属;9—焊缝金属;
10—凝固渣;11—铜水冷成形块

电渣焊过程分为引弧、焊接、收弧三个阶段。由于引弧区过程不稳定,热量不足,不能形成渣池与熔池明确区分的电渣过程,因而焊缝不连续,不致密,夹渣、未熔合缺陷严重,而收弧区由于熔池收缩、渣池流失和弧坑裂纹的存在,焊后均需割除。一般引弧区及引弧板长度应达到板厚的2~2.5倍,引出板长度则应达到板厚的1.5~2倍。

(4)熔嘴电渣焊的优点和用途

熔嘴电渣焊的熔嘴外涂药皮与母材坡口绝缘,因而坡口间隙可以减小到比熔嘴外径只增大4~6mm,仍可以连续施焊而不发生短路故障。

设定长度的熔嘴被固定夹持于机头上,焊丝通过熔嘴中心连续送进,机头则不需向下行进,也不需摆动,因而水冷铜成形块可以沿焊缝全长固定而不需滑动,也可以设置永久性钢垫块使焊缝成形,大大简化了装置,并使操作简易方便。

焊接效率高,厚板焊接一道即可完成,特厚板焊接可以板厚的一半为界分两道次完成。

由于以上特点而使熔嘴电渣焊在建筑钢结构的厚板对接、角接接头中得到广泛应用,尤其是高层钢结构中的箱形柱柱面板和内置横隔板的T形接头,必须用熔嘴电渣焊才能完成。

相对于熔嘴电渣焊而言,普通丝极电渣焊的铜导电嘴不熔化,焊接过程中需不断随机头的上升而上升,因而必须使用滑动式水冷铜成形块,而且焊丝导嘴需不断沿板厚方向往复摆动,均增加了机构的复杂性和因短路中断焊接过程的可能性,应用上限制较多。但由于通过焊丝品种、成分调节焊缝成分、性能的可能性较大,也有一定的适用领域。

(5)熔嘴电渣焊设备

熔嘴电渣焊设备由大功率交流或直流电源和装卡固定于构件上的机头及控制盒组成。电源的性能要求与埋弧焊电源相同,平特性与降特性均可使用,机头由送丝机构及控制器、焊丝盘、机架、熔嘴夹持、机头固定、位置调整装置组成。其结构与功能除了机架为固定不能行走且没有焊剂输送装置以外,其他与埋弧焊相近。电源则采用 MZ-1000 型整流电源。

(6)熔嘴电渣焊焊接工艺参数

影响焊接质量的主要工艺参数有起弧电压与电流,焊接电压与电流,送丝速度和渣池深度。各参数的影响简述如下:

1)电压。电压与熔缝的熔宽成正比关系,在起弧阶段所需电压稍高,一般为 50~55V,便于尽快熔化母材边缘和形成稳定的电渣过程。正常焊接阶段时(电渣过程),所需电压稍低,一般为 45~50V。如果电压太高,焊丝易于渣池产生电弧,母材边缘的熔化也太宽。如果电压太低,焊丝易于金属熔池短路,电渣过程不稳定,同时母材因熔化不足而产生未溶合缺陷。

2)电流。一般等速送丝的焊机,其送丝速度快时电流大。送丝速度太快,电流太大时,电压低而接近短路状态,行不成稳定过程,反之则焊丝露出渣池,易产生电弧而破坏正常的电渣过程,因此要考虑送丝速度。电流与焊接区产生的热能成平方正比关系,电流越大,产生热量越高,熔嘴、焊丝与母材的熔化越快,相应焊接速度快,但电流的选择受熔嘴直径的限制,如电流过大钢管因承受电流密度太大而发热严重,熔嘴的药皮发红失去绝缘性能,因此电流应根据熔嘴直径和板厚选择。

3)渣池深度。渣池深度与产生的电阻热成正比,渣池深度稳定则产生的热量稳定,焊接过程也稳定。渣池深度一般为 30~60mm。渣池太深则电阻增大电流减小,使母材边缘熔化不足,焊缝不成形。反之则电渣过程不稳定。如果成形块与母材贴合不严造成熔渣流失,此时熔嘴端离开渣池表面,仅有焊丝在渣池中,导电面积减小,电流突降,电压升高,必须立即添加焊剂方能继续焊接过程。

(7)焊接过程操作步骤

1)焊前准备。熔嘴需经烘干(100~150℃×1h),焊剂如受潮也须烘干(150~350℃×1h)。

检查熔嘴钢管内部是否通顺,导电夹持部分及待焊构件坡口是否有锈、油污、水分等有害物质,以免焊接过程中产生停顿、飞溅或焊缝的缺陷。

用马形卡具及楔子安装、卡紧水冷铜成形块(如采用永久性钢垫块则应焊于母材上),检查其与母材是否贴合,以防止熔渣和熔融金属流失使过程不稳甚至被迫中断。检查水流出入成形块是否通畅、管道接口是否牢固,以防止冷却水断流而使成形块与焊缝熔合。

在起弧底板处施加焊剂,一般为 120~600g,以使渣池深度能达到 40~60mm。

2)引弧。采用短路引弧法,焊丝伸出长度约为 30~40mm,伸出长度太小时,引弧的飞溅物易造成熔嘴端部堵塞,太大时焊丝易爆断,过程不能稳定进行。

3)焊接。应按预先设定的参数值调整电流、电压,随时检测渣池深度,渣池深度不足或电流过大时,电压下降,可随时添加少量焊剂。随时观测母材红热区不超出成形块宽度以外,以免熔宽过大,随时控制冷却水温在 50~60℃,水流量应保持稳定。

4)熄弧。熔池必须引出到被焊母材的顶端以外,熄弧时应逐步减少送丝速度与电流,并采取焊丝滞后停送填补弧坑的措施以避免裂纹、减小收缩。

(8)非熔嘴电渣焊

非熔嘴电渣焊与熔嘴电渣焊的区别是焊丝导管外表不涂药皮,焊接时导管不断上升并不熔化不消耗,见图 7-26。其焊接原理与熔嘴电渣焊是相同的。该方法使用细直径焊丝配用直流平特性电源,电流密度高,焊速大。由于焊接热输入减小,焊缝和母材热影响区的性能比熔嘴电渣焊有所提高,因此在近年来得到重视和应用。

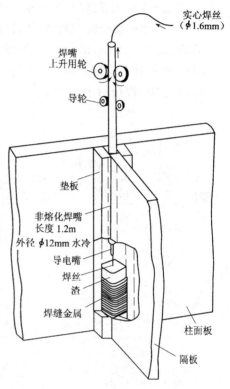

图 7-26 非熔嘴电渣焊方法示意

4.1.5 栓焊(螺柱焊)

(1)栓焊原理

栓焊是在栓钉与母材之间通以电流,局部加热熔化栓钉端头和局部母材,并同时施加压力挤出液态金属,使栓钉整个截面与母材形成牢固结合的焊接方法。

(2)栓焊种类

1)电弧栓焊:是将栓钉端头置于陶瓷保护罩内与母材接触并通以直流电,以使栓钉与母材之间激发电弧,电弧产生的热量使栓钉和母材熔化,维持一定的电弧燃烧时间后将栓钉压入母材局部熔化区内。电弧栓焊还可分为直接接触方式与引弧结(帽)方式两种。直接接触方式是在通电激发电弧同时向上提升栓钉,使电流由小到大,完成加热过程。引弧结(帽)方式是在栓钉端头镶嵌铝制帽,通电以后不需要提升或略微提升栓钉后再压入母材。

陶瓷保护罩的作用是集中电弧热量,隔离外部空气,保护电弧和熔化金属免受氮、氧的侵入,并防止熔融金属的飞溅。

2)储能栓焊:是利用交流电使大容量的电容器充电后向栓钉与母材之间瞬时放电,达到熔化栓钉端头和母材的目的。由于电容放电能量的限制,一般用于小直径(≤12mm)栓钉的焊接。

(3)栓焊过程

1)把栓钉放在焊枪的夹持装置中,把相应直径的保护瓷环置于母材上,把栓钉插入瓷环内并与母材接触;

2)按动电源开关,栓钉自动提升,激发电弧;

3)焊接电流增大,使栓钉端部和母材局部表面熔化;

4)设定的电弧燃烧时间到达后,将栓钉自动压入母材;

5)切断电流,熔化金属凝固,并使焊枪保持不动;

6)冷却后,栓钉端部表面形成均匀的环状焊缝余高,敲碎并清除保护环。

栓焊过程可以用图 7-27 表示。

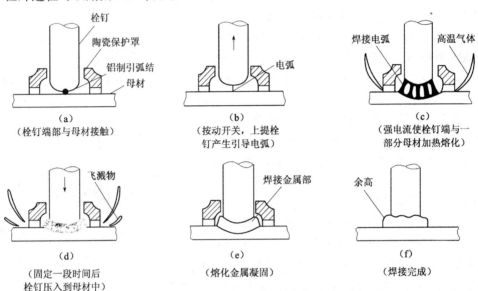

图 7-27 栓焊过程示意

(a)焊接准备;(b)引弧;(c)焊接;(d)加压;(e)断电;(f)冷却

(4)栓焊设备

电弧栓焊设备由以下各部分组成:

1)以大功率弧焊整流器为主要构成的焊接电源;

2)通断电开关、时间控制电路或微电脑控制器;

3)由栓钉的夹持、提升、加压、阻尼装置、主电缆及电控接头、开关和把手组成的焊枪;

4)主电缆和控制导线,由于栓钉焊接要求快速连续操作,大容量的焊机一次电缆截面要求为 $60mm^2$(长度 30m 以内),二次电缆要求为 $100mm^2$(长度 60m 以内),见图 7-28 所示。

储能栓焊机则以交流电源及大容量电容器组为基础,其他部分与电弧栓焊机相似。

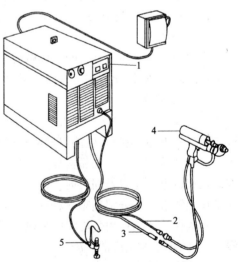

图 7-28 栓焊设置组成示意图

1—电源;2—控制电缆;
3—焊接电缆;4—焊枪;5—地线卡具

(5)栓焊工艺参数

栓焊工艺参数主要有电流、通电时间、栓钉伸出长度及提升高度。根据栓钉的直径不同以及被焊钢材表面状况、镀层材料选定相应的工艺参数。一般栓钉的直径增大或母材上有镀锌层时,所需的电流、时间等各项工艺参数相应增大。

(6)栓焊的优点

1)纯焊接时间仅 1s 左右,栓钉装卡辅助作业时间仅 2~3s,生产率比手工电弧焊高几倍。

2)栓钉的整个横截面熔化焊接,连接强度高。

3)作业方法简单、自动化,与手工电弧焊相比,操作工人的培训较简易,技能要求不高。

4)减小了弧光、烟雾对工人的危害。

(7)栓焊的应用

栓焊技术已广泛地应用于石化、建筑、冶金、机电、桥梁等工业领域中,如在炉、窑耐火衬层与金属壳体的结合和混凝土与金属构件的结合中作为剪力件,以及各种销、柱、针、螺母等零件与基体的连接。在钢结构制造与安装中,栓焊技术主要用于钢柱、梁与外浇混凝土以及钢-混凝土组合楼板中的剪力件焊接。栓钉的可焊直径可达到 25mm。

4.2　焊接工艺与要求

4.2.1　对接头区钢材的要求

(1)待焊处表面处理要求

应用钢丝刷、砂轮等工具彻底清除待焊处表面的氧化皮、锈、油污。

(2)母材坡口边缘夹层处理

1)焊接坡口边缘上钢材的夹层缺陷长度超过 25mm 时,应探查其深度,如深度不大于 6mm,应铲或刨除缺陷;如深度大于 6mm,应刨除后焊接填满;缺陷深度大于 25mm 时,应用超声测定其尺寸,当其面积($a \times d$)或聚集缺陷的总面积不超过被切割钢材总面积($B \times L$)的 4% 时为合格,见图 7-29;否则该板不宜使用。

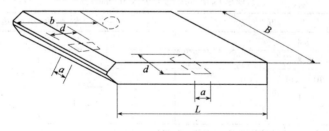

图 7-29　分层缺陷示意

2)如板材内部的夹层缺陷尺寸不超过上述之规定,位置离母材坡口表面距离(b)不小于 25mm 时不需要修理;如该距离小于 25mm 时,则应进行修补。

4.2.2　焊接坡口的加工要求

焊接坡口可用火焰切割或机械加工。火焰切割时,切面上不得有裂纹,并不宜有大于 1.0mm 的缺棱。当缺棱为 1~3mm 时,应修磨平整;当缺棱超过 3mm 时则应用直径不超过 3.2mm 的低氢型焊条补焊,并修磨平整。

用机械加工坡口时,加工表面不应有台阶。

4.2.3　焊接接头组装精度要求

施焊前,焊工应检查焊接部位的组装质量,如不符合要求,应割磨补焊修整合格后方能施焊。药皮焊条手工电弧焊、熔化极气体保护焊和埋弧焊连接组装允许偏差值应符合相关的规定。搭接与 T 形角接接头间隙允许公差为 1mm。管材 T、Y、K 形接头组装间隙允许公差为 1.5mm。

坡口间隙超过公差规定时,可在坡口单侧或两侧堆焊、修磨后使其符合要求,但如坡口间隙超过较薄板厚度2倍,或大于20mm时,不应用堆焊方法增加构件长度和减小间隙。

搭接及角接接头间隙超出允许值时,在施焊时应比设计要求增加焊脚尺寸。但角接接头间隙超过5mm时应事先在板端堆焊或在间隙内堆焊填补并修磨平整后施焊。禁止用在过大的间隙中堵塞焊条头、铁块等物,仅在表面覆盖焊缝的做法。

4.2.4 引弧板和引出板的规定

T形、十字形接头、角接接头和对接接头主焊缝两端,必须配置引弧板和引出板,而不应在焊缝以外的母材上打火、引弧。引弧、引出板材质和坡口形式应与被焊工件相同,禁止随意用其他铁块充当引弧、引出板。

药皮焊条手工电弧焊和半自动气体保护焊焊缝引出长度应大于25mm。其引弧板和引出板厚度应不小于6mm,宽度应大于50mm,长度应大于30mm,宜为构件板厚的1.5倍。

自动焊焊缝引出长度应大于80mm。其引弧板和引出板厚度应不小于10mm,宽度应大于80mm,长度应大于100mm,宜为构件板厚的2倍。

焊接完成后,应用气割切除引弧和引出板并修磨平整,不得用锤击落。

4.2.5 最小和最大焊缝尺寸

(1)为避免焊接热输入过小而使接头热影响区硬、脆的最小焊缝尺寸

角焊缝的最小计算长度应为其焊脚尺寸的8倍,且不小于40mm;角焊缝的最小焊脚尺寸参见表7-18,采用埋弧自动焊时,该值可减小1mm;角焊缝较薄板厚(腹板)不小于25mm时,宜采用局部开坡口的角对接焊缝,并不宜将厚板焊接到较薄板上;断续角焊缝焊段的最小长度应不小于最小计算长度。

单层焊角焊缝的最小尺寸(mm)　　　　　　　　　　　　表7-18

母　材　厚　度 δ	角焊缝的最小焊脚尺寸
≤4	3
6、8	4
10、12、14	5
16、18	6
20~25	7

注:采用低氢焊接材料时,δ取较薄件厚度;采用非低氢焊接材料而未进行预热时,δ取较厚件厚度。

(2)为避免接头母材热影响区过热脆化的最大焊缝尺寸

角焊缝的焊脚尺寸不宜大于较薄焊件厚度的1.2倍;搭接角焊缝为防止板边缘熔蹋,焊脚尺寸应比板厚小1~2mm;单道角焊缝和多道角焊缝的根部焊道的最大焊脚尺寸:平焊位置为10mm;横焊或仰焊位置为8mm;立焊位置为12mm;坡口对接焊缝中根部焊道的最大厚度为6mm。坡口对接焊缝和角焊缝的后续焊层的最大厚度:平焊位置为4mm;立焊、横焊或仰焊位置为5mm。

4.2.6 全焊透时清根要求

要求全熔透的焊缝不加垫板时,不论单面坡口还是双面坡口,均应在第一道焊缝的反面清根。用碳弧气刨方法清根后,刨槽表面不应残留夹碳或夹渣,必要时,宜用角向砂轮打磨干净,方可继续施焊。

4.2.7 定位焊

定位焊必须由持焊工合格证的工人施焊。使用焊材应与正式施焊用的材料相当。定位

焊缝厚度不宜超过设计焊缝厚度的 2/3,定位焊缝长度宜大于 40mm,间距宜为 500~600mm,并应填满弧坑。定位焊预热温度应高于正式施焊温度。如发现定位焊缝上有气孔或裂纹,必须清除干净后重焊。

4.2.8 厚板多层焊

厚板多层焊应连续施焊,每一层焊道焊完后应及时清理焊渣及表面飞溅物,在检查时如发现影响焊接质量的缺陷,应清除后再焊。在连续焊接过程中应检测焊接区母材温度,使层间最低温度与预热温度保持一致,层间最高温度符合工艺指导书要求。遇有不测情况而不得不中断施焊时,应采取适当的后热、保温措施,再焊时应重新预热并根据节点及板厚情况适当提高预热温度。

4.2.9 焊接预热、后热

(1)焊前预热

1)对于不同的钢材、板厚、节点形式、拘束度、扩散氢含量、焊接热输入条件下焊前预热温度的要求,应符合技术规范的规定。对于屈服强度等级超过 345MPa 的钢材,其预热、层间温度应按钢厂提供的指导参数,或由施工企业通过焊接性试验和焊接工艺评定加以确定。

2)对焊前预热及层间温度的检测和控制,工厂焊接时宜用电加热板、大号气焊、割枪或专用喷枪加热;工地安装焊接宜用火焰加热器加热。测温器具宜采用表面测温仪。

3)预热时的加热区域应在焊接坡口两侧,宽度各为焊件施焊处厚度的 2 倍以上,且不小于 100mm。测温时间应在火焰加热器移开以后,测温点应在离电弧经过前的焊接点处各方向至少 75mm 处,必要时应在焊件反面测温。

(2)焊后消氢处理

1)焊后消氢处理应在焊缝完成后立即进行。

2)消氢热处理加热温度应达到 200~250℃,在此温度下保温时间依据构件板厚而定,应为每 25mm 板厚 0.5h,且不小于 1h,然后使之缓慢冷却至常温。

3)消氢热处理的加热方法及测温方法与预热相同。

4)调质钢的预热温度、层间温度控制范围应按钢厂提供的指导性参数进行,并应优先采用控制扩散氢含量的方法来防止延迟裂纹产生。

5)对于屈服强度等级高于 345MPa 的钢材,应通过焊接性试验确定焊后消氢处理的要求和相应的加热条件。

4.2.10 焊接作业区环境要求

(1)作业区环境温度在 0℃以上时

1)焊接作业区风速超过下列规定时,应设防风棚或采取其他防风措施:手工电弧焊 8m/s;气体保护及自保护焊 2m/s。制作车间内焊接作业区有穿堂风或鼓风机时,也应设挡风设施。

2)焊接作业区的相对湿度不得大于 90%。

3)当焊件表面潮湿或有冰雪覆盖时,应采取加热去潮湿措施。

(2)低温作业环境时

焊接作业区环境温度低于 0℃时,常温时不须预热的构件也应对焊接区各方向二倍板厚且不小于 100mm 范围内加热到 20℃以上后方可施焊。常温时须预热的构件则应根据构件焊接节点类型、板厚、拘束度、钢材的碳当量、强度级别、冲击韧性等级、焊接方法和焊接材料熔敷金属扩散氢含量及焊接热输入等各种因素,综合考虑后由焊接责任工程师制订出比常温下焊接预热温度更高和加热范围更宽的作业方案,并经认可后方可实施。作业方案并应考虑焊工操作技能的发挥不受环境低温的影响,同时对构件采取适当和充分的保温措施。

课题5　钢构件预拼装

为了保证安装的顺利进行,应根据构件或结构的复杂程度、设计要求或合同协议规定,在构件出厂前进行预拼装。另外,由于受运输条件、现场安装条件等因素的限制,大型钢结构构件不能整件出厂,必须分成两段或若干段出厂时,也要进行预拼装。预拼装一般分为立体预拼装和平面预拼装两种形式,除管结构为立体预拼装外,其他结构一般均为平面预拼装。预拼装的构件应处于自由状态,不得强行固定。

5.1　预拼装要求

预拼装时,构件与构件的连接形式为螺栓连接,其连接部位的所有节点连接板均应装上,除检查各部位尺寸外,还应用试孔器检查板叠孔的通过率,并应符合下列规定:①当采用比孔公称直径小1.0mm的试孔器检查时,每组孔的通过率不应小于85%。②当采用比螺栓公称直径大0.3mm的试孔器检查时,通过率应为100%。

为了保证拼装时的穿孔率,零件钻孔时可将孔径缩小一级(3mm),在拼装定位后进行扩孔,扩到设计孔径尺寸。对于精制螺栓的安装孔,在扩孔时应留0.1mm左右的加工余量,以便进行铰孔,使其达到 $\frac{6.3}{\sqrt{}}$ 的光洁度。

施工中错孔在3mm以内时,一般都用铰刀铣孔或锉刀锉孔,其孔径扩大不得超过原孔径的1.2倍;错孔超过3mm,可采用与母材材质相匹配的焊条补焊堵孔,修磨平整后重新打孔。

对号入座节点的各部件在拆开之前必须予以编号,做出必要的标记。预拼装检验合格后,应在构件上标注上下定位中心线、标高基准线、交线中心点等必要标记,必要时焊上临时撑件和定位器等,以便于按预拼装的结果进行安装。

预拼装的允许偏差见表7-19。

钢构件预拼装的允许偏差(mm) 　　　　　　　　　　表7-19

构件类型	项　　目			允　许　偏　差	检　验　方　法
多节柱	预拼装单元总长			±5.0	用钢尺检查
	预拼装单元弯曲矢高			$l/1500$,且不应大于10.0mm	用拉线和钢尺检查
	接口错边			2.0	用焊缝量规检查
	预拼装单元柱身扭曲			$h/200$,且不应大于5.0mm	用拉线、吊线和钢尺检查
	顶紧面至任一牛腿距离			±2.0	用钢尺检查
梁、桁架	跨度最外两端安装孔或两端支承面最外侧距离			+5.0 -10.0	
	接口截面错位			2.0	用焊缝量规检查
	拱　度	设计要求起拱		±$l/5000$	用拉线和钢尺检查
		设计未要求起拱		$l/2000$ 0	
	节点处杆件轴线错位			4.0	划线后用钢尺检查

构件类型	项　　目	允许偏差	检验方法
管构件	预拼装单元总长	±5.0	用钢尺检查
	预拼装单元弯曲矢高	$l/1500$,且不应大于10.0mm	用拉线和钢尺检查
	对口错边	$t/10$,且不应大于3.0mm	用焊缝量规检查
	坡口间隙	$+2.0$ -1.0	
构件平面总体预拼装	各楼层柱距	±4.0	用钢尺检查
	相邻楼层梁与梁之间距离	±3.0	
	各层间框架两对角线之差	$H/2000$,且不应大于5.0mm	
	任意两对角线之差	$\sum H/2000$,且不应大于8.0mm	

5.2　钢构件拼装

5.2.1　构件拼装方法

(1)平装法

平装法操作方便,不需稳定加固措施;不需搭设脚手架;焊缝焊接大多数为平焊缝,焊接操作简易,不需技术很高的焊接工人,焊缝质量易于保证;校正及起拱方便、准确。

适于拼装跨度较小,构件相对刚度较大的钢结构,如长18m以内钢柱、跨度6m以内天窗架及跨度21m以内的钢屋架的拼装。

(2)立拼拼装法

立拼拼装法可一次拼装多拼;块体占地面积小;不用铺设或搭设专用拼装操作平台或枕木墩,节省材料和工时;省却翻身工序,质量易于保证,不用增设专供块体翻身、倒运、就位、堆放的起重设备,缩短工期;块体拼装连接件或节点的拼接焊缝可两边对称施焊,可防止预制构件连接件或钢构件因节点焊接变形而使整个块体产生侧弯。

但需搭设一定数量稳定支架;块体校正、起拱较难;钢构件的连接节点及预制构件的连接件的焊接立缝较多,增加焊接操作的难度。

适于跨度较大、侧向刚度较差的钢结构,如18m以上钢柱、跨度9m及12m窗架、24m以上钢屋架以及屋架上的天窗架。

(3)利用模具拼装法

模具是指符合工件几何形状或轮廓的模型(内模或外模)。用模具来拼装组焊钢结构,具有产品质量好、生产效率高等许多优点。对成批的板材结构、型钢结构,应当考虑采用模具拼组装。

桁架结构的装配模,往往是以两点连直线的方法制成,其结构简单,使用效果好。图7-30为构架装配模示意图。

5.2.2　典型梁、柱拼装

根据设计要求的梁和柱的结构形式,有的用型钢与型钢连接和型钢与钢板混合连接,所

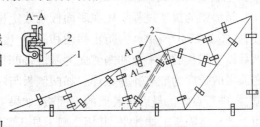

图7-30　构架装配模
1—工作台;2—模板

以梁和柱的结构拼装操作方法也就不同。

(1)⊥形梁拼装

⊥形梁的结构多是用相同厚度的钢板,以设计图纸标注的尺寸而制成的⊥形梁,见图7-31。

⊥形梁的立板通常称为腹板;与平台面接触的底板称为面板或翼板,上面的称为上翼板,下面的称为下翼板。

⊥形梁的结构根据工程实际需要,有互相垂直的,见图7-31(a)所示,也有倾斜一定角度的,见图7-31(b)。在拼装时,先定出面板中心线,再按腹板厚度画线定位,该位置就是腹板和面板结构接触的连接点(基准线)。如果是垂直的⊥形梁,可用直角尺找正,并在腹板两侧按200～300mm距离交错点焊;如果属于倾斜一定角度的⊥形梁,就用同样角度样板进行定位,按设计规定进行点焊。

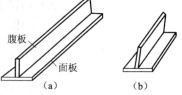

图 7-31　⊥形梁拼装
(a)垂直梁;(b)倾斜梁

⊥形梁两侧经点焊完成后,为了防止焊接变形,可在腹板两侧临时用增强板将腹板和面板点焊固定,以增加刚性减小变形。在焊接时,采用对称分段退步焊接方法焊接角焊缝,这是防止焊接变形的一种有效措施。

(2)工字钢梁、槽钢梁拼装

工字钢和槽钢分别由钢板组合的工程结构梁,它们的组合连接形式基本相同,仅是型钢的种类和组合成型的形状不同,见图7-32所示。

在拼装组合时,首先按图纸标注的尺寸、位置在面板和型钢连接位置处进行画线定位。在组合时,如果面板宽度较窄,为使面板与型钢垂直和稳固,防止型钢向两侧倾斜,可用与面板同厚度的垫板临时垫在底面板(下翼板)两侧来增加面板与型钢的接触面。用直角尺或水平尺检验侧面与平面垂直,几何尺寸正确后方可按一定距离进行点焊。拼装上面板以下底面板为基准。为保证上、下面板与型钢严密结合,如果接触面间隙大,可用撬杠或卡具压严靠紧,然后进行点焊和焊接,见图7-32中的1、5、6所示。

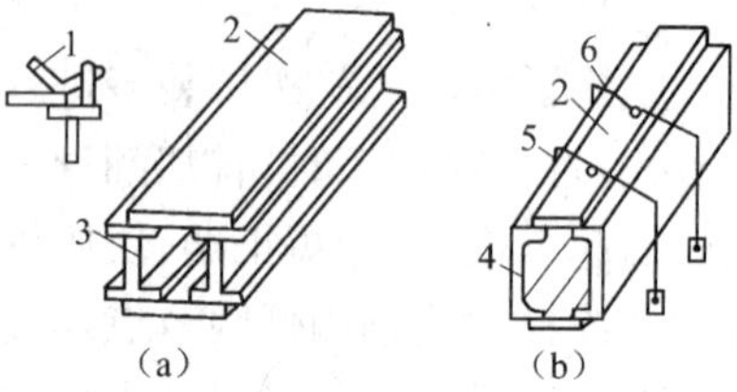

图 7-32　工字钢梁、槽钢梁组合拼装
(a)工字钢梁;(b)槽钢梁
1—撬杠;2—面板;3—工字钢;
4—槽钢;5—龙门架;6—压紧工具

(3)箱形梁拼装

箱形拼装的结构有钢板组成的,也有型钢与钢板混合组成的,但大多数箱形梁的结构是采用钢板结构成型的。箱形梁是由上下面板、中间隔板及左右侧板组成,如图7-33(d)所示。

箱形梁的拼装过程是先在底面板画线定位,如图7-33(a)所示;按位置拼装中间定向隔板,如图7-33(b)所示。为防止移动和倾斜,应将两端和中间隔板与面板用型钢条临时固定,然后以各隔板的上平面和两侧面为基准,同时拼装箱形梁左右立板。两侧立板的长度,要以底面板的长度为准靠齐并点焊。如两侧板与隔板侧面接触间隙过大时,可用活动型卡具夹紧,再进行点焊。最后拼装梁的上面板,如果上面板与隔板上平面接触间隙大、误差多时,可用手砂轮将隔板上端找平,并用⊐型卡具压紧进行点焊和焊接,见图7-33(d)。

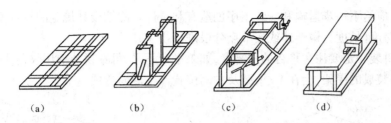

图 7-33 箱形梁拼装

(a)箱形梁的底板;(b)装定向隔板;(c)加侧立板;(d)装好的箱形梁

(4)柱底座板和柱身组合拼装

钢柱的底座板和柱身组合拼装工作一般分为两步进行:

①先将柱身按设计尺寸规定先拼装焊接,使柱身达到横平竖直,符合设计和验收标准的要求。如果不符合质量要求,可进行矫正以达到质量要求。

②将事先准备好的柱底板按设计规定尺寸,分清内外方向画结构线并焊挡铁定位,以防在拼装时位移。

柱底板与柱身拼装之前,必须将柱身与柱底板接触的端面用刨床或砂轮加工平整。同时将柱身分几点垫平,如图 7-34 所示。使柱身垂直柱底板,安装后受力均称,避免产生偏心压力,以达到质量要求。

端部铣平面允许偏差,见表 7-20。

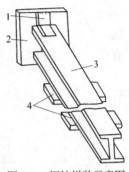

图 7-34 钢柱拼装示意图
1—定位角钢;2—柱底板;
3—柱身;4—水平垫基

端部铣平面的允许偏差　　　　　　　表 7-20

序　号	项　　　　目	允　许　偏　差　(mm)
1	两端铣平时构件长度	±2.0
2	铣平面的不平直度	0.3
3	铣平面的倾斜度(正切值)	不大于 $l/1500$
4	表面粗糙度	0.03

拼装时,将柱底座板用角钢头或平面型钢按位置点固,作为定位倒吊挂在柱身平面,并用直角尺检查垂直度及间隙大小,待合格后进行四周全面点固。为防止焊接变形,应采用对角或对称方法进行焊接。

如果柱底板左右有梯形板时,可先将底板与柱端接触焊缝焊完后,再组对梯形板,并同时焊接,这样可避免梯形板妨碍底板缝的焊接。

5.2.3 屋架拼装

(1)拼装准备

钢屋架多数用底样采用仿效方法进行拼装,其过程如下:

①按设计尺寸,并按长、高尺寸,以其 1/1000 预留焊接的收缩量,在拼装平台上放出拼装底样,见图 7-35、图 7-36。因为屋架在设计图纸的上、下弦处不标注起拱量,所以才放底样,按跨度比例画出起拱。

②在底样上一定按图画好角钢面宽度、立面厚度,作为拼装时的依据。如果在拼装时,角钢的位置和方向能记牢,其立面的厚度可省略不画,只画出角钢面的宽度即可。

149

拼装时,应给下一步运输和安装工序创造有利条件。除按设计规定的技术说明外,还应结合屋架的跨度(长度),做整体或按节点分段进行拼装。

③屋架拼装一定要注意平台的水平度,如果平台不平,可在拼装前用仪器或拉粉线调整垫平,否则拼装成的屋架,会在上、下弦及中间位置产生侧向弯曲。

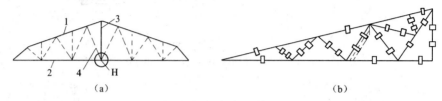

图 7-35　屋架拼装示意图
(a)拼装底样;(b)屋架拼装
H—起拱抬高位置
1—上弦;2—下弦;3—立撑;4—斜撑

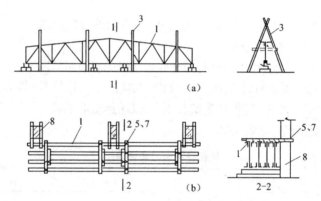

图 7-36　屋架的立拼装
(a)36m 钢屋架立拼装;(b)多榀钢屋架立拼装
1—36m 钢屋架块体;2—枕木或砖墩;3—木人字架;
4—横挡木铁丝绑牢;5—8 号铁丝固定上弦;6—斜撑木;7—木方;8—柱

(2)拼装作业

放好底样后,将底样上各位置上的连接板用电焊点牢,并用挡铁定位,作为第一次单片屋架拼装基准的底模,如图 7-37 所示。接着就可将大小连接板按位置放在底模上。屋架的上、下弦及所有的立、斜撑,限位板放到连接板上面,进行找正对齐,用卡具夹紧点焊。待全部点焊牢固,可用吊车作 180°翻身,这样就可用该扇单片屋架为基准仿效组合拼装,如图 7-37(a)、(b)所示。

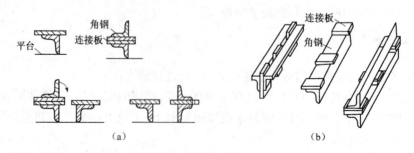

图 7-37　屋架仿效拼装示意图
(a)仿形过程;(b)复制的实物

对特殊动力厂房屋架,为适应生产性质的要求强度,一般不采用焊接而用铆接,如图7-38(b)所示。

以上的仿效复制拼装法具有效率高、质量好、便于组织流水作业等优点。因此,对于截面对称的钢结构,如梁、柱和框架等都可应用。

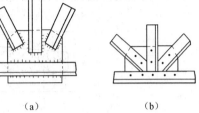

图 7-38 屋架连接示意
(a)焊接;(b)铆接

5.2.4 钢柱拼装

(1)平拼拼装

先在柱的适当位置用枕木搭设 3～4 个支点,见图 7-39(a)。各支承点高度应拉通线,使柱轴线中心线成一水平线,先吊下节柱找平,再吊上节柱,使两端头对准,然后找中心线,并把安装螺栓或夹具上紧,最后进行接头焊接,采取对称施焊,焊完一面再翻身焊另一面。

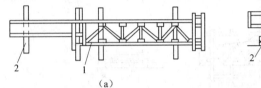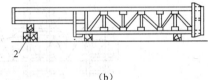

图 7-39 钢柱的拼装
(a)平拼拼装法;(b)立拼拼装法
1—拼接点;2—枕木

(2)立拼拼装

在下节柱适当位置设 2～3 个支点,上节柱设 1～2 个支点,见图 7-39(b),各支点用水平仪测平垫平。拼装时先吊下节,使牛腿向下,并找平中心,再吊上节,使两节的节头端相对准,然后找正中心线,并将安装螺栓拧紧,最后进行接头焊接。

5.2.5 托架拼装

(1)平装

搭设简易钢平台或枕木支墩平台,见图 7-40。进行找平放线,在托架四周设定位角钢或钢挡板,将两半榀托架吊到平台上。拼缝处装上安装螺栓,检查并找正托架的跨距和起拱值,安上拼接处连接角钢。用卡具将托架和定位钢板卡紧,拧紧螺栓并对拼装连接焊缝。施焊要求对称进行,焊完一面,检查并纠正变形,用木杆二道加固,而后将托架吊起翻身,再同法焊另一面焊缝。符合设计和规范要求,方可加固、扶直和起吊就位。

(2)立拼

拼装采用人字架稳住托架进行合缝,校正调整好跨距、垂直度、侧向弯曲和拱度后,安装节点拼接角钢,并用卡具和钢楔使其与上下弦角钢卡紧,复查后,用电焊进行定位焊,并按先后顺序进行对称焊接,至达到要求为止。当托架平行并紧靠柱列排放,可以 3～4 榀为一组进行立拼装,用方木将托架与柱子连接稳定。

焊接梁的工地对接缝拼接处,上、下翼缘的拼接边缘均宜做成向上的 V 形坡口,以便融焊。为了使焊缝收缩比较自由,减小焊接残余应力,应留一段(长度 500mm 左右)翼缘焊缝在工地焊接,并采用合适的施焊程序。

对于较重要的或受动力荷载作用的大型组合梁,考虑到现场施焊条件较差,焊缝质量难以保证,其工地拼接宜用高强度螺栓摩擦型连接,见图7-41。

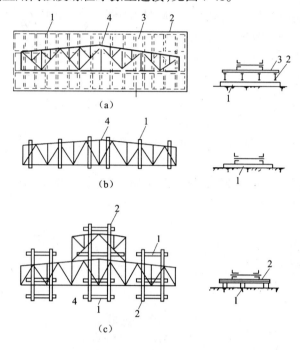

图 7-40　天窗架平拼装

(a)简易钢平台拼装;(b)枕木平台拼装;(c)钢木混合平台拼装

1—枕木;2—工字钢;3—钢板;4—拼接点

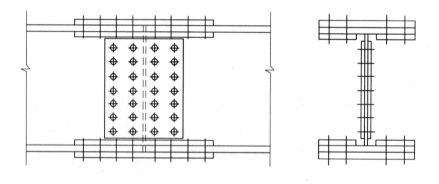

图 7-41　采用拼接板的螺栓连接

5.2.6　梁的拼接

梁的拼接有工厂拼接和工地拼接两种形式。由于钢材尺寸的限制,梁的翼缘或腹板的接长或拼大,这种拼接在工厂中进行,故称工厂拼接。由于运输或安装条件的限制,梁需分段制作和运输,然后在工地拼装,这种拼接称工地拼接。工厂拼接多为焊接拼接,由钢材尺寸确定其拼接位置。拼接时,翼缘拼接与腹板拼接最好不要在一个剖面上,以防止焊缝密集与交叉,见图7-42。拼接焊缝可用直缝或斜缝,腹板的拼接焊缝与平行于它的加劲肋间至少应相距 $10t_{w}$。

腹板和翼缘通常都采用对接焊缝拼接,如图7-42所示。用直焊缝拼接比较省料,但如焊缝的抗拉强度低于钢板的强度,则可将拼接位置布置在应力较小的区域,或采用斜焊缝。斜焊缝可布置在任何区域,但较费料,尤其是在腹板中。此外也可以用拼接板拼接,如图7-43所示。这种拼接与对接焊缝拼接相比,虽然具有加工精度要求较低的优点,但用料较多,焊接工作量增加,而且会产生较大的应力集中。

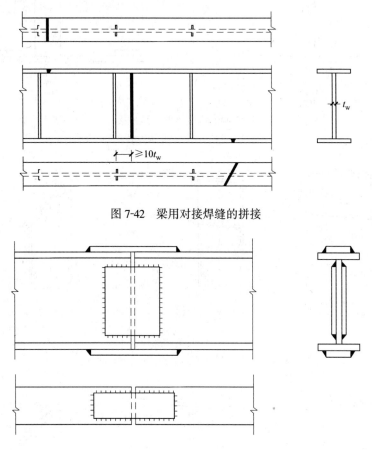

图7-42 梁用对接焊缝的拼接

图7-43 梁用拼接板的拼接

为了使拼接处的应力分布接近于梁截面中的应力分布,防止拼接处的翼缘受超额应力,腹板拼接板的高度应尽量接近腹板的高度。

工地拼接的位置主要由运输和安装条件确定,一般布置在弯曲应力较低处。翼缘和腹板应基本上在同一截面处断开,以便于分段运输。拼接构造端部平齐,如图7-44(a)所示,防止运输时碰损,但其缺点是上、下翼缘及腹板在同一截面拼接会形成薄弱部位。翼缘和腹板的拼接位置略为错开一些,如图7-44(b)所示,这样受力情况较好,但运输时端部突出部分应加以保护,以免碰损。

5.2.7 框架横梁与柱连接

框架横梁与柱直接连接可采用柱到顶与梁连接、梁延伸与柱连接和梁柱在角中线连接,见图7-45、图7-46。这三种工地安装连接方案各有优缺点。所有工地焊缝均采用角焊缝,以便于拼装,另加拼接盖板可加强节点刚度。但在有檩条或墙架的框架中会使横梁顶面或柱外立面不平,产生构造上的麻烦。对此,可将柱或梁的翼缘伸长与对方柱或梁的腹板连接。

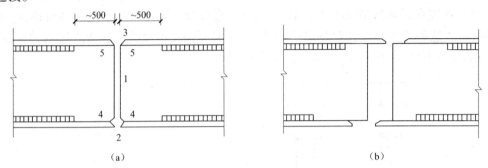

图 7-44　焊接梁的工地拼接
(a)拼接端部平齐;(b)拼接端部错开

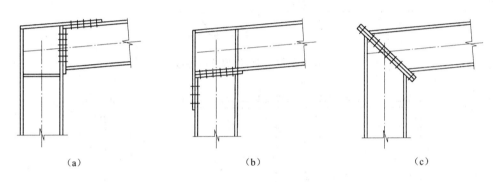

图 7-45　框架角的螺栓连接
(a)柱到顶与梁连接;(b)梁延伸与柱连接;(c)梁柱的角中线连接

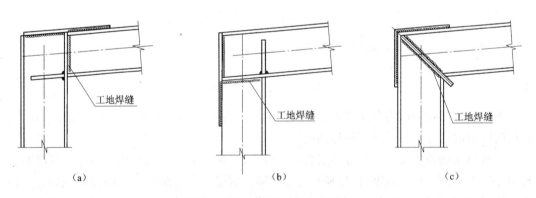

图 7-46　框架角的工地焊缝连接
(a)柱到顶与梁连接;(b)梁延伸与柱连接;(c)梁柱的角中线连接

对于跨度较大的实腹式框架,由于构件运输单元的长度限制,常需在屋脊处做一个工地拼接,可用工地焊缝或螺栓连接。工地焊缝需用内外加强板,横梁之间的连接用突缘结合。螺栓连接则宜在节点处变截面,以加强节点刚度。拼接板放在受拉的内角翼缘处,变截面处的腹板设有加劲肋,见图 7-47。

154

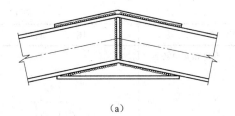
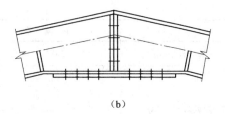

（a）   （b）

图 7-47　框架顶的工地拼装

(a)焊接连接;(b)螺栓连接

课题6　钢构件成品检验、管理和包装

6.1　钢构件成品检验

6.1.1　允许偏差

钢结构制造的允许偏差见表 7-21 ~ 表 7-28。

钢构件外形尺寸主控项目的允许偏差(mm)　　　表 7-21

项　　　　　　目	允　许　偏　差
单层柱、梁、桁架受力支托(支承面)表面至第一个安装孔距离	±1.0
多节柱铣平面至第一个安装孔距离	±1.0
实腹梁两端最外侧安装孔距离	±3.0
构件连接处的截面几何尺寸	±3.0
柱、梁连接处的腹板中心线偏移	2.0
受压构件(杆件)弯曲矢高	$l/1000$,且不应大于 10.0

单层钢柱外形尺寸的允许偏差(mm)　　　表 7-22

项　目		允　许　偏　差	检　验　方　法	图　　例
柱底面到柱端与桁架连接的最上一个安装孔距离		$\pm l/1500$ ±15.0	用钢尺检查	
柱底面到牛腿支承面距离		$\pm l_1/2000$ ±8.0		
牛腿面的翘曲 $\triangle$		2.0	用拉线、直角尺和钢尺检查	
柱身弯曲矢高		$H/1200$,且不应大于 12.0		
柱身扭曲	牛腿处	3.0	用拉线、吊线和钢尺检查	
	其他处	8.0		
柱截面几何尺寸	连接处	±3.0	用钢尺检查	
	非连接处	±4.0		
翼缘对腹板的垂直度	连接处	1.5	用直角尺和钢尺检查	
	其他处	$b/100$,且不应大于 5.0		

155

项　目	允许偏差	检验方法	图　例
柱脚底板平面度	5.0	用1m直尺和塞尺检查	
柱脚螺栓孔中心对柱轴线的距离	3.0	用钢尺检查	

多节钢柱外形尺寸的允许偏差(mm)　　　表 7-23

项　目		允许偏差	检验方法	图　例
一节柱高度 H		±3.0	用钢尺检查	
两端最外侧安装孔距离 l_3		±2.0		
铣平面到第一个安装孔距离 a		±1.0		
柱身弯曲矢高		$H/1500$,且不应大于5.0	用拉线和钢尺检查	
一节柱的柱身扭曲		$H/250$,且不应大于5.0	用拉线、吊线和钢尺检查	
牛腿端孔到柱轴线距离 l_2		±3.0	用钢尺检查	
牛腿的翘曲或扭曲 Δ	$l_2 \leq 1000mm$	2.0	用尺和钢尺检查	
	$l_2 > 1000mm$	3.0		
柱截面尺寸	连接处	±3.0	用钢尺检查	
	非连接处	±4.0		
柱脚底板平面度		5.0	用直尺和塞尺检查	
翼缘板对腹板的垂直度	连接处	1.5	用直角尺和钢尺检查	
	其他处	$b/100$,且不应大于5.0		
柱脚螺栓孔对柱轴线的距离 a		3.0	用钢尺检查	
箱形截面连接处对角线差		3.0		

项 目	允 许 偏 差	检 验 方 法	图 例
箱形柱身板 垂直度	$h(b)/150$， 且不应大于 5.0	用直角尺和 钢尺检查	

焊接实腹钢梁外形尺寸的允许偏差(mm)　　　　表 7-24

项 目		允 许 偏 差	检 验 方 法	图 · 例
梁长度 l	端部有凸 缘支座板	0 −5.0	用钢尺检查	
	其他形式	± $l/2500$ ± 10.0		
端部高度	$h \leqslant 2000mm$	± 2.0		
	$h > 2000mm$	± 3.0		
拱 度	设计要 求起拱	± $l/5000$	用拉线和 钢尺检查	
	设计未要 求起拱	10.0 −5.0		
侧弯矢高		$l/2000$，且不应大于 10.0		
扭 曲		$h/250$，且不应大于 10.0	用拉线、吊线 和钢尺检查	
腹板局部 平面度	$t \leqslant 14mm$	5.0	用 1m 直尺和塞尺检查	
	$t > 14mm$	4.0		
翼缘板对腹板 的垂直度		$b/100$，且不应大于 3.0	用直角尺和钢尺检查	
吊车梁上翼缘与轨道 接触面平面度		1.0	用 200mm、1m 直尺 和塞尺检查	
箱形截面对角线差		5.0	用钢尺检查	
箱形截面两 腹板至翼缘 板中心线距离	连接处	1.0		
	其他处	1.5		

项　目	允许偏差	检验方法	图　例
梁端板的平面度（只允许凹进）	$h/500$，且不应大于 2.0	用直角尺和钢尺检查	
梁端板与腹板的垂直度	$h/500$，且不应大于 2.0	用直角尺和钢尺检查	

钢桁架外形尺寸的允许偏差(mm)　　　　表 7-25

项　目		允许偏差	检验方法	图　例
桁架最外端两个孔或两端支承面最外侧距离	$l\leqslant24\text{m}$	$+3.0$ -7.0		
	$l>24\text{m}$	$+5.0$ -10.0		
桁架跨中高度		±10.0		
桁架跨中拱度	设计要求起拱	$\pm l/5000$		
	设计未要求起拱	10.0 -5.0		
相邻节间弦杆弯曲（受压除外）		$l/1000$		
支承面到第一个安装孔距离 a		±1.0	用钢尺检查	
檩条连接支座间距		±5.0		

钢管构件外形尺寸的允许偏差(mm)　表 7-26

项　目	允　许　偏　差	检　验　方　法	图　例
直径 d	$\pm d/500$ ± 5.0	用钢尺检查	
构件长度 z	± 3.0		
管口圆度	$d/500$,且不应大于 5.0		
管面对管轴的垂直度	$d/500$,且不应大于 3.0	用焊缝量规检查	
弯曲矢高	$l/1500$,且不应大于 5.0	用拉线、吊线和钢尺检查	
对口错边	$t/10$,且不应大于 3.0	用拉线和钢尺检查	

注:对方矩形管,d 为长边尺寸。

墙架、檩条、支撑系统钢构件外形尺寸的允许偏差(mm)　表 7-27

项　目	允　许　偏　差	检　验　方　法
构件长度 l	± 4.0	用钢尺检查
构件两端最外侧安装孔距离 l_1	± 3.0	
构件弯曲矢高	$l/1000$,且不应大于 10.0	用拉线和钢尺检查
截面尺寸	$+5.0$ -2.0	用钢尺检查

钢平台、钢梯和防护钢栏杆外形尺寸的允许偏差(mm)　表 7-28

项　目	允　许　偏　差	检　验　方　法	图　例
平台长度和宽度	± 5.0	用钢尺检查	
平台两对角线差 $|l_1 - l_2|$	6.0		
平台支柱高度	± 3.0		
平台支柱弯曲矢高	5.0	用拉线和钢尺检查	
平台表面平面度 (1m 范围内)	6.0	用 1m 直尺和塞尺检查	

项　　目	允　许　偏　差	检　验　方　法	图　　例
梯梁长度 l	±5.0	用钢尺检查	
钢梯宽度 b	±5.0		
钢梯安装孔距离 a	±3.0		
钢梯纵向挠曲矢高	$l/1000$	用拉线和钢尺检查	
踏步(棍)间距	±5.0	用钢尺检查	
栏杆高度	±5.0		
栏杆立柱间距	±10.0		

6.1.2　成品检查

钢结构成品的检查项目各不相同,要依据各工程具体情况而定。若工程无特殊要求,一般检查项目可按该产品的标准、技术图纸规定、设计文件要求和使用情况而确定。成品检查工作应在材料质量保证书、工艺措施、各道工序的自检、专检等前期工作无误后进行。钢构件因其位置、受力等的不同,其检查的侧重点也有所区别。

6.1.3　修整

构件的各项技术数据经检验合格后,对加工过程中造成的焊疤、凹坑应予补焊并铲磨平整。对临时支撑、夹具应予割除。

铲磨后零件表面的缺陷深度不得大于材料厚度负偏差值的1/2,对于吊车梁的受拉翼缘尤其应注意其光滑过渡。

在较大平面上磨平焊疤或磨光长条焊缝边缘,常用高速直柄风动手砂轮,其技术性能,见表7-29。SJ系列的角型风动砂轮机的技术性能见表7-30。

手砂轮机的技术性能　　　　　　　　　　　　　　　表7-29

技　术　性　能	手　砂　轮　机　型　号		
	S40	S60	SD150
最大砂轮直径(mm)	40	60	150
空转转速(r/min)	17000～20000	12600～15400	4300

技术性能	手 砂 轮 机 型 号		
	S40	S60	SD150
空转耗气量(m³/min)	0.4	0.8	0.9
功率(W)	224	373	1044
自重(kg)	0.7	1.7	7.5
全长(mm)	170	340	—
主要用途	小孔及胎模具修理	工件磨光及胎膜具修理	清除毛刺,修磨焊缝

角型砂轮机的技术性能　　　　　　　　　　　表 7-30

技术性能 型　号	SJ100A (120°)(90°)	SJ125 (120°)(90°)
砂轮最大直径(mm)	100	125
空载转速(r/min)	11000 ~ 13000	10000 ~ 12000
消耗气量(m³/min)	0.85	0.95
机长①(mm)	225	235
机重①(kg)	1.9	2.0

注:①不包括砂轮片。

6.1.4 验收资料

产品经过检验部门签收后进行涂底,并对涂底的质量进行验收。

钢结构制造单位在成品出厂时应提供钢结构出厂合格证书及技术文件,其中应包括:

(1)施工图和设计变更文件,设计变更的内容应在施工图中相应部位注明;

(2)制作中对技术问题处理的协议文件;

(3)钢材、连接材料和涂装材料的质量证明书和试验报告;

(4)焊接工艺评定报告;

(5)高强度螺栓摩擦面抗滑移系数试验报告、焊缝无损检验报告及涂层检测资料;

(6)主要构件验收记录;

(7)构件发运和包装清单;

(8)需要进行预拼装时的预拼装记录。

此类证书、文件作为建设单位的工程技术档案的一部分。上述内容并非所有工程都具备,而是根据工程的实际情况提供。

6.2　钢构件成品管理和包装

6.2.1 标识

(1)构件重心和吊点的标注

1)构件重心的标注:重量在5t以上的复杂构件,一般要标出重心,重心的标注用鲜红色油漆标出,再加上一个箭头向下,如图7-48所示。

2)吊点的标注:在通常情况下,吊点的标注是由吊耳来实现的。吊耳也称眼板(见图7-49、图7-50),在制作厂内加工、安装好。眼板及其连接焊缝要做无损探伤,以保证吊运构件时的安全性。

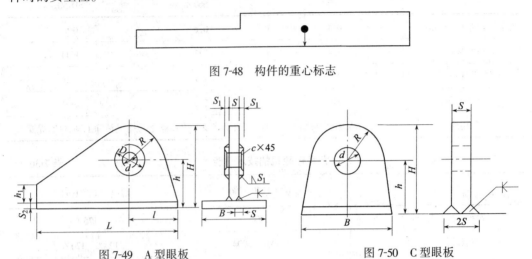

图 7-48　构件的重心标志

图 7-49　A 型眼板　　　　　　　　图 7-50　C 型眼板

(2)钢结构构件标记

钢结构构件包装完毕,要对其进行标记。标记一般由承包商在制作厂成品库装运时标明。

对于国内的钢结构用户,其标记可用标签方式带在构件上,也可用油漆直接写在钢结构产品或包装箱上。对于出口的钢结构产品,必须按海运要求和国际通用标准标明标记。

标记通常包括下列内容:工程名称、构件编号、外廓尺寸(长、宽、高,以米为单位)、净重、毛重、始发地点、到达港口、收货单位、制造厂商、发运日期等,必要时要标明重心和吊点位置。

6.2.2　堆放

成品验收后,在装运或包装以前堆放在成品仓库。目前国内钢结构产品的主件大部分露天堆放,部分小件一般可用捆扎或装箱的方式放置于室内。由于成品堆放的条件一般较差,所以堆放时更应注意防止失散和变形。

成品堆放时应注意下述事项:

(1)堆放场地的地基要坚实,地面平整干燥,排水良好,不得有积水。

(2)堆放场地内备有足够的垫木或垫块,使构件得以放平稳,以防构件因堆放方法不正确而产生变形。

(3)钢结构产品不得直接置于地上,要垫高 200mm 以上。

(4)侧向刚度较大的构件可水平堆放,当多层叠放时,必须使各层垫木在同一垂线上,堆放高度应根据构件来决定。

(5)大型构件的小零件应放在构件的空当内,用螺栓或铁丝固定在构件上。

(6)不同类型的钢构件一般不堆放在一起。同一工程的构件应分类堆放在同一地区内,以便于装车发运。

(7)构件编号要在醒目处,构件之间堆放应有一定距离。

(8)钢构件的堆放应尽量靠近公路、铁路,以便运输。

6.2.3 包装

钢结构的包装方法应视运输形式而定,并应满足工程合同提出的包装要求。

(1)包装工作应在涂层干燥后进行,并应注意保护构件涂层不受损伤。包装方式应符合运输的有关规定。

(2)每个包装的重量一般不超过 3~5t,包装的外形尺寸则根据货运能力而定。如通过汽车运输,一般长度不大于 12m,个别件不应超过 18m,宽度不超过 2.5m,高度不超过 3.5m。超长、超宽、超高时要做特殊处理。

(3)包装时应填写包装清单,并核实数量。

(4)包装和捆扎均应注意密实和紧凑,以减少运输时的失散、变形,而且还可以降低运输的费用。

(5)钢结构的加工面、轴孔和螺纹,均应涂以润滑脂和贴上油纸,或用塑料布包裹,螺孔应用木楔塞住。

(6)包装时要注意外伸的连接板等物要尽量置于内侧,以防造成钩刮事故,不得不外露时要做好明显标记。

(7)经过油漆的构件,在包装时应该用木材、塑料等垫衬加以隔离保护。

(8)单件超过 1.5t 的构件单独运输时,应用垫木做外部包裹。

(9)细长构件可打捆发运,一般用小槽钢在外侧用长螺丝夹紧,其空隙处填以木条。

(10)有孔的板形零件,可穿长螺栓,或用铁丝打捆。

(11)较小零件应装箱,已涂底又无特殊要求者不另做防水包装,否则应考虑防水措施。包装用木箱,其箱体要牢固、防雨,下方要留有铲车孔以及能承受箱体总重的枕木,枕木两端要切成斜面,以便捆吊或捆运。铁箱的箱体外壳要焊上吊耳,以便运输过程中吊运。

(12)一些不装箱的小件和零配件可直接捆扎或用螺栓扎在钢构件主体的需要部位上,但要捆扎、固定牢固,且不影响运输和安装。

(13)片状构件,如屋架、托架等,平运时易造成变形,单件竖运又不稳定,一般可将几片构件装夹成近似一个框架,其整体性能好,各单件之间互相制约而稳定。用活络拖斗车运输时,装夹包装的宽度要控制在 1.6~2.2m 之间,太窄了容易失稳。装夹件一般是同一规格的构件。装夹时要考虑整体性能,防止在装卸和运输过程中产生变形和失稳。

(14)需海运的构件,除大型构件外,均需打捆或装箱。螺栓、螺纹杆以及连接板要用防水材料外套封装。每个包装箱、裸装件及捆装件的两边都要有标明船运的所需标志,标明包装件的重量、数量、中心和起吊点。

6.2.4 发运

多构件运输时应根据钢构件的长度、重量选用车辆,钢构件在运输车辆上的支点、两端伸出的长度及绑扎方法均应保证钢构件不产生变形、不损伤涂层。

钢结构产品一般是陆路车辆运输或者铁路包车皮运输。陆路车辆运输现场拼装散件时,使用一般货运车即可。散件运输一般不需装夹,但要能满足在运输过程中不产生过大的变形。对于成型大件的运输,可根据产品不同而选用不同车型的运输货车。由于制作厂对大构件的运输能力有限,有些大构件的运输则由专业化大件运输公司承担。对于特大件钢结构产品的运输,则应在加工制造以前就与运输有关的各个方面取得联系,并得到批准后方可运输;如果不允许就采用分段制造分段运输方式。在一般情况下,框架钢结构产品的运输多用活络拖斗车,实腹类构件或容器类产品多用大平板车运输。

公路运输装运的高度极限为4.5m,如需通过隧道时,则高度极限为4m,构件长出车身不得超过2m。

钢结构构件的铁路运输,一般由生产厂负责向车站提出车皮计划,经由车站调拨车皮装运。铁路运输应遵守国家火车装车限界(图7-51),当超过影线部分而未超出外框时,应预先向铁路部门提出超宽(或超高)通行报告,经批准后可在规定的时间运送。

海轮运输时,在到达港口后由海港负责装船,所以要根据离岸码头和到岸港口的装卸能力,来确定钢结构产品运输的外形尺寸、单件重量——即每夹或每箱的总量。根据构件的具体情况,有时也可考虑采用集装箱运输。内河运输时,则必须考虑每件构件的重量和尺寸,使其不超过当地的起重能力和船体尺寸。国内船只规格参差不齐,装卸能力较差,钢结构产品有时也只能散装,捆扎多数不用装夹。

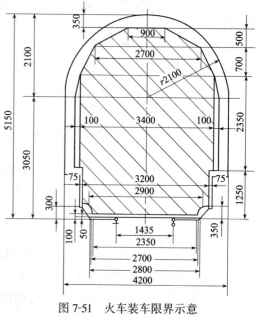

图 7-51 火车装车限界示意

实训课题

根据本单元的内容,试编写实腹工字形吊车梁的拼装方案,要求写出详细施工方法和注意事项。

复习思考题

1.设计图与施工详图的区别是什么?

2.图纸审核的主要内容包括哪些?

3.当钢材属于哪些情况时,加工下料前应进行复验?

4.手工气割操作要点是什么?

5.手工电弧焊焊接工艺参数有哪些?

6.试述电渣焊(ESW)原理。

7.钢构件拼装方法有哪些?

8.成品堆放时应注意哪些事项?

单元 8　钢结构涂装工程

知 识 点: 本单元讲述钢结构防腐、防火涂料以及涂装施工,涂料、涂层的性能检验,钢结构涂装的安全技术。

教学目标: 通过学习使学生掌握钢结构涂装工程的材料、施工、检验,能够在施工中加强管理,以提高钢结构的寿命和节约使用成本。

课题 1　防腐涂装工程

1.1　概　　述

钢结构具有强度高、韧性好、制作方便、施工速度快、建设周期短等一系列优点,钢结构在建筑工程中应用日益增多。但是钢结构也存在容易腐蚀缺点,钢结构的腐蚀不仅造成经济损失,还直接影响到结构安全,因此做好钢结构的防腐工作具有重要经济和社会意义。

1.1.1　腐蚀

钢材表面与外界介质相互作用而引起的破坏称为腐蚀(锈蚀)。腐蚀不仅使钢材有效截面减小,承载力下降,而且严重影响钢结构的耐久性。

根据钢材与环境介质的作用原理,腐蚀分以下两类:

(1) 化学腐蚀

化学腐蚀是指钢材直接与大气或工业废气中的氧气、碳酸气、硫酸气等发生化学反应而产生腐蚀。

(2) 电化学腐蚀

电化学腐蚀是由于钢材内部有其他金属杂质,它们具有不同的电极电位,与电解质溶液接触产生原电池作用,使钢材腐蚀。

钢材在大气中腐蚀是电化学腐蚀和化学腐蚀同时作用的结果。

1.1.2　腐蚀的防护

为了减轻或防止钢结构的腐蚀,目前国内外主要采用涂装方法进行防腐,涂装防护是利用涂料的涂层使钢结构与环境隔离,从而达到防腐的目的,延长钢结构的使用寿命。

1.2　防腐涂料

1.2.1　防腐涂料的组成和作用

防腐涂料一般由不挥发组分和挥发组分(稀释剂)两部分组成。防腐涂料刷在钢材表面后,挥发组分逐渐挥发逸出,留下不挥发组分干结成膜。不挥发组分的成膜物质分为主要、次要和辅助成膜物质三种,主要成膜物质可以单独成膜,也可以粘结颜料等物质共同成膜。它是涂料的基础,也常称基料、添料或漆基,它包括油料和树脂。次要成膜物质包含颜料和体质颜料。涂料组成中没有颜料和体质颜料的透明体称为清漆,具有颜料和体质颜料的不透明体称色漆,加有大量体质颜料的稠原浆状体称为腻子。

涂料经涂敷施工形成漆膜后,具有保护作用、装饰作用、标志作用和特殊作用。涂料在建筑防腐蚀工程中的功能则以保护作用为主,兼考虑其他作用。

1.2.2 防腐涂料的分类

我国涂料产品的分类是按《涂料产品分类、命名和型号》(GB 2705—81)的规定,涂料产品分类是以涂料基料中主要成膜物质为基础。根据成膜物质的分类,涂料品种分为 17 类,见表 8-1。辅助材料按其不同用途分 5 类,分类代号见表 8-2。

涂料基本名称和代号见表 8-3。

涂料的分类和代号 表 8-1

序　号	代　号	分类名称	序　号	代　号	分类名称
1	Y	油脂漆类	10	X	乙烯基树脂漆类
2	T	天然树脂漆类	11	B	丙烯酸漆类
3	F	酚醛树脂漆类	12	Z	聚酯漆类
4	L	沥青漆类	13	H	环氧树脂漆类
5	C	醇酸树脂漆类	14	S	聚氨酯漆类
6	A	氨基树脂漆类	15	W	元素有机漆类
7	Q	硝基漆类	16	J	橡胶漆类
8	M	纤维素漆类	17	E	其他漆类
9	G	过氯乙烯树脂漆类			

辅助材料分类 表 8-2

序　号	代　号	分类名称
1	X	稀释剂
2	F	防潮剂
3	G	催干剂
4	T	脱漆剂
5	H	固化剂

建筑常用涂料的基本名称和代号 表 8-3

序　号	基本名称	序　号	基本名称	序　号	基本名称
00	清油	09	大漆	52	防腐漆
01	清漆	12	乳胶漆	53	防锈漆
02	厚漆(浸渍)	13	其他水溶性漆	54	耐油漆
03	调和漆	14	透明漆	55	耐水漆
04	磁漆	40	防污漆	60	耐火漆
06	底漆	41	水线漆	61	耐热漆
07	腻子	50	耐酸漆	80	地板漆
08	水溶漆、乳胶漆	51	耐碱漆	83	烟囱漆

166

涂料名称由三部分组成,即颜色或颜料名称、成膜物质名称、基本名称,如红醇酸磁漆、锌黄酚醛防锈漆等。

为了区别同一类型的名称涂料,在名称之前必须有型号,涂料型号以一个汉语拼音字母和几个阿拉伯数字组成。字母表示涂料类别(参见表8-1),第一、二位数字表示涂料产品基本名称(参见表8-3);第三、四位数字表示同类涂料产品的品种序号。涂料产品序号用来区分同一类别的不同品种,表示油在树脂中所占的比例。

例如:

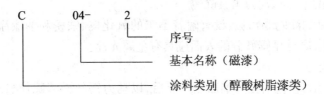

辅助材料的编号由两部分组成,第一部分是材料类别代号,第二部分是产品序号,例如:环氧漆固化剂(H-1)。

涂料的种类和品种繁多,其性能和用途也各自不同。在涂装过程中,必须根据使用要求和环境条件,合理地选择适当的涂料品种。

1.3 涂装前钢材表面处理

发挥涂料的防腐效果重要的是漆膜与钢材表面的严密贴敷,若在基底与漆膜之间夹有锈、油脂、污垢及其他异物,不仅会妨害防锈效果,还会起反作用而加速锈蚀。因而钢材表面处理,并控制钢材表面的粗糙度,在涂料涂装前是必不可少的。

1.3.1 涂装前钢材表面锈蚀等级和除锈等级

(1)锈蚀等级

钢材表面分A、B、C、D四个锈蚀等级:

A.全面地覆盖着氧化皮而几乎没有铁锈;

B.已发生锈蚀,并且部分氧化皮剥落;

C.氧化皮因锈蚀而剥落,或者可以剥除,并有少量点蚀;

D.氧化皮因锈蚀而全面剥落,并普遍发生点蚀。

(2)喷射或抛射除锈等级

喷射或抛射除锈用Sa表示,分四个等级:

Sa1——轻度的喷射或抛射除锈。

钢材表面应无可见的油脂或污垢,没有附着不牢的氧化皮、铁锈和油漆涂层等附着物。

Sa2——彻底的喷射或抛射除锈。

钢材表面无可见的油脂和污垢,氧化皮、铁锈等附着物已基本清除,其残留物应是牢固附着的。

$Sa2\frac{1}{2}$——非常彻底的喷射或抛射除锈。

钢材表面无可见的油脂、污垢、氧化皮、铁锈和油漆涂层等附着物,任何残留的痕迹应仅是点状或条状的轻微色斑。

Sa3——使钢材表观洁净的喷射或抛射除锈。

钢材表面无可见的油脂、污垢、氧化皮、铁锈和油漆涂层等附着物,该表面应显示均匀的金属光泽。

(3) 手工和动力工具除锈等级

手工和动力工具除锈用 St 表示,分两个等级:

St2——彻底的手工和动力工具除锈。

钢材表面应无可见的油脂和污垢,没有附着不牢的氧化皮、铁锈和油漆涂层等附着物。

St3——非常彻底的手工和动力工具除锈。

钢材表面应无可见的油脂和污垢,没有附着不牢的氧化皮、铁锈和油漆涂层等附着物。除锈应比 St2 更为彻底,底材显露部分的表面应具有金属光泽。

(4) 火焰除锈等级

火焰除锈用 F1 表示,它包括在火焰加热作业后,以动力钢丝刷清除加热后附着在钢材表面的产物,只有一个等级:

F1——火焰除锈。

钢材表面应无氧化皮、铁锈和油漆涂层等附着物,任何残留的痕迹应仅为表面变色(不同颜色的暗影)。

1.3.2 钢材表面处理方法

钢材表面除锈方法有:手工除锈、动力工具除锈、喷射或抛射除锈、酸洗除锈和火焰除锈等。

(1)手工除锈

金属表面的铁锈可用钢丝刷、钢丝布或粗砂布擦试,直到露出金属本色,再用棉纱擦净。此方法施工简单,比较经济,可以在小构件和复杂外形构件上处理。

(2)动力工具除锈

利用压缩空气或电能为动力,使除锈工具产生圆周式或往复式运动,产生摩擦或冲击来清除铁锈或氧化铁皮等。此方法工作效率和质量均高于手工除锈,是目前常用的除锈方法。常用工具有气动砂磨机、电动砂磨机、风动钢丝刷、风动气铲等。

(3)喷射除锈

利用经过油、水分离处理过的压缩空气将磨料带入并通过喷嘴以高速喷向钢材表面,靠磨料的冲击和摩擦力将氧化铁皮等除掉,同时使表面获得一定的粗糙度。此方法效率高,除锈效果好,但费用较高。喷射除锈分干喷射法和湿喷射法两种,湿法比干法工作条件好,粉尘少,但易出现返锈现象。

(4)抛射除锈

利用抛射机叶轮中心吸入磨料和叶尖抛射磨料的作用,以高速的冲击和摩擦除去钢材表面的污物。此方法劳动强度比喷射方法低,对环境污染程度轻,而且费用也比喷射方法低,但扰动性差,磨料选择不当,易使被抛件变形。

(5)酸洗除锈

酸洗除锈亦称化学除锈,利用酸洗液中的酸与金属氧化物进行反应,使金属氧化物溶解从而除去。此方法除锈质量比手工和动力工具除锈好,与喷射除锈质量相当,但没有喷射除锈的粗糙度,在施工过程中酸雾对人和建筑物有害。

1.4 涂 装 施 工

1.4.1 涂料的选用及处理

(1)涂料品种繁多,性能各异,对品种的选择直接关系到涂装工程质量,在选择时考虑以下几方面因素:

1)考虑涂料用途,是打底用还是罩面用。

2)考虑工程使用场合和环境,如潮湿环境、腐蚀气体作用等。

3)考虑技术条件,施工过程中能否满足。

4)考虑工程使用年限、质量要求、耐久性等因素。

5)满足经济性要求。

(2)涂料选定后,按下列方法进行处理才能施涂:

1)开桶前应清理桶外杂物,同时对涂料名称、型号等检查,若有结皮现象应清除掉。

2)将桶内涂料搅拌均匀后方可使用。

3)对于双组分涂料使用前必须按说明书规定的比例来混合,并需要一定时间后才能使用。

4)有的涂料因贮存条件、施工方法、作业环境等因素影响,需用稀释剂来调整。

1.4.2 涂层结构与厚度

(1)涂层结构的形式有:底漆—中间漆—面漆;底漆—面漆;底漆和面漆是同一种漆。

底漆附着力强,防锈性能好;中间漆兼有底漆和面漆的性能,并能增加漆膜总厚度;面漆防腐蚀耐老化性好。为了发挥最好的作用和获得最好的效果,它们必须配套使用。在使用时避免它们发生互溶或"咬底"的现象,硬度要基本一致,若面漆的硬度过高,容易干裂;烘干温度也要基本一致,否则有的层次会出现过烘干现象。

(2)确定涂层厚度的主要因素:钢材表面原始状况,钢材除锈后的表面粗糙度,选用的涂料品种,钢结构使用环境对涂层的腐蚀程度,涂层维护的周期等。

涂层厚度要适当,过厚虽然可增加防护能力,但附着力和机械性能都要下降;过薄易产生肉眼看不见的针孔和其他缺陷,起不到隔离环境的作用。

1.4.3 涂料涂装

(1)钢结构涂装工序为刷防锈漆、局部刮腻子、涂料涂装、漆膜质量检查。

(2)涂料涂装方法有刷涂法、滚涂法、浸涂法、空气喷涂法、无气喷涂法。

1)刷涂法。

刷涂法是一种古老施工方法,它具有工具简单、施工方法简单、施工费用少、易于掌握、适应性强、节约涂料和溶剂等优点。它的缺点是劳动强度大、生产效率低、施工质量取决于操作者的技能等。

刷涂法操作要点:①采用直握方法使用刷;②应蘸少量涂料以防涂料倒流;③对于干燥较快涂料不易反复涂刷;④刷涂顺序采用先上后下,先里后外,先难后易的原则;⑤最后一道刷涂走向,垂直平面易由上而下进行,水平表面应按光线照射方向进行。

2)滚涂法。

滚涂法是用多孔吸附材料制成的滚子进行涂料施工的方法。该方法施工用具简单,操作方便,施工效率比刷涂法高,适合用于大面积的构件。缺点是劳动强度大,生产效率较低。

滚涂法操作要点:①涂料装入装有滚涂板的容器,将滚子浸入涂料,在滚涂板上来回滚动,使多余涂料滚压掉;②把滚子按 W 形轻轻地滚动,将涂料大致涂布在构件上,然后密集滚动,将涂料均匀分布开,最后使滚子按一定的方向滚平表面并修饰;③滚动初始时用力要轻以防流淌。

3)浸涂法。

浸涂法是将被涂物放入漆槽内浸渍,经过一段时间后取出,让多余涂料尽量滴净再晾干。其优点是施工方法简单,涂料损失少,适用于构造复杂构件,缺点是有流挂现象,溶剂易挥发。

浸涂法操作时应注意:①为防止溶剂挥发和灰尘落入漆槽内,不作业时将漆槽加盖;②作业过程中应严格控制好涂料黏度;③浸涂槽厂房内应安装排风设备。

4)空气喷涂法。

空气喷涂法是利用压缩空气的气流将涂料带入喷枪,经喷嘴吹散成雾状,并喷涂到物体表面上的涂装方法。其优点是可获得均匀、光滑的漆膜,施工效率高;缺点是消耗溶剂量大,污染现场,对施工人员有毒害。

空气喷涂法操作时应注意:①在进行喷涂时,将喷枪调整到适当程度,以保证喷涂质量;②喷涂过程中控制喷涂距离;③喷枪注意维护,保证正常使用。

5)无气喷涂法。

无气喷涂法是利用特殊的液压泵,将涂料增至高压,当涂料经喷嘴喷出时,高速分散在被涂物表面上形成漆膜。其优点是喷涂效率高,对涂料适应性强,能获得厚涂层。缺点是如要改变喷雾幅度和喷出量必须更换喷嘴,也会损失涂料,对环境有一定污染。

无气喷涂法操作时应注意:①使用前检查高压系统各固定螺母和管路接头;②涂料应过滤后才能使用;③喷涂过程中注意补充涂料,吸入管不得移出液面;④喷涂过程中防止发生意外事故。

(3)涂装施工时环境要求如下:

1)环境温度。施工环境温度宜为 5～38℃,具体应按涂料产品说明书的规定执行。

2)环境湿度。施工环境湿度一般宜在相对温度小于 85%的条件下进行,不同涂料的性能不同,所要求的施工环境湿度也不同。

3)钢材表面温度与露点温度。规范规定钢材表面的温度必须高于空气露点温度3℃以上方可施工。露点温度与空气温度和相对湿度有关。

4)特殊施工环境。在雨、雪、雾和较大灰尘的环境下,在易污染的环境下,在没有安全的条件下施工均需有可靠的防护措施。

1.4.4 防腐涂装工程质量检查验收

(1)涂装前检查

1)涂装前钢材表面除锈应符合设计要求和国家现行标准的规定。当设计无要求时,钢材表面除锈等级应符合表8-4的规定。检查数量按构件数抽查10%,且同类构件不少于3件。检查方法:用铲刀检查和用现行标准规定的图片对照观察检查。若钢材表面有返锈现象,则需再除锈,经检查合格后才能继续施工。

各种底漆或防锈漆要求最低的除锈等级　　　　　表 8-4

涂　料　品　种	除　锈　等　级
油性酚醛、醇酸等底漆或防锈漆	Sa2
高氯化聚乙烯、氯化橡胶、氯磺化聚乙烯、环氧树脂、聚氨酯等底漆或防锈漆	Sa2
无机富锌、有机硅、过氯乙烯等底漆	Sa2$\frac{1}{2}$

2)进厂的涂料应检查有无产品合格证,并经复验合格,方可使用。涂料的选择及处理是否符合要求。

3)涂装环境的检查是否符合要求。

4)钢结构禁止涂漆的部位在涂装前是否进行遮蔽。

(2)涂装过程中检查

1)每道漆都不允许有咬底、剥落、漏涂和起泡等缺陷,如发现应进行处理。

2)涂装过程中的间隔时间是否符合要求。

3)测湿膜厚度以控制干膜厚度和漆膜质量。

(3)涂装后检查

1)漆膜外观应均匀、平整、丰满和有光泽;颜色应符合设计要求;不允许有咬底、裂纹、剥落、针孔等缺陷。

2)涂料、涂装遍数、涂刷厚度应符合设计要求。当设计无要求时,涂层干漆膜总厚度,室外应为 125 ~ 175μm,室内应为 100 ~ 150μm。每遍涂层干漆膜厚度的合格质量偏差为 $-5\mu m$。测定厚度的抽查数,构件数抽检 10%,且同类构件不应少于 3 件;每件应测 5 处。

(4)验收

涂装工程施工完毕后,必须经过验收,符合规范要求后方可交付使用。

1.5　涂料、涂层的性能检验

1.5.1　涂料性能检验

涂料产品性能检验包括:外观和透明度、颜色、细度、黏度、固体含量等项目。

(1)外观和透明度检验。检验不含颜料的涂料产品,如清漆、清油等是否含有机械杂质和浑浊物的方法,称为外观和透明度测定法。

(2)颜色检验。对不含颜料的涂料产品是检验其原色的深浅程度;对于含有颜料的涂料产品,是检验其表面颜色的配制是否符合规定的标准色卡。

(3)细度检验。测定色漆或漆浆内颜料、填料及机械杂质等颗粒细度的方法称涂料细度测定法。

(4)黏度检验。液体在外力作用下,分子间相互作用而产生阻碍其分子间相对运动的能力称为液体的黏度。黏度表示方法有:绝对黏度、运动黏度、比黏度和条件黏度。涂料产品采用条件黏度表示法。

(5)结皮性检验。测定涂料的结皮性,主要是检验涂料在密封桶内和开桶后的结皮情况。

(6)触变性测定。触变性是指涂料在搅拌和振荡时呈流动状态,而在静止后仍能恢复到原来的凝胶状的一种胶体物性。

涂料施工性能包括遮盖力测定、流平性测定、涂刷法测定、使用量测定等。

1.5.2 涂层性能检验

涂层是由底漆、中间漆、面漆的漆膜组合而成,测定其各项性能,具有实用价值。涂层和漆膜的性能有漆膜柔韧性、漆膜耐冲击性、漆膜附着力、漆膜硬度、光泽度、耐水性、耐磨性、耐候性、耐湿性、耐盐雾、耐霉菌、耐化学试剂等。

漆膜附着力是指漆膜对底材粘合的牢固强度,以级表示,用附着力试验仪测定,分七个等级,一级附着力最佳,第七级最差。附着力好坏,直接影响涂装的质量和效果。

课题2 防火涂装工程

2.1 概 述

2.1.1 火灾对钢结构的危害

火灾是由可燃材料的燃烧引起的,是一种失去控制的燃烧过程。建筑物火灾的发生损失大,尤其是钢结构,一旦发生火灾容易破坏而倒塌。火灾时产生的热量传给结构构件,钢是不燃烧体,但却易导热,实例表明,不加保护的钢构件的耐火极限仅为 10~20min。温度在 200℃以下时,钢材性能基本不变;当温度超过 300℃时,钢材力学性能迅速下降;达到 600℃时钢材失去承载能力,造成结构变形,最终导致垮塌。

2.1.2 钢结构防火保护

国家规范对各类建筑构件的燃烧性能和耐火极限都有要求,当采用钢材时,钢构件的耐火极限不应低于表 8-5 的规定。

钢构件的耐火极限要求　　　　　　　　　　　表 8-5

构件名称 耐火极限 耐 火 等 级　　　(h)	高层民用建筑			一 般 工 业 与 民 用 建 筑				
	柱	梁	楼板屋顶承重构件	支承多层的柱	支承平层的柱	梁	楼板	屋顶承重构件
一 级	3.00	2.00	1.50	3.00	2.50	2.00	1.50	1.50
二 级	2.50	1.50	1.00	2.50	2.00	1.50	1.00	0.50
三 级				2.50	2.00	1.00	0.50	

钢结构防火保护的基本原理是采用绝热或吸热的材料,阻隔火焰和热量,推迟钢结构的升温速度。于是就想到了用混凝土来包裹钢构件,以致出现劲性钢筋混凝土结构。随着高层建筑越来越多,纯钢结构建筑也多了,防火涂料又在工程中得到广泛应用。

2.2 防火涂料

2.2.1 防火涂料的类型

钢结构防火涂料按不同厚度分薄涂型、厚涂型两类;按施工环境不同分为室内、露天两类;按所用粘结剂的不同分为有机类、无机类;按涂层受热后的状态分为膨胀型和非膨胀型(见图 8-1)。

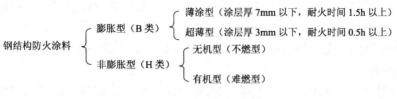

图 8-1 防火涂料的类型

2.2.2 防火涂料的阻燃机理

(1)防火涂料本身具有难燃烧或不燃性,使被保护的基材不直接与空气接触而延迟基材着火燃烧。

(2)防火涂料具有较低导热系数,可以延迟火焰温度向基材的传递。

(3)防火涂料遇火受热分解出不燃的惰性气体,可冲淡被保护基材受热分解出的可燃性气体,抑制燃烧。

(4)燃烧被认为是游离基引起的连锁反应,而含氮的防火涂料受热分解出 NO、NH_3 等基团,与有机游离基化合,中断连锁反应,降低燃烧速度。

(5)膨胀型防火涂料遇火膨胀发泡,形成泡沫隔热层,封闭被保护的基材,阻止基材燃烧。

2.2.3 防火涂料的选用

(1)室内裸露钢结构,轻型屋盖钢结构及有装饰要求的钢结构,当规定其耐火极限在1.5h以下时,宜选用薄涂型钢结构防火涂料。

(2)室内隐蔽钢结构,高层全钢结构及多层厂房钢结构,当规定其耐火极限在2.0h以上时,应选用厚涂型钢结构防火涂料。

(3)半露天或某些潮湿环境的钢结构,露天钢结构应选用室外钢结构防火涂料。

2.3 防火涂料施工

2.3.1 一般规定

(1)钢结构防火涂料的生产厂家、检验机构、涂装施工单位均应具有相应的资质,并通过公安消防部门的认证。

(2)钢结构涂料涂装前,构件应安装完毕并验收合格。如若提前施工,应考虑施工后补喷。

(3)钢结构表面杂物应清理干净,其连接处的缝隙应用防火涂料或其他材料填平后方可施工。

(4)喷涂前,钢结构表面应除锈,并根据使用要求确定防锈处理方式。

(5)喷涂前应检查防火涂料,防火涂料品名、质量是否满足要求,是否有厂方的合格证,检测机构的耐火性能检测报告和理化性能检测报告。

(6)防火涂料的底层和面层应相互配套,底层涂料不得腐蚀钢材。

(7)涂料施工过程中,环境温度宜在5~38℃之间,相对湿度不应大于85%。涂装时构件表面不应有结露,涂装后4h内应免受雨淋。

2.3.2 防火涂料施工

(1)薄涂型钢结构防火涂料施工。底层喷涂时采用喷枪,面层可用刷涂、喷涂或滚涂。喷涂时操作要点:①底层一般喷2~3遍,待前遍干燥后再喷后一遍,头遍盖住70%即可,二、三遍每遍不超过2.5mm为宜;②面层一般涂饰1~2遍,头遍从左至右,二遍则从右至左,以保证全部覆盖底层;③底层喷涂过程中随时检测厚度,待总厚度达到要求后并基本干燥,方可面层涂饰。

(2)厚涂型钢结构防火涂料施工。一般采用喷涂施工,搅拌和调配涂料,使稠度适宜,喷涂后不会流淌和下坠。

喷涂时操作要点:①喷涂分若干次完成,第一次基本盖住钢材面即可,以后每次喷涂厚度为5~10mm;②必须在前一次基本干燥后再接着喷;③喷涂保护方式,喷涂遍数与涂层厚度应根据设计要求确定;④施工过程中应随时检测涂层厚度,直至符合设计厚度方可停止。

2.3.3 防火涂料涂装工程验收

(1)防火涂料涂装前钢材表面除锈及防锈底漆涂装应符合规定。按构件数抽查10%,且同类构件不应少于3件。表面除锈用铲刀检查和用图片对照观察检查;底漆涂装用干漆膜测厚仪检查,每个构件检测5处。

(2)防火涂料不应有误涂、漏涂,涂层应闭合无脱层、空鼓、明显凹陷、粉化松散和浮浆等外观缺陷,应剔除乳突。

(3)薄涂型防火涂料涂层表面裂纹宽度不应大于0.5mm,厚涂型防火涂料涂层表面裂纹宽度不应大于1mm。按同类构件数抽查10%,且均不应少于3件。

(4)薄涂型防火涂料涂层厚度应符合设计要求。厚涂型防火涂料涂层的厚度,80%及以上面积应符合设计要求,且最薄处厚度不应低于设计要求的85%。用涂层厚度测试仪、测针和钢尺检查,应符合下列规定:①测点选定。楼板和防火墙的防火涂层厚度测定,可选两相邻纵、横轴线相交中的面积为一单元,在其对角线上每米选一点;全钢框架结构的梁、柱以及桁架结构的上、下弦的防火涂层厚度测定,在构件长度上每隔3m取一截面,按图8-2所示位置测试;桁架结构其他腹杆每根取一截面检测。②测量结果。对于楼板和墙面在所选择面积中至少测5点;对于梁、柱在所选位置中分别测出6个和8个点,分别计算它们平均值,精确到0.5mm。

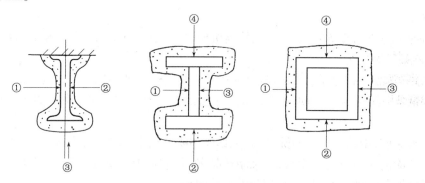

图8-2 梁、柱、桁架涂层厚度检测位置

2.4 涂料性能与检测

涂料的性能包括干燥时间、初期干燥抗裂性、粘结强度、抗压强度、导热率、抗振性、抗弯性、耐水性、耐冻融循环、耐火性能、耐酸性、耐碱性等。

耐火试验时,试件平放在卧式燃烧炉上,三面受火,试验结果以钢结构防水涂层厚度(mm)和耐火极限(h)表示。

课题3 钢结构涂装施工的安全技术

3.1 防 火 防 爆

涂装施工中所用材料大多数为易燃品,在涂装施工过程中形成漆雾和有机溶剂的蒸气,与空气混合后积聚到一定浓度时,一旦接触明火就容易引起火灾或爆炸。

涂装现场必须采取防火防爆措施,具体做到以下几点:

(1)施工现场不允许堆放易燃易爆物品,并应远离易燃易爆物品仓库。

(2)施工现场严禁烟火。

(3)施工现场必须有消防器材和消防水源。

(4)擦拭过溶剂的棉纱、破布等应存在带盖铁桶内并定期处理。

(5)严禁向下水道或随地倾倒涂料和溶剂。

(6)涂料配制时应注意先后次序,并应加强通风降低积聚浓度。

(7)涂装过程中避免产生静电、摩擦、电气等易引起爆炸的火花。

3.2 防 尘 防 毒

涂料中大部分溶剂和稀释剂都是有毒物品,再加上粉状填料,工人长时间吸入体内对人体的中枢神经系统、造血器官和呼吸系统会造成损害。

为了防止中毒,应做到以下几点:

(1)严格限制挥发性有机溶剂蒸气和粉尘在空气中的浓度,不得超过表8-6的规定。

(2)施工现场应有良好的通风。

(3)施工人员应戴防毒口罩或防毒面具。

(4)施工人员应避免与溶剂接触,操作时穿工作服、戴手套和防护眼镜等。

(5)因操作不小心,涂料溅到皮肤上应马上擦洗。

(6)操作人员施工时如发现不适,应马上离开施工现场或去医院检查治疗。

施工现场有害气体、粉尘的最高允许浓度 表8-6

物 质 名 称	最高允许浓度 (mg/m³)	物 质 名 称	最高允许浓度 (mg/m³)
二 甲 苯	100	煤 油	300
甲 苯	100	溶 剂 汽 油	350
丙 酮	400	乙 醇	1500
环 己 酮	50	含有10%以上二氧化硅粉尘 (石英、石英岩等)	2
苯	40	含有10%以下二氧化硅的水泥粉尘	6
苯 乙 烯	40	其他各种粉尘	10

3.3 其他安全技术

(1)安全生产和劳动保护非常重要,在施工过程中应严格执行有关法律和法规。

（2）施工前要对操作人员进行防火安全教育和安全技术交底。

（3）在施工过程中加强安全监督检查工作，发现问题及时制止，防止事故发生。

（4）高空作业时应戴好安全带，并应对使用的脚手架或吊架等进行检查，合格后方可使用。

（5）不允许把盛装涂料、溶剂或用剩的漆罐开口放置。

（6）防火涂料应储存在仓库内，避免露天存放，防止日晒雨淋。

（7）施工现场使用的照明灯、电线、电气设备等应考虑防爆、同时应接地良好。

（8）患有慢性皮肤病或有过敏反应等其他不适应体质的操作者不宜参加施工。

实训课题

某修车库钢屋架涂层维修时，经检查锈蚀程度为面漆50%失效，漆膜表面硬度附着力很好，底漆大部分尚完好，屋面支座附近锈蚀较严重，查明原涂料品种为中灰油性醇酸磁漆。

采用处理步骤为：

1. 稀碱水清洗表面，擦干。

2. 铲除损坏的旧漆膜，用砂皮打磨。

3. 清扫干净后涂刷 Y53-1 红丹油性防锈漆一道。

4. 嵌腻子使表面平整，略低于旧漆面。

5. 涂二道底漆。

6. 涂刷第一道 C04-42 中灰油性醇酸磁漆。

7. 全部构件加涂一道 C04-42 磁漆。

根据以上案例请分析：该处理方法选择材料是否恰当，施工方法是否正确？

复习思考题

1. 什么是腐蚀以及腐蚀的分类？

2. 涂装前钢材表面锈蚀等级和除锈等级如何划分？

3. 钢材表面处理方法有哪些？

4. 涂料涂装方法有哪些？

5. 防火涂料的类型如何划分？

6. 试述钢结构涂装施工的安全技术。

单元 9　钢结构安装常用机具设备

知 识 点：本单元讲述钢结构安装常用的机具设备，有塔式起重机、履带式起重起、汽车式起重机和轮胎式起重机等的技术性能及使用要点。介绍了千斤顶、倒链、钢丝绳和滑车组等索具设备的使用。

教学目标：通过本单元的学习，应重点掌握安装机械设备的技术性能和使用要点。应具有一般钢结构工程安装合理选择和使用机械设备的能力。

课题 1　塔式起重机

1.1　塔式起重机的类型

塔式起重机是在金属塔架上装有起重臂和起重机构的一种起重机。具有提升高度高，工作半径大，工作速度快，吊装效率高等特点。

塔式起重机的类型很多。按有无行走机构可分为固定式和移动式两种；按其回转形式可分为上回转和下回转两种；按其变幅方式可分为水平臂架小车变幅和动臂变幅两种；按其安装形式可分为自升式、整体快速拆装式和拼装式三种。目前，应用最广的是下回转、快速拆装、轨道式塔式起重机和能够一机四用（轨道式、固定式、附着式和内爬式）的自升塔式起重机。拼装式塔式起重机因拆装工作量大将逐渐被淘汰。

1.2　塔式起重机的技术性能及起重特性

几种常用的塔式起重机的技术性能及起重特性见表 9-1 ~ 表 9-3 及图 9-1 ~ 图 9-4。

下回转快速拆装塔式起重机主要技术性能　　　　　　　表 9-1

	型　号	红旗Ⅱ-16	QT25	QTG40	QT60	QTK60	QT70
起重特性	起重力矩（kN·m）	160	250	400	600	600	700
	最大幅度/起重载荷（m/kN）	16/10	20/12.5	20/20	20/30	25/22.7	20/35
	最小幅度/起重载荷（m/kN）	8/20	10/25	10/46.6	10/60	11.6/60	10/70
	最大幅度吊钩高度（m）	17.2	23	30.3	25.5	32	23
	最小幅度吊钩高度（m）	28.3	36	40.8	37	43	36.3
工作速度	起升（m/min）	14.1	25	14.5/29	30/3	35.8/5	16/24
	变幅（m/min）	4		14	13.3	30/15	2.46
	回转（r/min）	1	0.8	0.82	0.8	0.8	0.46
	行走（m/min）	19.4	20	20.14	25	25	21
电动机功塞	起升	7.5	7.5×2	11	22	22	22
	变幅（kW）	5	7.5	10	5	2/3	7.5
	回转	3.5	3	3	4	4	5
	行走	3.5	2.2×2	3×2	5×2	4×2	5×2

型　号		红旗Ⅱ-16	QT25	QTG40	QT60	QTK60	QT70
质量	平衡重	5	3	14	17	23	12
	压重		12				
	自重(t)	13	16.5	29.37	25	23	26
	总重	18	31.5	43.37	42	46	38
轴距×轴距(m)		3×2.8	3.8×3.2	4.5×4	4.5×4.5	4.6×4.5	4.4×4.4
转台尾部回转半径(m)		2.5			3.5	3.57	4
拖运方式		整体拖运	整体拖运	解体拖运	整体拖运	整体拖运	整体拖运
拖运尺寸(m)		22×3×4	19.35×3.8×3.42		24×3×4.3	13.8×3×4.2	
臂架结构		俯仰变幅臂架	俯仰变幅臂架	俯仰变幅臂架	俯仰变幅臂架	小车变幅臂架	俯仰变幅臂架
塔身结构		法兰盘连接	伸缩式塔身、液压立塔	伸缩式塔身、液压立塔	伸缩式塔身、液压立塔	伸缩式塔身、液压立塔	伸缩式塔身、液压立塔
生产厂		沈阳建筑机械厂		上海建工机械	沈阳建筑机械厂	哈尔滨工程机械厂	四川建筑机械厂

上回转自升塔式起重机主要技术性能　　　　表 9-2

型　号		TQ60/80① (QT60/80)	QTZ50	QTZ60	QTZ63	QT80A	QT80E
起重力矩(kN·m)		600/700/800	490	600	630	1000	800
最大幅度/起重载荷(m/kN)		30/20、25/32 20/40	45/10	45/11.2	48/11.9	50/15	451
最小幅度/起重载荷(m/kN)		10/60、10/70 10/80	12/50	12.25/60	12.76/60	12.5/80	10/80
起升高度	附着式	—	90	100	101	120	100
	轨道行走式(m)	65/55/45	36	—	—	45.5	45
	固定式	—	36	39.5	41	45.5	—
	内爬升式			160		140	140
工作速度	起升(2绳)	21.5	10~80	32.7~100	12~80	29.5~100	32~96
	(4绳)	(3绳)14.3	5~40	16.3~50	6~40	14.5~50	16~48
	变幅(m/min)	8.5	24~36	30~60	22~44	22.5	30.5
	行走	17.5				18	22.4
电动机功率	起升	22	24	22	30	30	30
	变幅(小车)	7.5	4	4.4	4.5	3.5	3.7
	回转(kW)	3.5	4	4.4	5.5	3.7×2	2.2×2
	行走	7.5×2	—	—	—	7.5×2	5×2
	顶升	—	4	5.5	4	7.5	4
质量	平衡重	5/5/5	2.9~5.04	12.9	4~7	10.4	7.32
	压重	46/30/30	12	52	14	56	
	自重(t)	41/38/35	23.5~24.5	33	31~32	49.5	44.9
	总重	92/73/70		97.9		115.9	
起重臂长		15~30	45	35/40/45	48	50	45
平衡臂长(m)		8	13.5	9.5	14	11.9	
轴距×轨距		4.8×4.2				5×5	
生　产　厂		北京、四川建筑机械厂	陕西建设机械厂	四川建筑机械厂	陕西建设机械厂	北京建工机械厂	江麓机械厂

型 号	QTZ100	QTZ120	QTZ120	QTZ200	F0/23B	H3/36B
起重力矩(kN·m)	1000	1200	1200	2000	1450	2950
最大幅度/起重载荷(m/kN)	60/12	501	50/20	40/35	50/23	60/40
最小幅度/起重载荷(m/kN)	15/80	16/80	16.45/80	10/200	14.5/100	24.6/120
起升高度 附着式	180	120	120	162	203.8	148
起升高度 轨道行走式(m)	—	50	50	55	61.6	56.6
起升高度 固定式	50	—	—	55		
起升高度 内爬升式		140	140	—	203.8	—
工作速度 起升(2绳)	10~100	30~120	30~120	6~80	100	100
工作速度 (4绳)	5~50	15~60	15~60	3~40	50	50
工作速度 变幅(m/min)	34~52	7.5~50	5.5~60	22.38	7.5~60	7.5~60
工作速度 行走		20	20	10.38	15~30	15~30
电动机功率 起升	30	30	30	45×2	51.5	51.5
电动机功率 变幅(小车)	5.5	5	0.5~4.4	5	4.4	4.4
电动机功率 回转(kW)	4×2	3.7×2	3.7×2	5×2	4.4×2	8.8×2
电动机功率 行走	—	7.5×2	7.5×2	3.5×4	10	2.6/5.2×4
电动机功率 顶升	7.5	7.5	7.5	—	10	
质量 平衡重	7.4~11.1	14.2	14.2	8	16.1	17.5
质量 压重	26			51.6	116.6	84
质量 自重(t)	48~50	(行走)52.5	(行走)55.8	141	69	133
质量 总重				200.6	201.7	234.5
起重臂长	60	50	50	40	50	61.9
平衡臂长(m)	17.01	13.5	20	11.9	21.2	
轴距×轨距	—	6×6	6×6	6.5×6.5	6×6	6×6
生 产 厂	陕西建设机械厂	江麓机械厂	哈尔滨工程机械厂	北京重型机械厂	北京、四川建机厂	四川建筑机械厂

注:① TQ60/80型是轨道行走、上回转、可变塔高(非自升)塔式起重机。

QTZ100型塔式起重机的起重特性　　　　　　　　　　　表 9-3

臂 长 54m				臂 长 60m			
幅度(m)	起重量(t)	幅度(m)	起重量(t)	幅度(m)	起重量(t)	幅度(m)	起重量(t)
3~15	8	40	2.5	3~13	8	38	2.25
16	7.4	42	2.35	14	7.47	40	2.10
18	6.46	44	2.21	16	6.39	42	1.97
20	5.72	46	2.09	18	5.57	44	1.86
22	5.12	48	1.98	20	4.92	46	1.75
24	4.63	50	1.87	22	4.4	48	1.65
26	4.21	52	1.78	24	3.97	50	1.56
28	3.86	54	1.69	26	3.6	52	1.48
30	3.56			28	3.29	54	1.40
32	3.29			30	3.02	56	1.33
34	3.06			32	2.79	58	1.26
36	2.85			34	2.59	60	1.20
38	2.66			36	2.41		

注:起升滑车组倍率 $\alpha = 2$ 时,最大起重量为4t。

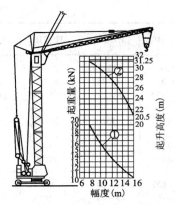

图 9-1　QT16 型塔式起重机外形结构及起重特性

①-起重量与幅度关系曲线；
②起升高度与幅度关系曲线

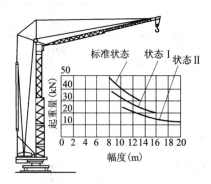

图 9-2　QT25 型塔式起重机外形结构及起重特性

标准状态——幅度 13m，吊钩高度 15m，臂根铰点高度 14.1m；
状态 Ⅰ——幅度 16m，吊钩高度 19.7m，臂根铰点高度 17.5m；状态
Ⅱ——幅度 20m，吊钩高度 23m，臂根铰点高度 21m。

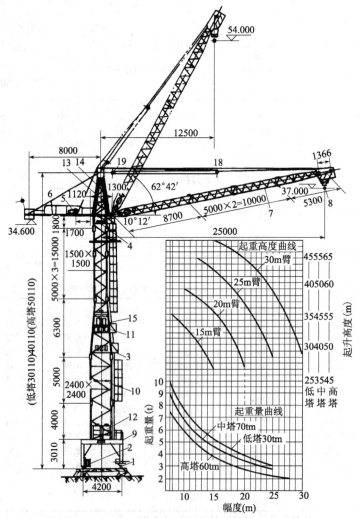

图 9-3　QT60/80 型塔式起重机的外形结构和起重特性

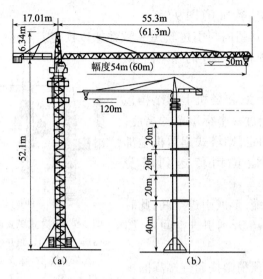

图 9-4 QTZ100 型塔式起重机的外形
(a)独立式;(b)附着式(120m)

1.3 塔式起重机的安装、拆除与转移

塔式起重机的拆装必须由取得行政主管部门颁发的拆装资质证书的专业队进行,并应有技术和安全人员在场监护。

1.3.1 塔式起重机的安装与拆除方法

塔式起重机的安装方法根据起重机的结构形式、质量和现场的具体情况确定。一般有整体自立法、旋转起扳法、立装自升法三种。同一台塔式起重机的拆除方法和安装方法相同,仅程序相反。

整体自立法是利用本身设备完成安装作业方法。适用于轻、中型下回转塔式起重机;旋转起扳法一般适用于需要解体转移而非自升的塔式起重机。此法一般利用轻型汽车起重机辅助,在工地上进行组装,利用自身起升机构使塔身旋转而直立;立装自升法适用于自升式塔式起重机。主要做法为用其他起重机(辅机)将所要安装的塔式起重机除塔身中间节以外的全部部件,立装于安装位置,然后用本身的自升装置安装塔身中间节。

1.3.2 塔式起重机的转移

塔式起重机转移前,要按照安装的相反顺序,采用相似的方法,将塔身降下或解体,然后进行整体拖运或解体运输。转移前,应对运行路线情况作充分了解,据实际情况采取相应的安全措施。转运过程中,应随时检查,如有异常应及时处理。

采用整机拖运的下回转塔机,轻型的大多采用全挂式拖运方式,中型及重型的则多采用半挂式拖运方式。拖运的牵引车可利用载重汽车或平板拖车的牵引车;自升塔式起重机及TQ60/80型等上回转塔机都必须解体运输。用平板拖车运输,以汽车起重机配合装卸。

1.4 塔式起重机的塔身升降、附着及内爬升

1.4.1 顶升接高(自升)与降落

自升式塔式起重机的顶升接高系统由顶升套架,引进轨道及小车、液压顶升机组等三部

分组成。其顶升接高的步骤如下(图9-5):

(1) 回转起重臂使其朝向与引进轨道一致并加以锁定。吊运一个标准节到摆渡小车上,并将过渡节与塔身标准节相连的螺栓松开,准备顶升(图9-5a)。

(2) 开动液压千斤顶,将塔机上部结构包括顶升套架等上升到超过一个标准节的高度;然后用定位销将套架固定,则塔式起重机上部结构的重量就通过定位销传送到塔身(图9-5b)。

(3) 液压千斤顶回缩,形成引进空间,此时将装有标准节的摆渡小车开到引进空间内(图9-5c)。

(4) 利用液压千斤顶稍微提起待接高的标准节,退出摆渡小车,然后将待接高的标准节平稳地落在下面的塔身上,并用螺栓连接(图9-5d)。

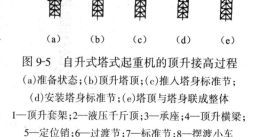

图 9-5　自升式塔式起重机的顶升接高过程
(a)准备状态;(b)顶升塔顶;(c)推入塔身标准节;
(d)安装塔身标准节;(e)塔顶与塔身联成整体
1—顶升套架;2—液压千斤顶;3—承座;4—顶升横梁;
5—定位销;6—过渡节;7—标准节;8—摆渡小车

(5) 拔出定位销,下降过渡节,并与已接高的塔身联成整体(图9-5e)。

塔身降落与顶升方法相似,仅程序相反。

1.4.2　附着

自升塔式起重机的塔身接高到规定的独立高度后,必须使用锚固装置将塔身与建筑物相连接(附着),以减少塔身的自由高度,保持塔机的稳定性,减小塔身内力,提高起重能力。塔式起重机的附着应按使用说明书的规定进行。

锚固装置由附着框架,附着杆和附着支座等组成如图9-6所示。

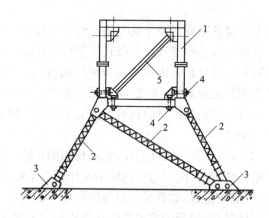

图 9-6　锚固装置的构造
1—附着框架;2—附着杆;3—支座;4—顶紧螺栓;5—加强撑

1.4.3　内爬升

内爬式塔式起重机是一种安装在建筑物内部(电梯井或特设空间)的结构上,依靠爬升机构随建筑物向上建造而向上爬升的起重机。一般每隔两个楼层爬升一次。内爬升塔式起重机的爬升过程如图9-7所示。

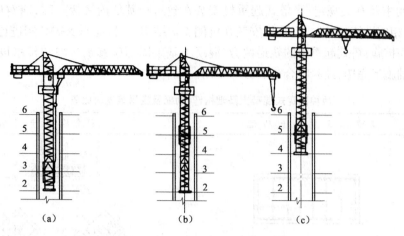

图9-7 爬升式塔式起重机的爬升过程
(a)准备状态；(b)提升套架；(c)提升起重机

1.5　塔式起重机的使用要点

塔式起重机在使用时应注意下列事项：

(1)塔式起重机应有专职司机操作，司机必须受过专业训练；

(2)风速大于六级或阵风及雷雨天，应停止作业；

(3)塔式起重机在作业现场安装后，应进行检查并按有关规定进行试验和试运转；

(4)当同一施工地点有两台以上起重机时，应保持两机间任何接近部位距离不得小于2m；

(5)在各部位运行到限位装置前，均应减速缓行到停止位置，并应与限位装置保持一定距离，严禁采用限位装置作为停止运动的控制开关；

(6)动臂式起重机的起升、回转、行走可同时进行，变幅应单独进行；

(7)起重机工作时不得超载，也不准吊运人员；提升重物，严禁自由下降；

(8)工作休息或下班时，不得将重物悬挂在空中，司机临时离开操作室时，应切断电源，锁紧夹轨器；

(9)作业结束后，起重机应停放到轨道中间位置，起重臂转到顺风方向，放松回转制动器，小车及平衡重应置于非工作状态，吊钩宜提升至起重臂顶端2～3m处，将所有控制开关拨至零位，依次断开各开关，切断总电源开关，打开高空指示灯；

(10)塔式起重机的地基与基础必须符合有关规定。

1.6　塔式起重机的地基与基础

塔式起重机的基础有轨道基础和混凝土基础两种。固定式塔式起重机采用钢筋混凝土基础，又分为整体式、分离式、灌注桩承台式等形式。整体式又分为方块式和X形式；分离式又分为双条式和四个分块式。

方块整体式和四个分块式常用作1000kN·m以上自升塔式起重机的基础，其构造和功能见表9-4；X形和双条形基础常用于400～600kN·m级塔式起重机；灌注桩承台式钢筋混凝土基础常用在深基础施工阶段，如需在基坑近旁构筑塔式起重机基础时采用。

塔式起重机的地基承载力必须满足要求；塔式起重机基础所采用材料及施工工艺应符

合出厂说明书及有关规定；当塔式起重机安装在建筑物基坑内底板上时，应对底板进行验算，并采取相应措施；当塔式起重机安装在坑侧支护结构上时，应对支护结构进行验算，并采取相应加固措施；塔式起重机的轨道两旁，混凝土基础周围应修筑边坡和排水设施；塔式起重机的基础施工完毕，经验收合格后方可使用。

两种固定式混凝土基础构造、功能及应用范围对比表　　　　表 9-4

分类	整体式混凝土基础	分离式混凝土基础
简图		1—地脚螺栓；2—垫板；3—混凝土；4—钢筋；5—灰土层；6—虚土压实层
功能	1.将塔吊自重及由外荷载产生的作用力(倾覆力矩、水平力、垂直力)传给地基； 2.起压载和锚固作用，保证塔吊具有抵抗整机倾覆的稳定性	1.承受塔吊自重以及由外荷载产生的作用力，并传至地基； 2.略起压载作用和增强抗倾覆稳定性的作用
构造特点	1.塔身节通过预埋件固定在混凝土基础上； 2.混凝土用量大； 3.技术要求高，预埋件的位置及标高必须经过仔细测量校正，才能保证塔身垂直度符合要求	1.塔机底架直接坐在混凝土基础上，无需复杂的预埋件； 2.混凝土用量比较少； 3.四块混凝土基础表面标高微有差异时，可通过设置垫片进行微调
适用范围	1.设于建筑物内部的塔吊基础； 2.与建筑结构连成一体的混凝土基础	1.设于建筑物外部的附着式塔吊、固定式塔吊的基础； 2.装有行走底架但无台车的塔吊

课题 2　履带式起重机

2.1　履带式起重机的类型

　　履带式起重机是在行走的履带底盘上装有起重装置的起重机械。主要由动力装置、传动装置、行走机构、工作机械、起重滑车组、变幅滑车组及平衡重等组成。它具有起重能力较大，自行式，全回转，工作稳定性好，操作灵活，使用方便，在其工作范围内可载荷行驶作业，对施工场地要求不严等特点。它是结构安装工程中常用的起重机械。

　　履带式起重机按传动方式不同可分为机械式、液压式(Y)和电动式(D)三种。

2.2 履带式起重机的技术性能及起重特性

几种常用履带式起重机的主要技术性能见表 9-5。W_1-100 型履带式起重机的起重特性见表 9-6。

国内生产的几种履带起重机主要技术性能　　表 9-5

型　　号		W_1-100	QU20	QU25	QU32A	QU40	QUY50	W200A	KH180-3
最大起重量 (t)	主钩	15	20	25	36	40	50	50	50
	副钩	—	2.3	3	3	3		5	
最大起升 高度(m)	主钩	19	11～27.6	28	29	31.5	9～50	12～36	9-50
	副钩	—		32.3	33	36.2		40	
臂　长 (m)	主钩	23	13～30	13～30	10～31	10～34	13～52	15;30;40	13-62
	副钩	—	5		4	6.2		6	6.1～15.3
起升速度(m/min) 行走速度(km/h)		1.5	23.4;46.8 1.5	50.8 1.1	7.95～23.8 1.26	6～23.9 1.26	35;70 1.1	2.94～30 0.36;1.5	35;70 1.5
最大爬坡度(%) 接地比压(MPa)		20 0.089	36 0.096	36 0.082	30 0.091	30 0.086	40 0.068	31 0.123	40 0.061
发动机	型号	6135	6135K-1	6135AK-1	6135AK-1	6135AK-1	6135K-15	12V135D	PD604
	功率(kW)	88	88.24	110	110	110	128	176	110
外　形 尺　寸 (mm)	长	5303	5348	6105	6073	6073	7000	7000	7000
	宽	3120	3488	2555	3875	4000	3300～4300	4000	3300-4300
	高	4170	4170	5327	3920	3554	3300	6300	3100
整机自重(t)		40.74	44.5	41.3	51.5	58	50	75;77;79	46.9
生产厂		抚顺挖掘机厂	抚顺挖掘机厂	长江挖掘机厂	江西采矿机械厂	江西采矿机械厂	抚顺挖掘机厂	杭州重型机械厂	抚顺、日立合作生产

W_1-100 型履带起重机的起重性能　　表 9-6

工作幅度 (m)	臂　长　13m		臂　长　23m	
	起重量(t)	起升高度(m)	起重量(t)	起升高度(m)
4.5	15	11	—	—
5	13	11	—	—
6	10	11	—	—
6.5	9	10.9	8	19
7	8	10.8	7.2	19
8	6.5	10.4	6	19
9	5.5	9.6	4.9	19
10	4.8	8.8	4.2	18.9
11	4	7.8	3.7	18.6
12	3.7	6.5	3.2	18.2
13	—	—	2.9	17.8
14	—	—	2.4	17.5
15	—	—	2.2	17
17	—	—	1.7	16

2.3 履带式起重机的使用与转移

2.3.1 履带式起重机的使用

履带式起重机的使用应注意以下问题：

(1) 驾驶员应熟悉履带式起重机技术性能,启动前应按规定进行各项检查和保养。启动后应检查各仪表指示值及运转是否正常;

(2) 履带式起重机必须在平坦坚实的地面上作业,当起吊荷载达到额定重量的90%及以上时,工作动作应慢速进行,并禁止同时进行两种及以上动作;

(3) 应按规定的起重性能作业,一般不得超载,如需超载时应进行验算并采取可靠措施;

(4) 作业时,起重臂的最大仰角不应超过规定,无资料可查时,不得超过78°;

(5) 采用双机抬吊作业时,两台起重机的性能应相近;抬吊时统一指挥,动作协调,互相配合,起重机的吊钩滑轮组均应保持垂直。单机的起重载荷不得超过允许载荷值的80%;

(6) 起重机带载行走时,载荷不得超过允许起重量的70%;

(7) 道路应坚实平整,起重臂与履带平行,重物离地不能大于500mm,并拴好拉绳,缓慢行驶,严禁长距离带载行驶,上下坡道时,应无载行驶。上坡时,应将起重臂扬角适当放小,下坡时应将起重臂的仰角适当放大,严禁下坡空挡滑行;

(8) 作业后,吊钩应提升至接近顶端处,起重臂降至40°~60°之间,关闭电门,各操纵杆置于空档位置,各制动器加保险固定,操纵室和机棚应关闭门窗并加锁;

(9) 遇大风、大雪、大雨时应停止作业,并将起重臂转至顺风方向。

2.3.2 履带式起重机的转移

履带式起重机的转移有自行、平板拖车运输和铁路运输三种形式。对于普通路面且运距较近时,可采用自行转移,在行驶前,应对行走机构进行检查,并做好润滑、紧固,调整和保养工作。每行驶500~1000m时,应对行走机构进行检查和润滑。对沿途空中架线情况进行察看,以保证符合安全距离要求;当采用平板拖车运输时,要了解所运输的履带式起重机的自重、外形尺寸、运输路线和桥梁的安全承载能力、桥洞高度等情况。选用相应载重量平板拖车。起重机在平板拖车上停放牢固,位置合理。应将起重臂和配重拆下,刹住回转制动器,插销销牢,为了降低高度,可将起重机上部人字架放下;当采用铁路运输时,应将支垫起重臂的高凳或道木垛搭在起重机停放的同一个平板上,固定起重臂的绳索也绑在该平板上,如起重臂长度超过该平板时,应另挂一个辅助平板,但可不设支垫也不用绳索固定,同时吊钩钢丝绳应抽掉。

2.4 履带式起重机的验算

履带式起重机在进行超负荷吊装或接长吊杆时,需进行稳定性验算,以保证起重机在吊装中不会发生倾覆事故。

履带式起重机在车身与行驶方向垂直时,处于最不利工作状态,稳定性最差,见图9-8。此时,履带的轨链中心 A 为倾覆中心,起重机的安全条件为:

当仅考虑吊装荷载时,稳定性安全系数 $K_1 = M_稳/M_倾 \geqslant 1.4$;

当考虑吊装荷载及附加荷载时,稳定性安全系数 $K_2 = M_稳/M_倾 \geqslant 1.15$。

当起重机的起重高度或起重半径不足时,可将起重臂接长,接长后的稳定性计算,可近似地按力矩等量换算原则求出起重臂接长后的允许起重量 Q' (图9-9)，则接长起重臂后，当吊装荷载不超过 Q'，即可满足稳定性的要求。

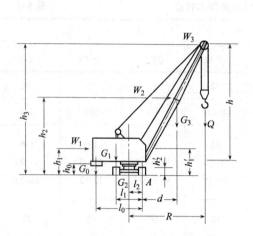

图9-8 履带起重机稳定性验算

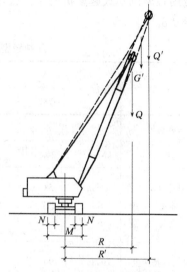

图9-9 用力矩等量换算原则计算
起重机接长起重臂后的允许起重量

由 $\sum M_A = 0$，得

$$Q'\left(R' - \frac{M - N}{2}\right) + G'\left(\frac{R' + R}{2} - \frac{M - N}{2}\right) \leqslant Q\left(R - \frac{M - N}{2}\right)$$

化简，得 $\quad Q' \leqslant \dfrac{1}{2R' - M + N}\left[Q(2R - M + N) - G'(R' + R - M + N)\right]$ (9-1)

式中 R'——接长起重臂后的最小回转半径；

$\quad\quad R$——起重机原有最大臂长的最小回转半径；

$\quad\quad G'$——起重臂接长部分的重量；

$\quad\quad Q$——起重机原规定的最大臂长时的最大起重量。

履带起重机的稳定性虽经理论验算，但在正式吊装前必须经实际试吊验证。并且起重臂的强度和稳定性必须得到保证。

课题3　汽车式起重机

3.1　汽车式起重机的类型

汽车式起重机是将起重机构安装在普通载重汽车或专用汽车底盘上的起重机。汽车式起重机机动性能好，运行速度快，对路面破坏性小，但不能负荷行驶，吊重物时必须支腿，对工作场地的要求较高。

汽车式起重机按起重量大小分为轻型、中型和重型三种。起重量在20t以内的为轻型，50t及以上的为重型；按起重臂形式分为桁架臂或箱形臂两种；按传动装置形式分为机械传动（Q）、电力传动（QD）、液压传动（QY）。目前，液压传动的汽车式起重机应用较广。

3.2 汽车式起重机的技术性能

常用轻型汽车式起重机的主要技术性能见表9-7;常用中型汽车式起重机的主要技术性能见表9-8。

几种轻型汽车起重机主要技术性能　　　　表 9-7

项　目		单位	型　号					
			QY8E	QY8	QY12	QY12	QY16	QY16C
最大起重量		t	8	8	12	12	16	16
最大起重力矩		kN·m	240	240	417.5	416	588	484
工作速度	起升速度(单绳)	m/min	58	40	85	144	100	130
	臂杆伸缩(伸/缩)	S	291	12.5/14.5	70/24	96/34.5	75/35	81/40
	支腿收放(收/放)	S		7/6	20/18	16.8/8.2	15/15	24/29
行驶性能	最大行驶速度	km/h	90	60	68	60	68	70
	爬坡能力	%	28	28	26	18	22	36
	最小转弯半径	m	8	8	8.5		10	10.5
底盘	型　号		EQ140	EQ140		EQ144	K202BL	QY16C专用
	轴距	m	3.95	3.95	4.5		4.005	4.2
	前轮距	m	1.8	1.8	2.09		2.15	2.06
	后轮距	m	1.8	1.8	1.90		1.94	
	支腿跨距(纵/横)	m	/4.25	3.42/4	3.98/4.8	4.1/4.8	4.4/4.8	4.6/5
发动机	型　号		Q6100-1	Q6100-1		Q6100-1	6D20W	6135Q2
	功　率	kW	100	100		100	151	161
外形尺寸	长	m	8.75	8.35	10.2	10.4	12.09	10.69
	宽	m	2.42	2.4	2.5		2.56	2.5
	高	m	3.22	2.9	3.2	3.18	3.48	3.3
整机自重		t	9.05	9.43	15.7	13.33	24.3	21.7
生产厂			北京起重机厂	长江起重机厂	徐州重型机械厂	长江起重机厂	徐州重型机械厂	长江起重机厂

几种中型(20~40t)汽车起重机主要技术性能　　　　表 9-8

项　目		单位	机械型号				
			QY20H	QY20	QY25A	QY32	QY40
最大起重量		t	20	20	25	32	40
最大起重力矩		kN·m	602	635	950	990	1560

项 目		单位	机 械 型 号				
			QY20H	QY20	QY25A	QY32	QY40
工作速度	起升速度(单绳)	m/min	70	90/40	120	80	128
	臂杆伸缩(伸/缩)	S	62/40	85/36	115/50	163/130	84/50
	支腿收放(收/放)	S	22/31	22/34	20/25	20/25	11.9/27.2
行驶性能	最大行驶速度	km/h	60	63	70	64	65
	爬坡能力	%	28	25	23	30	
	最小转弯半径	m	9.5	10	10.5	10.5	12.5
底盘	型 号		HY200QZ				CQ40D
	轴距	m	4.7	4.05/1.3	4.33/1.35	4.94	5.225
	前轮距	m	2.02	2.09	2.09	2.05	
	后轮距	m	1.865	1.865	1.865	1.875	
	支腿跨距(纵/横)	m	4.63/5.2	4.72/5.4	5.07/5.4	5.33/5.9	5.18/6.1
发动机	型 号		F8L413F				NTC-290
	功率	kW	174				216.3
外形尺寸	长	m	12.35	12.31	12.25	12.45	13.7
	宽	m	2.5	2.5	2.5	2.5	2.5
	高	m	3.38	3.48	3.5	3.53	3.34
整机自重		t	26.3	25	29	32.5	40
生产厂			北京起重机厂	徐州重型机械厂			长江起重机厂

3.3 汽车式起重机的使用要点

(1)应遵守操作规程及交通规则。

(2)作业场地应坚实平整。

(3)作业前,应伸出全部支腿,并在撑脚下垫合适的方木。调整机体,使回转支撑面的倾斜度在无荷载时不大于1/1000(水准泡居中)。支腿有定位销的应插上。底盘为弹性悬挂的起重机,伸出支腿前应收紧稳定器。

(4)作业中严禁扳动支腿操纵阀。调整支腿应在无载荷时进行。

(5)起重臂伸缩时,应按规定程序进行,当限制器发出警报时,应停止伸臂,起重臂伸出后,当前节臂杆的长度大于后节伸出长度时,应调整正常后,方可作业。

(6)作业时,汽车驾驶室内不得有人,发现起重机倾斜、不稳等异常情况时,应立即采取措施。

(7)起吊重物达到额定起重量的90%以上时,严禁同时进行两种及以上的动作。

(8)作业后,收回全部起重臂,收回支腿,挂牢吊钩,撑牢车架尾部两撑杆并锁定。销牢锁式制动器,以防旋转。

(9)行驶时,底盘走台上严禁载人或物。

课题4 轮胎式起重机

4.1 轮胎式起重机的技术性能

轮胎式起重机是一种装在专用轮胎式行走底盘上的全回转起重机。按传动方式分为机械式(QL)、电动工(QLD)和液压式(QLY)三种。

国内常用的轮胎式起重机技术性能见表9-9。

常用轮胎式起重机技术性能　　　　　　　　　　　　　　表9-9

项 目	QL₁-16		QL₂-8	QL₃-16			QL₃-25			QL₃-40	
					起 重 机 型 号						
起重臂长度(m)	10	15	7	10	15	20	12	22	32	15	42
幅度 最大(m)	11	15.5	7	9.5	15.5	20	11.5	19	21	13	25
幅度 最小(m)	4	4.7	3.2	4	4.7	5.5	4.5	7	10	5	11.5
起重量 最大幅度时(t)	2.8	1.5	2.2	3.5	1.5	0.8	21.6	1.4	0.6	9.2	1.5
起重量 最小幅度时(t)	16	11	8	16	11	8	25	10.6	5	40	10
起重高度 最大幅度时(m)	5	4.6	1.5	5.3	4.6	6.85	—	—	—	8.8	33.75
起重高度 最小幅度时(m)	8.3	13.2	7.2	8.3	13.2	17.95	—	—	—	10.4	37.23
行驶速度(km/h)	18		30	30			9~18			15	
转弯半径(m)	7.5		6.2	7.5			—			13	
爬坡能力(°)	7		12	7			—			13	
发动机功率(kW)	58.8		66.2	58.8			58.8			117.6	
总重量(t)	23		12.5	22			28			53.7	

4.2 轮胎式起重机的使用要点

轮胎式起重机的使用要点,同汽车式起重机的使用要点。

课题5 其他起重设备

5.1 独脚拔杆

独脚拔杆按材料分为木独脚拔杆、钢管独脚拔杆和型钢格构式独脚拔杆三种。

木独脚拔杆已很少使用,起重高度可达20m,起重量可达150kN;钢管独脚拔杆的起重高度可达30m,起重量可达300kN;型钢格构式独脚拔杆的起重高度可达60m,起重量可达1000kN。

钢管独脚拔杆的起重能力和附属设备见表9-10。

独脚拔杆的使用应遵守该拔杆性能的有关规定;为便于吊装,当倾斜使用时倾斜角度不宜大于10°;拔杆的稳定主要依靠缆风绳,缆风绳一般为5~12根,缆风绳与地面夹角一般为

$30° \sim 45°$。

拔杆起重力 (kN)	拔杆高度 (m)	钢管尺寸		缆风直径 (倾角45°) (mm)	起　重　滑　车　组				卷扬机起重力 (kN)
		直径 (mm)	壁厚 (mm)		钢丝绳直径 (mm)	滑　车　门　数			
						定滑车	动滑车		
100	10 15 20	250 250 300	8	21.5	17.0	3	2		30
200	10 15 20	250 300 300	8	24.5	21.5	4	3		50
300	10 15 20	300	8	28.0	24.5	5	4		50

5.2　桅杆式起重机

桅杆式起重机是在独腿拔杆下端装一可以起伏和回转的吊杆而成。用圆木制成桅杆式起重机,起重量可达 50kN;用钢管制成的桅杆式起重机起重高度可达 25m,起重量可达 100kN;用格构式结构组成的桅杆式起重机起重高度可达 80m,起重量可达 600kN。

常用桅杆式起重机的技术参数见表 9-11。

编　　号		1	2	3	4	5
最大起重量(t)		18	30	35	40	45
桅杆高度(m) 吊杆长度(m)		24.7 26	50 45	64 58	32.1 27	85 77
自　　重(t)		13.18	—	—	27.7	—
桅杆及吊杆 截　　面 (mm)	中　间 端　部 主肢角钢 缀　条	800×800 800×800 100×10 65×6	900×900 550×550 120×12 75×8	1200×1200 800×800 150×12 90×10	1000×1000 900×900 150×12 90×10	1600×1600 800×800 200×20 100×10
起　重 滑车组	工作线数 钢绳直径 (mm)	4 21.5	8 19.5	10 21.5	10 21.5	10 26
吊杆起伏 滑车组	工作线数 钢绳直径 (mm)	6 21.5	8 19.5	10 21.5	12 21.5	10 28.5
缆风根数 缆风直径(mm)		8 32.5	9 32.5	12 34.5	12 37	12 39.5

课题6　索具设备

6.1　千斤顶

千斤顶可以用来校正构件的安装偏差和校正构件的变形,也可以顶升和提升构件。常用千斤顶有螺旋式和液压式两种。这两种千斤顶的技术规格见表9-12和表9-13。

QL型螺旋千斤顶技术规格　　　　表9-12

型　号	起重量 (t)	高　度　(mm)		自重 (kg)	型　号	起重量 (t)	高　度　(mm)		自重 (kg)
		最　低	起　升				最　低	起　升	
QL2	2	170	180	5	QLG16	16	445	200	19
QL5	5	250	130	7.5	QL20	20	325	180	18
QL10	10	280	150	11	QL32	32	395	200	27
QL16	16	320	180	17	QL50	50	452	250	56
QLD16	16	225	90	15	QL100	100	455	200	86

注:1. 本表选自《QL螺旋千斤顶》(JB 2592—91);
　　2. 型号 QL-普通螺旋千斤顶,G-高型。D-低型。

QY型油压千斤顶技术规格　　　　表9-13

型　号	起重量 (t)	最低高度	起升高度	螺旋调整高度	起升进程	自　重 (kg)
			(mm)			
QYL3.2	3.2	195	125	60	32	3.5
QYL5G	5	232	160	80	22	5.0
QYL5D	5	200	125	80	22	4.6
QYL8	8	236	160	80	16	6.9
QYL10	10	240	160	80	14	7.3
QYL16	16	250	160	80	9	11.0
QYL20	20	280	180	—	9.5	15.0
QYL32	32	285	180	—	6	23.0
QYL50	50	300	180	—	4	33.5
QYL71	71	320	180	—	3	66.0
Qw100	100	360	200	—	4.5	120
Qw200	200	400	200	—	2.5	250
Qw320	320	450	200	—	1.6	435

注:1. 本表选自《油压千斤顶》(JB 2104—91);
　　2. 型号 QYL-立式油压千斤顶,Qw-立卧两用千斤顶,G-高型,D-低型;
　　3. 起升进程为油泵工作10次的活塞上升量。

6.2　卷　扬　机

电动卷扬机按其速度可分为快速、中速、慢速。快速卷扬机可分为单筒和双筒,钢丝绳牵引速度为25~50m/min,单头牵引力为4~80kN,可用于垂直运输和水平运输等用。慢速卷扬机多为单筒式,钢丝绳牵引速度为6.5~22m/min,单头牵引力为5~10kN,可用于大型构件安装等用。

单筒慢速卷扬机技术参数见表9-14。

项　　　目		型　　　号							
		JM0.5 (JJM-0.5)	JM1 (JJM-1)	JM1.5 (JJM-1.5)	JM2 (JJM-2)	JM3 (JJM-3)	JM5 (JJM-5)	JM8 (JJM-8)	JM10 (JJM-10)
额定静拉力(kN)		5	10	15	20	30	50	80	100
卷筒	直径(mm)	236	260	260	320	320	320	550	750
	长度(mm)	417	485	440	710	710	800	800	1312
	容绳量(m)	150	250	190	230	150	250	450	1000
钢丝绳直径(mm)		9.3	11	12.5	14	17	23.5	28	31
绳速(m/min)		15	22	22	22	20	18	10.5	6.5
电动机	型　号	Y100L2-4	Y132S-4	Y132M-4	YZR2 -31-6	YZR2 -41-8	JZR2 -42-8	YZR225 M-8	JZR2 -51-8
	功率(kW)	3	5.5	7.5	11	11	16	21	22
	转速(r/min)	1420	1440	1440	950	705	710	750	720
外形尺寸	长(mm)	880	1240	1240	1450	1450	1670	2120	1602
	宽(mm)	760	930	930	1360	1360	1620	2146	1770
	高(mm)	420	580	580	810	810	890	1185	960
整机自重(t)		0.25	0.6	0.65	1.2	1.2	2	3.2	

6.3 地　锚

地锚用来固定缆风绳、卷扬机、滑车、拔杆的平衡绳索等。常用的地锚有桩式地锚和水平地锚两种。桩式地锚是将圆木打入土中，承担拉力，用于固定受力不大的缆风绳。水平地锚是将一根或几根圆木绑扎在一起，水平埋入土中而成。

桩式地锚的尺寸和承载力见表 9-15；常用水平式地锚的规格及允许荷载见表 9-16。

木桩锚碇尺寸和承载力　　表 9-15

类　型	承载力(kN)	10	15	20	30	40	50
	桩尖处施于土的压力 (MPa)	0.15	0.2	0.23	0.31		
	a(cm)	30	30	30	30		
	b(cm)	150	120	120	120		
	c(cm)	40	40	40	40		
	d(cm)	18	20	22	26		
	桩尖处施于土的压力 (MPa)				0.15	0.2	0.28
	a_1(cm)				30	30	30
	b_1(cm)				120	120	120
	c_1(cm)				90	90	90
	d_1(cm)				22	25	26
	a_2(cm)				30	30	30
	b_2(cm)				120	120	120
	c_2(cm)				40	40	40
	d_2(cm)				20	22	24

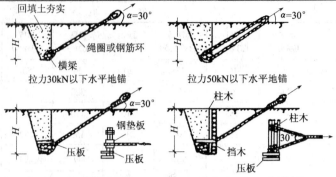

作用荷载 (kN)	缆绳的水平 夹角(°)	横梁 (根数×长度) (直径24cm) (cm)	埋深 H(m)	横梁上系绳 点数(点)	挡木 (根数×长度) (直径20cm) (cm)	柱木 (根数×长 度×直径) (cm)	压板 (长×宽) (cm)(密排 ϕ10圆木)
28	30	1×250	1.7	1	—	—	—
50	30	3×250	1.7	1	—	—	—
75	30	3×320	1.8	1	—	—	80×320
100	30	3×320	2.2	1	—	—	80×320
150	30	3×270	2.5	2	4×270	2×120×ϕ20	140×270
200	30	3×350	2.75	2	4×350	2×130×ϕ20	140×350
300	30	3×400	2.75	2	5×400	3×150×ϕ20	150×400
400	30	3×400	3.5	2	5×400	3×150×ϕ20	150×400

注:本表计算依据:夯填土密度 1.6t/m³;土的内摩擦角 45°;木料容许应力 11MPa。

6.4 倒　　链

倒链又称手拉葫芦、神仙葫芦。用来起吊轻型构件,拉紧缆风绳及拉紧捆绑构件的绳索等。

6.5 滑车、滑车组

滑车又称葫芦。按其滑轮的多少可分为单门、双门、多门等;按滑车的夹板是否可以打开来分开口滑车、闭口滑车;按使用方式不同可分为定滑车、动滑车。定滑车可以改变力的方向,但不能省力。动滑车可以省力,但不能改变力的方向。

滑车组是由一定数量的定滑车和动滑车及绕过它们的绳索组成。根据跑头(滑车组的引出绳头)引出方向不同可分为跑头自动滑车引出、跑头自定滑车引出、双联滑车组。

滑车组的跑头拉力(引出绳拉力)可按下式计算:

$$S = f_0 K Q \tag{9-2}$$

式中　S——跑头拉力(kN);

　　　K——动力系数。当采用手动卷扬机时,$K=1.1$;当采用电动卷扬机起重量在 30t 以下时,$K=1.2$,起重量在 $30\sim50$t 时,$K=1.3$,起重量在 50t 以上时,$K=1.5$;

　　　Q——吊装荷载(kN),为构件重力与索具重力之和;

　　　f_0——跑头拉力计算系数,当绳索从定滑轮绕出时,$f_0 = \dfrac{f-1}{f^n-1} \cdot f^n$,当绳索从动滑轮绕出时，$f_0 = \dfrac{f-1}{f^n-1} \cdot f^{n-1}$，见表 9-17，其中，$n$ 为工作线数；f 为滑轮阻力系数。

滑车组跑头拉力计算系数 f_0 值　　　　　　　　　　　　表 9-17

滑轮的轴承或 衬套材料	滑轮阻力 系数 f	动 滑 轮 上 引 出 绳 根 数								
		2	3	4	5	6	7	8	9	10
滚动轴承	1.02	0.52	0.35	0.27	0.22	0.18	0.15	0.14	0.12	0.11
青铜套轴承	1.04	0.54	0.36	0.28	0.23	0.19	0.17	0.15	0.013	0.12
无衬套轴承	1.06	0.56	0.38	0.29	0.24	0.20	0.18	0.16	0.15	0.14

6.6 钢 丝 绳

钢丝绳是吊装中主要绳索，具有强度高、弹性大、韧性好、耐磨、能承受冲击荷载、工作可靠等特点。

结构吊装中常用的钢丝绳是由 6 束绳股和一根绳芯（一般为麻芯）捻成。每束绳股由许多高强钢丝捻成。

钢丝绳按绳股数及每股中的钢丝数区分，有 6 股 7 丝，6 股 19 丝，6 股 37 丝，6 股 61 丝等。吊装中常用的有 6×19、6×37 两种。6×19 钢丝绳一般用做缆风绳和吊索；6×37 钢丝绳一般用于穿滑车组和用做吊索；6×61 钢丝绳用于重型起重机。

常用钢丝绳的技术性能见表 9-18、表 9-19。

6×19 钢丝绳的主要数据　　　　　　　　　　　　表 9-18

直　　径		钢丝总 断面积	参　考 重　量	钢丝绳公称抗拉强度（N/m²）				
				1400	1550	1700	1850	2000
钢丝绳	钢　丝			钢 丝 破 断 拉 力 总 和				
（mm）		（mm²）	（kg/100m）	（kN）不小于				
6.2	0.4	14.32	13.53	20.0	22.1	24.3	26.4	28.6
7.7	0.5	22.37	21.14	31.3	34.6	38.0	41.3	44.7
9.3	0.6	32.22	30.45	45.1	49.9	54.7	59.6	64.4
11.0	0.7	43.85	41.44	61.3	67.9	74.5	81.1	87.7
12.5	0.8	57.27	54.12	80.1	88.7	97.3	105.5	114.5
14.0	0.9	72.49	68.50	101.0	112.0	123.0	134.0	144.5
15.5	1.0	89.49	84.57	125.0	138.5	152.0	165.5	178.5
17.0	1.1	103.28	102.3	151.5	167.5	184.0	200.0	216.5
18.5	1.2	128.87	121.8	180.0	199.5	219.0	238.0	257.5
20.0	1.3	151.24	142.9	211.5	234.0	257.0	279.5	302.0
21.5	1.4	175.40	165.8	245.5	271.5	298.0	324.0	350.5
23.0	1.5	201.35	190.3	281.5	312.0	342.0	372.0	402.5
24.5	1.6	229.09	216.5	320.5	355.0	389.0	423.5	458.0
26.0	1.7	258.63	244.4	362.0	400.5	439.5	478.0	517.0
28.0	1.8	289.95	274.0	405.5	449.0	492.5	536.0	579.5
31.0	2.0	357.96	338.3	501.0	554.5	608.5	662.0	715.5
34.0	2.2	433.31	409.3	306.0	671.0	736.0	801.0	
37.0	2.4	515.46	487.1	721.5	798.5	876.0	953.5	
40.0	2.6	604.95	571.7	846.5	937.5	1025.0	1115.0	
43.0	2.8	701.60	663.0	982.0	1085.0	1190.0	1295.0	
46.0	3.0	805.41	761.1	1125.0	1245.0	1365.0	1490.0	

注：表中粗线左侧，可供应光面或镀锌钢丝绳；右侧只供应光面钢丝绳。

195

直 径		钢丝总断面积	参考重量	钢丝绳公称抗拉强度（N/m²）				
				1400	1550	1700	1850	2000
钢丝绳	钢丝			钢丝破断拉力总和				
（mm）		（mm²）	（kg/100m）	（kN）不小于				
8.7	0.4	27.88	26.21	39.0	43.2	47.3	51.5	55.7
11.0	0.5	43.57	40.96	60.9	67.5	74.0	80.6	87.1
13.0	0.6	62.74	58.98	87.8	97.2	106.5	116.0	125.0
15.0	0.7	85.39	80.57	119.5	132.0	145.0	157.5	170.5
17.5	0.8	111.53	104.8	156.0	172.5	189.5	206.0	223.0
19.5	0.9	141.16	132.7	197.5	213.5	239.5	261.0	282.0
21.5	1.0	174.27	163.3	243.5	270.0	296.0	322.0	348.5
24.0	1.1	210.87	198.2	295.0	326.5	358.0	390.0	421.5
26.0	1.2	250.95	235.9	351.0	388.5	426.5	464.0	501.5
28.0	1.3	294.52	276.8	412.0	456.5	500.5	544.5	589.0
30.0	1.4	341.57	321.1	478.0	529.0	580.5	631.5	683.0
32.5	1.5	392.11	368.6	548.5	607.5	666.5	725.0	784.0
34.5	1.6	446.13	419.4	624.5	691.5	758.0	825.0	892.0
36.5	1.7	503.64	473.4	705.0	780.5	856.0	931.5	1005.0
39.0	1.8	564.63	530.8	790.0	875.0	959.5	1040.0	1125.0
43.0	2.0	697.08	655.3	975.5	1080.0	1185.0	1285.0	1390.0
47.5	2.2	843.47	792.9	1180.0	1305.0	1430.0	1560.0	
52.0	2.4	1003.80	943.6	1405.0	1555.0	1705.0	1855.0	
56.0	2.6	1178.07	1107.4	1645.0	1825.0	2000.0	2175.0	
60.5	2.8	1366.28	1234.3	1910.0	2115.0	2320.0	2525.0	
65.0	3.0	1568.43	1474.3	2195.0	2430.0	2665.0	2900.0	

注：表中粗线左侧可供应光面或镀锌钢丝绳；右侧只供应光面钢丝绳。

钢丝绳允许拉力按下列公式计算：

$$\left[F_g \right] = \frac{\alpha F_g}{K} \tag{9-3}$$

$\left[F_g \right]$——钢丝绳的允许拉力（kN）；

F_g——钢丝绳的钢丝破断拉力总和（kN）；

α——换算系数，按表 9-20 取；

K——钢丝绳的安全系数，按表 9-21 取。

如果使用的是旧钢丝绳，则求得的允许拉力应根据钢丝绳的新旧程度乘以 0.4～0.75 的系数。

钢丝绳破断拉力换算系数 表 9-20

钢 丝 绳 结 构	换 算 系 数
6×19	0.85
6×37	0.82
6×61	0.80

钢丝绳的安全系数 表 9-21

用 途	安全系数	用 途	安全系数
作缆风	3.5	作吊索、无弯曲时	6～7
用于手动起重设备	4.5	作捆绑吊索	8～10
用于机动起重设备	5～6	用于载人的升降机	14

6.7 吊 装 工 具

6.7.1 吊钩

吊钩常用优质碳素钢锻制而成,分单吊钩和双吊钩两种。

常用的吊索用带环吊钩,主要规格见表9-22。

吊索用带环吊钩主要规格　　　　　　　　表9-22

简　　图	安全吊重量 (t)	尺　　寸　　(mm)						重量 (kg)	适用钢丝绳直径 (mm)
		A	B	C	D	E	F		
	0.5	7	114	73	19	19	19	0.34	6
	0.75	9	113	86	22	25	25	0.45	6
	1.0	10	146	98	25	29	27	0.79	8
	1.5	12	171	109	32	32	35	1.25	10
	2.0	13	191	121	35	35	37	1.54	11
	2.5	15	216	140	38	38	41	2.04	13
	3.0	16	232	152	41	41	48	2.90	14
	3.75	18	257	171	44	48	51	3.86	16
	4.5	19	282	193	51	51	54	5.00	18
	6.0	22	330	206	57	54	64	7.40	19
	7.0	24	356	227	64	57	70	9.76	22
	10.0	27	394	255	70	64	79	12.30	25

6.7.2 卡环

卡环用于吊索之间或吊索与构件吊环之间的连接。由弯环与销子两部分组成(见图9-10)。按弯环形式分,有D形卡环和弓形卡环;按销子与弯环的连接形式分,有螺栓式卡环和活络卡环。

螺栓式卡环的销子和弯环采用螺纹连接;活络式卡环的孔眼无螺纹,可直接抽出。螺栓式卡环使用较多,但在柱子吊装中多采用活络式卡环。

6.7.3 吊索

吊索又称千斤。吊索是由钢丝绳制成的,因此钢丝绳的允许拉力即为吊索的允许拉力,在使用时,其拉力不应超过其允许拉力。吊索有环状吊索和开式吊索两种(见图9-11)。

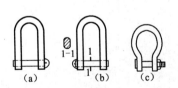

图 9-10 卡环
(a)螺栓式卡环(D形);(b)椭圆销活络卡环(D形);
(c)弓形卡环

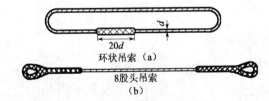

图 9-11 吊索

6.7.4 横吊梁

横吊梁又称铁扁担。常用于柱和屋架等构件的吊装。吊装柱子时容易使柱身直立而便于安装、校正;吊装屋架等构件时,可以降低起升高度和减少对构件的水平压力。

常用的横吊梁有滑轮横吊梁、钢板横吊梁、钢管横吊梁等(见图9-12、图9-13、图9-14)。

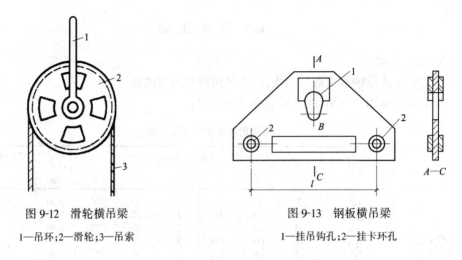

图 9-12　滑轮横吊梁

1—吊环;2—滑轮;3—吊索

图 9-13　钢板横吊梁

1—挂吊钩孔;2—挂卡环孔

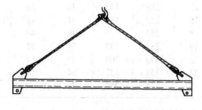

图 9-14　钢管横吊梁

复习思考题

1. 起重机械的种类有哪些? 试说明其特点和适用范围?
2. 试述履带式起重机的起重高度、起重半径与起重量之间的关系?
3. 在什么情况下对履带式起重机进行稳定性验算? 如何验算?
4. 滑车组有什么作用? 如何计算滑车组的跑头拉力?
5. 吊装常用钢丝绳的组成? 钢丝绳的允许拉力如何计算?

单元 10　钢结构安装准备

知 识 点：本单元讲述钢结构安装前图纸会审、设计变更、施工组织设计、文件资料的准备，作业条件准备，人员、材料、机具、道路等的准备。

教学目标：通过学习使学生了解钢结构安装前需做的准备工作，使学生做到心中有数，有充分准备进行安装施工。

课题 1　文件资料与技术准备

1.1　图纸会审和设计变更

钢结构安装前应进行图纸会审，在会审前施工单位应熟悉并掌握设计文件内容，发现设计中影响构件安装的问题，并查看与其他专业工程配合不适宜的方面。

1.1.1　图纸会审

在钢结构安装前，为了解决施工单位在熟悉图纸过程中发现的问题，将图纸中发现的技术难题和质量隐患消灭在萌芽之中，参建各方要进行图纸会审。

图纸会审的内容一般包括：

(1) 设计单位的资质是否满足，图纸是否经设计单位正式签署；

(2) 设计单位做设计意图说明和提出工艺要求，制作单位介绍钢结构主要制作工艺；

(3) 各专业图纸之间有无矛盾；

(4) 各图纸之间的平面位置、标高等是否一致，标注有无遗漏；

(5) 各专业工程施工程序和施工配合有无问题；

(6) 安装单位的施工方法能否满足设计要求。

1.1.2　设计变更

在施工图纸在使用前、使用后均会出现由于建设单位要求，或现场施工条件的变化，或国家政策法规的改变等原因而引起的设计变更。设计变更不论何原因，由谁提出都必须征得建设单位同意并且办理书面变更手续。设计变更的出现会对工期和费用产生影响，在实施时应严格按规定办事以明确责任，避免出现索赔事件不利于施工。

1.2　施工组织设计

1.2.1　施工组织设计的编制依据

(1)合同文件

上级主管部门批准的文件，施工合同、供应合同等。

(2)设计文件

设计图、施工详图、施工布置图、其他有关图纸。

(3)调查资料

现场自然资源情况(如气象、地形)、技术经济调查资料(如能源、交通)、社会调查资料(如政治、文化)等。

(4)技术标准

现行的施工验收规范、技术规程、操作规程等。

(5)其他

建设单位提供的条件、施工单位自有情况、企业总施工计划、国家法规等其他参考资料。

1.2.2　施工组织设计的内容

(1)工程概况及特点介绍;

(2)施工程序和工艺设计;

(3)施工机械的选择及吊装方案;

(4)施工现场平面图;

(5)施工进度计划;

(6)劳动组织、材料、机具需用量计划;

(7)质量措施、安全措施、降低成本措施等。

1.3　文件资料准备

(1)设计文件

钢结构设计图;建筑图;相关基础图;钢结构施工总图;各分部工程施工详图;其他有关图纸及技术文件。

(2)记录

图纸会审记录;支座或基础检查验收记录;构件加工制作检查记录等。

(3)文件资料

施工组织设计、施工方案或作业设计;技术交底;材料、成品质量合格证明文件及性能检测报告等。

课题 2　作业条件准备

2.1　中转场地的准备

高层钢结构安装是根据规定的安装流水顺序进行的,钢构件必须按照流水顺序的需要配套供应。如制造厂的钢构件供货是分批进行,同结构安装流水顺序不一致,或者现场条件有限,有时需要设置钢构件中转堆场用以起调节作用。中转堆场的主要作用是:

(1) 储存制造厂的钢构件(工地现场没有条件储存大量构件);

(2) 根据安装施工流水顺序进行构件配套,组织供应;

(3) 对钢构件质量进行检查和修复,保证以合适的构件送到现场。

钢结构通常在专门的钢结构加工厂制作,然后运至工地经过组装后进行吊装。钢结构构件应按安装程序保证及时供应,现场场地能满足堆放、检验、油漆、组装和配套供应的需要。钢结构按平面布置进行堆放,堆放时应注意下列事项:

(1) 堆放场地要坚实；

(2) 堆放场地要排水良好，不得有积水和杂物；

(3) 钢结构构件可以铺垫木水平堆放，支座间的距离应不使钢结构产生残余变形；

(4) 多层叠放时垫木应在一条垂线上；

(5) 不同类型的构件应分类堆放；

(6) 钢结构构件堆放位置要考虑施工安装顺序；

(7) 堆放高度一般不大于2m，屋架、桁架等宜立放，紧靠立柱支撑稳定；

(8) 堆垛之间需留出必要的通道，一般宽度为2m；

(9) 构件编号应放置在构件醒目处；

(10) 构件堆放在铁路或公路旁，并配备装卸机械。

2.2 钢构件的核查、编号与弹线

(1)清点构件的型号、数量，并按设计和规范要求对构件质量进行全面检查，包括构件强度与完整性(有无严重裂缝、扭曲、侧弯、损伤及其他严重缺陷)；外形和几何尺寸，平整度；埋设件、预留孔位置、尺寸和数量；接头钢筋吊环、埋设件的稳固程度和构件的轴线等是否准确，有无出厂合格证。如有超出设计或规范规定偏差，应在吊装前纠正。

(2)现场构件进行脱模，排放；场外构件进场及排放。

(3)按图纸对构件进行编号。不易辨别上下、左右、正反的构件，应在构件上用记号注明，以免吊装时搞错。

(4)在构件上根据就位、校正的需要弹好就位和校正线。柱弹出三面中心线，牛腿面与柱顶面中心线，±0.000线(或标高准线)，吊点位置；基础杯口应弹出纵横轴线；吊车梁、屋架等构件应在端头与顶面及支承处弹出中心线及标高线；在屋架(屋面梁)上弹出天窗架、屋面板或檩条的安装就位控制线，两端及顶面弹出安装中心线。

2.3 钢构件的接头及基础准备

2.3.1 接头准备

(1)准备和分类清理好各种金属支撑件及安装接头用连接板、螺栓、铁件和安装垫铁；施焊必要的连接件(如屋架、吊车梁垫板、柱支撑连接件及其余与柱连接相关的连接件)，以减少高空作业。

(2)清除构件接头部位及埋设件上的污物、铁锈。

(3)对于需组装拼装及临时加固的构件，按规定要求使其达到具备吊装条件。

(4)在基础杯口底部，根据柱子制作的实际长度(从牛腿至柱脚尺寸)误差，调整杯底标高，用1:2水泥砂浆找平，标高允许差为±5mm，以保持吊车梁的标高在同一水平面上；当预制柱采用垫板安装或重型钢柱采用杯口安装时，应在杯底设垫板处局部抹平，并加设小钢垫板。

(5)柱脚或杯口侧壁未划毛的，要在柱脚表面及杯口内稍加凿毛处理。

(6)钢柱基础，要根据钢柱实际长度牛腿间距离，钢板底板平整度检查结果，在柱基础表面浇筑标高块(块成十字式或四点式)，标高块强度不小于30MPa，表面埋设16～20mm厚钢板，基础上表面亦应凿毛。

2.3.2 基础准备

基础准备包括轴线误差量测、基础支承面的准备、支承面和支座表面标高与水平度的检验、地脚螺栓位置和伸出支承面长度的量测等。

(1)柱子基础轴线和标高正确是确保钢结构安装质量的基础,应根据基础的验收资料复核各项数据,并标注在基础表面上。多层及高层钢结构工程允许偏差可参照表 10-1 执行(单层钢结构也可参考)。

建筑物定位轴线、基础上柱的定位轴线和标高、

地脚螺栓(锚栓)的允许偏差(mm)　　　　表 10-1

项　　目	允　许　偏　差	图　　　例
建筑物定位轴线	$L/20000$,且不应大于 3.0	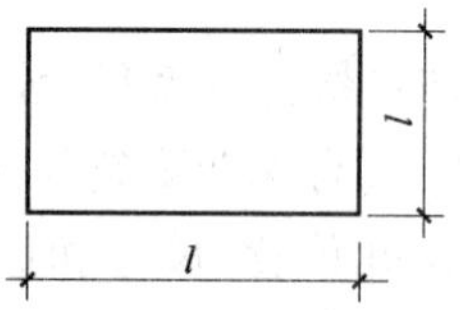
基础上柱的定位轴线	1.0	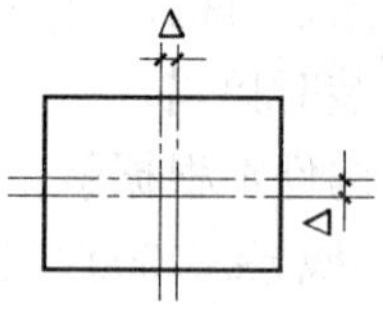
基础上柱底标高	±2.0	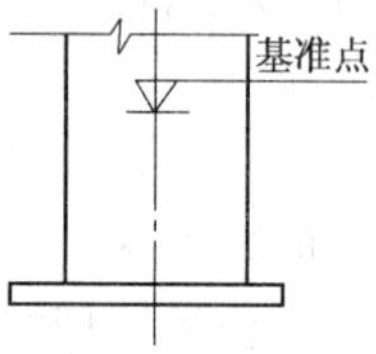
地脚螺栓(锚栓)位移	2.0	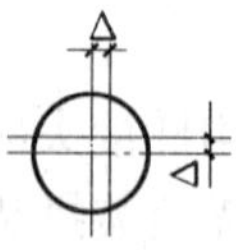

(2)基础支承面的准备有两种做法,一种是基础一次浇筑到设计标高,即基础表面先浇筑到设计标高以下 20～30mm 处,然后在设计标高处设角钢或槽钢制导架,测准其标高,再以导架为依据用水泥砂浆仔细铺筑支座表面;另一种是基础预留标高,安装时做足,即基础表面先浇筑至距设计标高 50～60mm 处,柱子吊装时,在基础面上放钢垫板以调整标高,待柱子吊装就位后,再在钢柱脚底板下浇筑细石混凝土。

(3)基础顶面直接作为柱的支承面和基础顶面预埋钢板或支座作为柱的支承面时,其支承面、地脚螺栓(锚栓)的允许偏差应符合表 10-2 的规定。

202

支承面、地脚螺栓(锚栓)位置的允许偏差 (mm)　　表 10-2

项　　目		允　许　偏　差
支　承　面	标　　高	±3.0
	水　平　度	$l/1000$
地脚螺栓(锚栓)	螺栓中心偏移	5.0
预留孔中心偏移		10.0

(4)钢柱脚采用钢垫板作支承时,应符合下列规定:

1)钢垫板面积应根据基础混凝土和抗压强度、柱脚底板下细石混凝土二次浇灌前柱底承受的荷载和地脚螺栓(锚栓)的紧固拉力计算确定。

2)垫板应设置在靠近地脚螺栓(锚栓)的柱脚底板加劲板下,每根地脚螺栓(锚栓)侧应设 1～2 组垫板,每组垫板不得多于 5 块。垫板与基础面和柱底面的接触应平整、紧密。当采用成对斜垫板时,其叠合长度不应小于垫板长度的 2/3。二次浇灌混凝土前垫板间应焊接固定。

3)采用坐浆垫板时,应采用无收缩砂浆。柱子吊装前砂浆试块强度应高于基础混凝土强度一个等级。坐浆垫板的允许偏差应符合表 10-3 的规定。

座浆垫板的允许偏差(mm)　　表 10-3

项　　目	允　许　偏　差
顶　面　标　高	0 -3.0
水　平　度	$l/1000$
位　　置	20.0

(5)采用杯口基础时,杯口尺寸的允许偏差应符合表 10-4 的规定。

杯口尺寸的允许偏差(mm)　　表 10-4

项　　目	允　许　偏　差
底　面　标　高	0.0 -5.0
杯　口　深　度 H	±5.0
杯　口　垂　直　度	$H/100$,且不应大于 10.0
位　　置	10.0

(6)地脚螺栓(锚栓)尺寸的偏差应符合表 10-5 的规定,位置的允许偏差见表 10-1 的规定。地脚螺栓(锚栓)的螺纹应受到保护。

地脚螺栓(锚栓)尺寸的允许偏差(mm)　　表 10-5

项　　目	允　许　偏　差
螺栓(锚栓)露出长度	+30.0 0.0
螺纹长度	+30.0 0.0

课题 3 其他安装准备

3.1 吊装机具、材料、人员准备

(1)检查吊装用的起重设备、配套机具、工具等是否齐全、完好,运输是否灵活,并进行试运转。

(2)准备好并检查吊索、卡环、绳卡、横吊梁、倒链、千斤顶、滑车等吊具的强度和数量是否满足吊装需要。

(3)准备吊装用工具,如高空用吊挂脚手架、操作台、爬梯、溜绳、缆风绳、撬杠、大锤、钢(木)楔、垫木铁垫片、线锤、钢尺、水平尺,测量标记以及水准仪经纬仪等。

(4)做好埋设地锚等工作。

(5)准备施工用料,如加固脚手杆、电焊、气焊设备、材料等的供应准备。

(6)按吊装顺序组织施工人员进场,并进行有关技术交底、培训、安全教育。

3.2 道路临时设施准备

(1)整平场地、修筑构件运输和起重吊装开行的临时道路,并做好现场排水设施。

(2)清除工程吊装范围内的障碍物,如旧建筑物、地下电缆管线等。

(3)敷设吊装用供水、供电、供气及通讯线路。

(4)修建临时建筑物,如工地办公室、材料、机具仓库、工具房、电焊机房、工人休息室、开水房等。

复习思考题

1.图纸会审的内容包括哪些?

2.基础准备包括哪些内容?

3.试述道路临时设施准备内容。

单元 11 钢结构安装施工

知 识 点:本单元讲述钢柱、钢梁、钢桁架等基本钢构件的安装工艺方法,讲述钢结构构件的连接施工方法和要求,重点介绍了钢结构工程的安装方案、质量控制、质量通病防治和安全技术要求。

教学目标:通过本单元的学习,学生应具有对一般钢结构工程制定安装方案、编制安全技术措施的能力。掌握钢结构工程安装的质量控制要点。

课题 1 钢柱安装

钢柱类型很多,有单层和多层,有长短,有轻重,其断面形式有□、Ⅰ、十、○、Ⅱ、Ⅲ等。其安装涉及如下内容:

1.1 吊 点 选 择

吊点位置及吊点数量,根据钢柱形状、断面、长度、起重机性能等具体情况确定。

通常钢柱弹性和刚性都很好,可采用一点正吊,吊点设在柱顶处。这样,柱身易于垂直,易于对位校正。当受到起重机械臂杆长度限制时,吊点也可设在柱长 1/3 处,此时,吊点斜吊,对位校正较难。

对细长钢柱,为防止钢柱变形,也可采用两点或三点吊。

为了保证吊装时索具安全及便于安装校正,吊装钢柱时在吊点部位预先安有吊耳(图 11-1),吊装完毕再割去。如不采用在吊点部位焊接吊耳,也可采用直接用钢丝绳绑扎钢柱,此时,钢柱(□、Ⅰ)绑扎点处钢柱四角应用割缝钢管或方形木条做包角保护,以防钢丝绳割断。工字形钢柱为防止局部受挤压破坏,可加一加强肋板在绑扎点处加支撑杆加强。

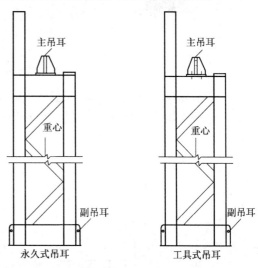

图 11-1 吊耳的设置

1.2 起 吊 方 法

起吊方法应根据钢柱类型、起重设备和现场条件确定。起重机械可采用单机、双机、三机等,见图 11-2。起吊方法可采用旋转法、滑行法、递送法。

旋转法是起重机边起钩边回转使钢柱绕柱脚旋转而将钢柱吊起(图 11-3)。

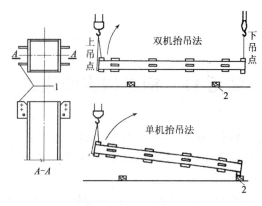

图 11-2　钢柱吊装

1—吊耳;2—垫木

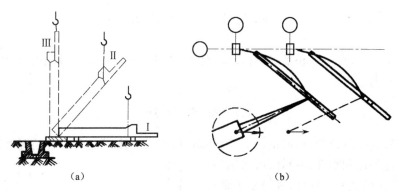

(a)　　　　　　　　　　　　(b)

图 11-3　用旋转法吊柱

(a)旋转过程;(b)平面布置

　　滑行法是采用单机或双机抬吊钢柱,起重机只起钩,使钢柱滑行而将钢柱吊起。为减少钢柱与地面摩阻力,需在柱脚下铺设滑行道(图 11-4)。

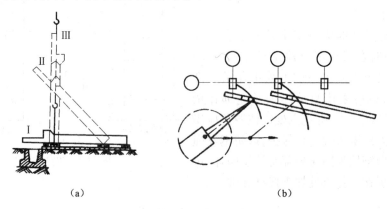

(a)　　　　　　　　　　　　(b)

图 11-4　用滑行法吊柱

(a)滑行过程;(b)平面布置

　　递送法采用双机或三机抬吊钢柱。其中一台为副机吊点选在钢柱下面,起吊时配合主机起钩,随着主机的起吊,副机行走或回转。在递送过程中副机承担了一部分荷载,将钢柱

206

脚递送到柱基础顶面,副机脱钩卸去荷载,此时主机满荷,将柱就位(图11-5)。

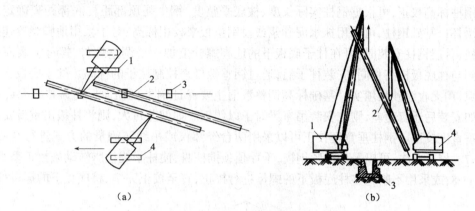

图 11-5 双机抬吊递送法

(a)平面布置;(b)递送过程

1—主机;2—柱子;3—基础;4—副机

1.3 钢柱临时固定

对于采用杯口基础钢柱,柱子插入杯口就位,初步校正后即可用钢(或硬木)楔临时固定。方法是当柱插入杯口使柱身中心线对准杯口(或杯底)中心线后刹车,用撬杠拨正初校,在柱子杯口壁之间的四周空隙,每边塞入2个钢(或硬木)楔,再将钢柱下落到杯底后复查对位,同时打紧两侧的楔子,起重机脱钩完成一个钢柱吊装,见图11-6。对于采用地脚螺栓方式连接的钢柱,钢柱吊装就位并初步调整柱底与基础基准线达到准确位置后,拧紧全部螺栓螺母,进行临时固定,达到安全后摘除吊钩。

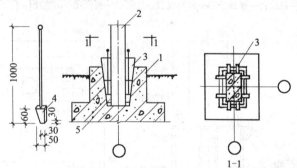

图 11-6 柱临时固定方法

1—杯形基础;2—柱;3—钢或木楔;4—钢塞;5—嵌小钢塞或卵石

对于重型或高10m以上细长柱及杯口较浅的钢柱,或遇到刮风天气,有时还在钢柱大面两侧加设缆风绳或支撑来临时固定。

1.4 钢柱的校正及最后固定

1.4.1 钢柱的校正

钢柱的校正工作一般包括平面位置、标高及垂直度三个内容。钢柱的校正工作主要是校正垂直度和复查标高,钢柱的平面位置在钢柱吊装时已基本校正完毕。

钢柱标高校正,可根据钢柱实际长度、柱底平整度、钢牛腿顶部距柱底部距离确定。对于采用杯口基础钢柱,可采用抹水泥砂浆或设钢垫板来校正标高;对于采用地脚螺栓连接方式钢柱,首层钢柱安装时,可在柱子底板下的地脚螺栓上加一个调整螺母,螺母上表面标高调整到与柱底板标高相同,安装柱子后,通过调整螺母来控制柱子的标高。柱子底板下预留的空隙,用无收缩砂浆填实。基础标高调整数值主要保证钢牛腿顶面标高偏差在允许范围内。如安装后还有超差,则在安装吊车梁时予以纠正。如偏差过大,则将柱拔出重新安装。

垂直度校正。钢柱垂直度校正可以采用两台经纬仪或吊线坠测量的方式进行观测,见图 11-7。校正方法,可以采用松紧钢楔,千斤顶顶推柱身,使柱子绕柱脚转动来校正垂直度,见图 11-8;或采用不断调整柱底板下的螺母进行校正,直至校正完毕,将底板下的螺母拧紧。

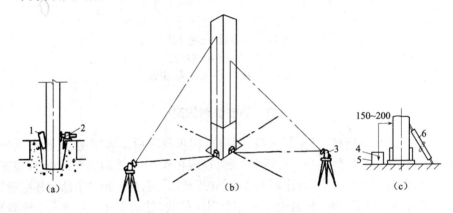

图 11-7　柱子校正示意图

(a)就位调整;(b)用两台经纬仪测量;(c)线坠测量

1—楔块;2—螺丝顶;3—经纬仪;4—线坠;5—水桶;6—调整螺杆千斤顶

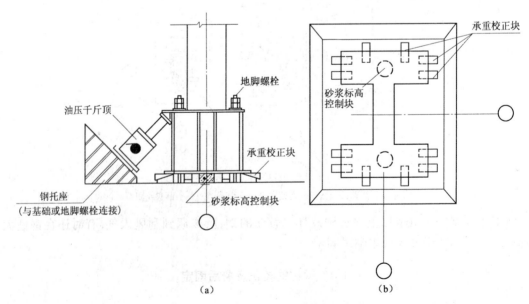

图 11-8　用千斤顶校正垂直度

(a)千斤顶校正垂直度;(b)千斤顶校正的整部面示意图

钢柱校正的其他方法还有松进楔子和千斤顶校正法、撑杆校正法、缆风绳校正法。松进楔子和千斤顶校正法可以对钢柱平面位置、标高及垂直度进行校正,该法工具简单、工效高,适用于大、中型各种形式柱的校正,被广泛采用;撑杆校正法可以对钢柱垂直度进行校正,该法工具较简单,适用于10m以下的矩形或工字形中、小型柱的校正,见图11-9;缆风绳校正法可以对钢柱垂直度进行校正,该法需要较多缆风绳,操作麻烦,占用场地大,常影响其他作业进行,同时校正后回弹影响精度,仅适用于校正长度不大、稳定性差的中、小型柱子,见图11-10。

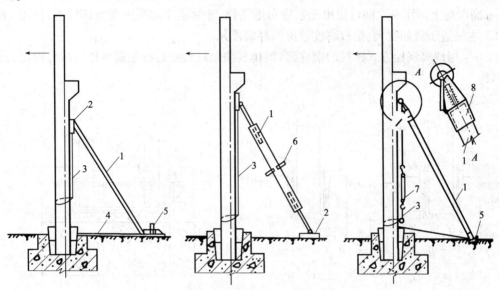

图 11-9　木杆或钢管撑杆校正柱垂直度

1—木杆或钢管撑杆;2—摩擦板;3—钢线绳;4—槽钢撑头;5—木楔或撬杠;6—转动手柄;7—倒链;8—钢套

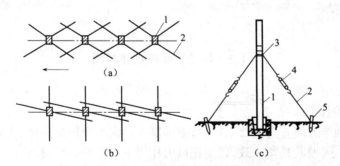

图 11-10　缆风绳校正法

(a)、(b)缆风绳平面布置;(c)缆风绳校正方法

1—柱;2—缆风绳用 3φ9 ~ 12mm 钢丝绳或 φ6mm 钢筋;

3—钢箍;4—花篮螺栓或 5kN 倒链;5—木桩或固定在建筑物上

1.4.2　最后固定

钢柱最后校正完毕后,应立即进行最后固定。

对无垫板安装钢柱的固定方法是在柱子与杯口的空隙内灌注细石混凝土。灌注前,先清理并湿润杯口,灌注分两次进行,第一次灌注至楔子底面,待混凝土强度等级达到 25%

后,拔出楔子,第二次灌注混凝土至杯口。对采用缆风绳校正法校正的柱子,需待第二次灌注混凝土达到70%时,方可拆除缆风绳。

对有垫板安装钢柱的二次灌注方法,通常采用赶浆法或压浆法。赶浆法是在杯口一侧灌强度等级高一级的无收缩砂浆(掺水泥用量0.03‰~0.05‰的铝粉)或细豆石混凝土,用细振动棒振捣使砂浆从柱底另一侧挤出,待填满柱底周围约10cm高,接着在杯口四周均匀地灌细石混凝土至与杯口平,见图11-11(a);压浆法是于杯口空隙内插入压浆管与排气管,先灌20cm高混凝土,并插捣密实,然后开始压浆,待混凝土被挤压上拱,停止顶压;再灌20cm高混凝土顶压一次即可拔出压浆管和排气管,继续灌注混凝土至与杯口平,见图11-11(b)。本法适于截面很大、垫板高度较薄的杯底灌浆。

对采用地脚螺栓方式连接的钢柱,当钢柱安装最后校正后拧紧螺母进行最后固定,见图11-12。

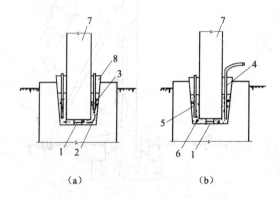

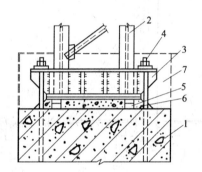

图11-11 有垫板安装柱子灌浆方法

(a)用赶浆法二次灌浆;(b)用压浆法二次灌浆

1—钢垫板;2—细石混凝土;3—插入式振动器;

4—压浆管;5—排气管;6—水泥砂浆;7—柱;8—钢楔

图11-12 用预埋地脚螺栓固定

1—柱基础;2—钢柱;3—钢柱脚;4—地脚螺栓;

5—钢垫板;6—二次灌浆细石混凝土;

7—柱脚外包混凝土

1.5　钢柱安装的注意事项

(1)钢柱校正应先校正偏差大的一面,后校正偏差小的一面,如两个面偏差数字相近,则应先校正小面,后校正大面。

(2)钢柱在两个方向垂直度校正好后,应再复查一次平面轴线和标高,如符合要求,则打紧柱四周八个楔子,使其松紧一致,以免在风力作用下向松的一面倾斜。

(3)钢柱垂直度校正须用两台精密经纬仪观测,观测的上测点应设在柱顶,仪器架设位置应使其望远镜的旋转面与观测面尽量垂直(夹角应大于75°),以避免产生测量差误。

(4)钢柱插入杯口后应迅速对准纵横轴线,并在杯底处用钢楔把柱脚卡牢,在柱子倾斜一面敲打楔子,对面楔子只能松动,不得拔出,以防柱子倾倒。

(5)风力影响。风力对柱面产生压力,柱面的宽度越宽,柱子高度越高,受风力影响也就越大,影响柱子的侧向弯曲也就越大。因此,柱子校正操作时,当柱子高度在8m以上,风力超过5级时不能进行。

1.6 安 装 验 收

根据 GB 50205—2001 的规定,钢柱安装验收标准如下:

(1)单层钢结构中柱子安装的允许偏差,见表 11-1。检查数量按钢柱数量抽查 10%,且不应少于 3 件。

(2)多层及高层钢结构中柱子安装的允许偏差,见表 11-2。用全站仪式激光经纬仪和钢尺实测,标准柱全部检查,非标准柱抽查 10%,且不应少于 3 根。

单层钢结构中柱子安装的允许偏差(mm)　　　　　　　　　　　　　表 11-1

项　目		允　许　偏　差	图　例	检　验　方　法
柱脚底座中心线对定位轴线的偏移		5.0		用吊线和钢尺检查
柱基准点标高	有吊车梁的柱	+3.0 -5.0		用水准仪检查
	无吊车梁的柱	+5.0 -8.0		
弯 曲 矢 高		$H/1200$,且不应大于 15.0		用经纬仪或拉线和钢尺检查
柱轴线垂直度	单层柱 $H \leqslant 10$m	$H/1000$		用经纬仪或吊线和钢尺检查
	单层柱 $H > 10$m	$H/1000$,且不应大于 25.0		
	多节柱 单节柱	$H/1000$,且不应大于 10.0		
	多节柱 柱全高	35.0		

多层及高层钢结构中柱子安装的允许偏差(mm)　　　　　　　　　　表 11-2

项　目	允　许　偏　差	图　例
底层柱柱底轴线对定位轴线偏移	3.0	

项　目	允　许　偏　差	图　例
柱子定位轴线	1.0	
单节柱的垂直度	$H/1000$,且不应大于 10.0	

课题 2　钢吊车梁与钢屋架的安装

在钢柱吊装完成并经校正固定于基础上之后,即可吊装吊车梁等构件。

2.1　钢吊车梁安装

2.1.1　吊点选择

钢吊车梁一般采用两点绑扎,对称起吊。吊钩应对称于梁的重心,以便使梁起吊后保持水平,梁的两端用油绳控制,以防吊升就位时左右摆动,碰撞柱子。

对梁上设有预埋吊环的钢吊车梁,可采用带钢钩的吊索直接钩住吊环起吊;对梁自重较大的钢吊车梁,应用卡环与吊环吊索相互连接起吊;梁上未设置吊环的钢吊车梁,可在梁端靠近支点处用轻便吊索配合卡环绕钢吊车梁下部左右对称绑扎吊装(见图 11-13);或用工具式吊耳吊装(见图 11-14)。当起重能力允许时,也可采用将吊车梁与制动梁(或桁架)及支撑等组成一个大部件进行整体吊装,见图 11-15。

2.1.2　吊升就位和临时固定

在屋盖吊装之前安装钢吊车梁时,可采用各种起重机进行;在屋盖吊装完毕之后安装钢吊车梁时,可采用短臂履带式起重机或独脚桅杆起吊,如无起重机械,也可在屋架端头或柱顶拴滑轮组来安装钢吊车梁,采用此法时对屋架绑扎位置或柱顶应通过验算确定。

钢吊车梁布置宜接近安装位置,使梁重心对准安装中心。安装顺序可由一端向另一端,或从中间向两端顺序进行。当梁吊升至设计位置离支座顶面约 20cm 时,用人力扶正,使梁中心线与支承面中心

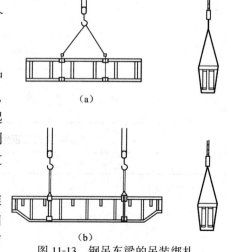

(a)

(b)

图 11-13　钢吊车梁的吊装绑扎
(a)单机起吊绑扎;(b)双机抬吊绑扎

线(或已安装相邻梁中心线)对准,使两端搁置长度相等,缓缓下落,如有偏差,稍稍起吊用撬杠撬正,如支座不平,可用斜铁片垫平。

吊车梁就位后,因梁本身稳定性较好,仅用垫铁垫平即可,不需采取临时固定措施。当梁高度与宽度之比大于4,或遇五级以上大风时,脱钩前,宜用铁丝将钢吊车梁临时捆绑在柱子上临时固定,以防倾倒。

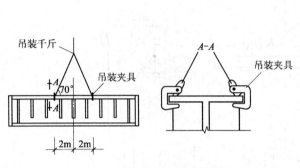

图 11-14 利用工具式吊耳吊装

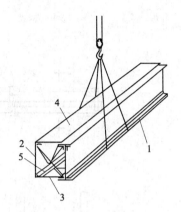

图 11-15 钢吊车梁的组合吊装

1—钢吊车梁;2—侧面桁架;3—底面桁架;
4—上平面桁架及走台;5—斜撑

2.1.3 校正

钢吊车梁校正一般在梁全部安装完毕,屋面构件校正并最后固定后进行。但对重量较大的钢吊车梁,因脱钩后撬动比较困难,宜采取边吊边校正的方法。校正内容包括中心线(位移)、轴线间距(跨距)、标高、垂直度等。纵向位移在就位时已基本校正。故校正主要为横向位移。

吊车梁中心线与轴线间距校正。校正吊车梁中心线与轴线间距时,先在吊车轨道两端的地面上,根据柱轴线放出吊车轨道轴线,用钢尺校正两轴线的距离,再用经纬仪放线,钢丝挂线锤或在两端拉钢丝等方法较正,见图11-16。如有偏差,用撬杠拨正,或在梁端设螺栓,液压千斤顶侧向顶正,见图11-17。或在柱头挂倒链将吊车梁吊起或用杠杆将吊车梁抬起,见图11-18,再用撬杠配合移动拨正。

吊车梁标高的校正。当一跨即两排吊车梁全部吊装完毕后,将一台水准仪架设在某一钢吊车梁上或专门搭设的平台上,进行每梁两端的高程测量,计算各点所需垫板厚度,或在柱上测出一定高度的水准点,再用钢尺或样杆量出水准点至梁面铺轨需要的高度,根据测定标高进行校正。校正时用撬杠撬起或在柱头屋架上弦端头节点上挂倒链将吊车梁需垫垫板的一端吊起。重型柱可在梁一端下部用千斤顶顶起填塞铁片,见图11-17(b)。

吊车梁垂直度的校正。在校正标高的同时,用靠尺或线锤在吊车梁的两端测垂直度(图11-19),用楔形钢板在一侧填塞校正。

2.1.4 最后固定

钢吊车梁校正完毕后应立即将钢吊车梁与柱牛腿上的预埋件焊接牢固,并在梁柱接头处、吊车梁与柱的空隙处支模浇筑细石混凝土并养护。或将螺母拧紧,将支座与牛腿上垫板焊接进行最后固定。

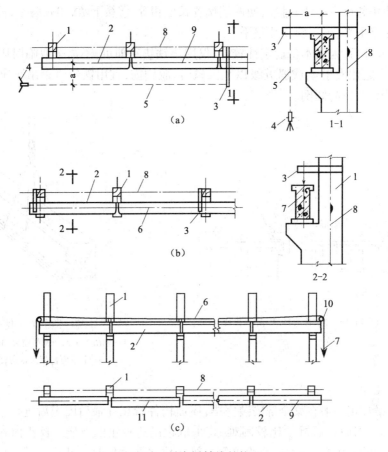

图 11-16　吊车梁轴线的校正

(a)仪器法校正;(b)线锤法校正;(c)通线法校正

1—柱;2—吊车梁;3—短木尺;4—经纬仪;5—经纬仪与梁轴线平行视线;6—铁丝;

7—线锤;8—柱轴线;9—吊车梁轴线;10—钢管或圆钢;11—偏离中心线的吊车梁

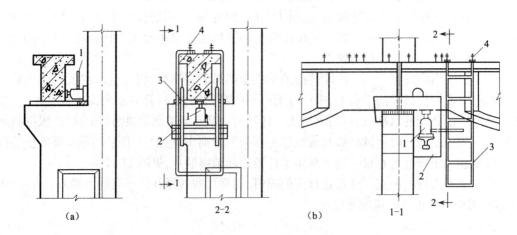

图 11-17　用千斤顶校正吊车梁

(a)千斤顶校正侧向位移;(b)千斤顶校正垂直度

1—液压(或螺栓)千斤顶;2—钢托架;3—钢爬梯;4—螺栓

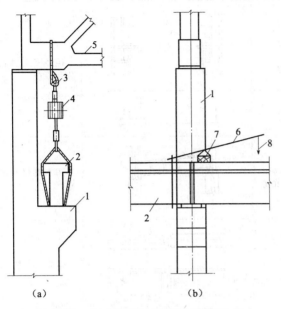

图 11-18　用悬挂法和杠杆法校正吊车梁

(a)悬挂法校正;(b)杠杆法校正

1—柱;2—吊车梁;3—吊索;4—倒链;

5—屋架;6—杠杆;7—支点;8—着力点

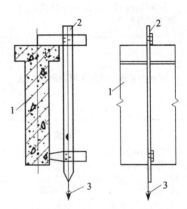

图 11-19　吊车梁垂直度的校正

1—吊车梁;2—靠尺;3—线锤

2.1.5　安装验收

根据 GB 50205—2001 的规定,钢吊车梁的允许偏差见表 11-3。

钢吊车梁安装的允许偏差(mm)　　　　　　　　　表 11-3

项　　目		允许偏差	图　　例	检 验 方 法
梁跨中的垂直度 Δ		$h/500$		用吊线和钢尺检查
侧向弯曲矢高		$l/1500$ 且不大于 10.0		用拉线和钢尺检查
垂直上拱矢高		10.0		
两端支座中心位移(Δ)	安装在钢柱上,对牛腿中心的偏移	5.0		
	安装在混凝土柱上,对定位轴线偏移	5.0		
吊车梁支座加劲板中心与柱子承压加劲板中心偏移(Δ₁)		$t/2$		用吊线和钢尺检查

215

项　目		允许偏差	图　例	检　验　方　法
同跨间内同一横截面吊车梁顶面高差 △	支　座　处	10.0	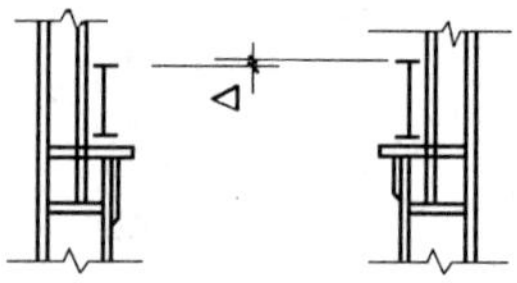	用经纬仪、水准仪和钢尺检查
	其　他　处	15.0		
同跨间内同一横截面下挂式吊车梁底面高差 △		10.0	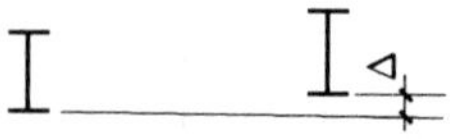	用水准仪和钢尺检查
同列相邻两柱间吊车梁顶面高差 △		$l/1500$ 且不大于 10.0	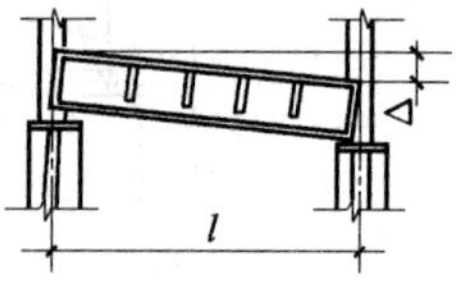	用水准仪和钢尺检查
相邻两吊车梁接头部位 △	中心错位	3.0	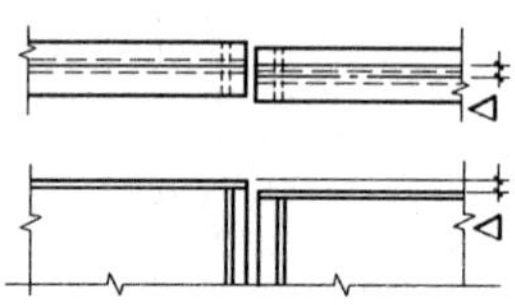	用钢尺检查
	上承式顶面高差	1.0		
	上承式底面高差	1.0		
同跨间任一截面的吊车梁中心跨距 △		±10.0	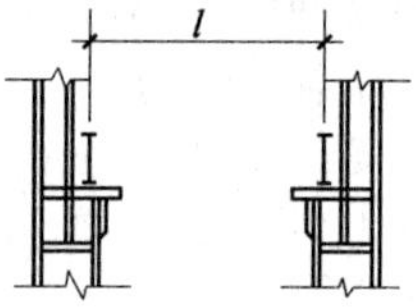	用经纬仪和光电测距仪检查;跨度小时,可用钢尺检查
轨道中心对吊车梁腹板轴线偏移 △		$t/2$	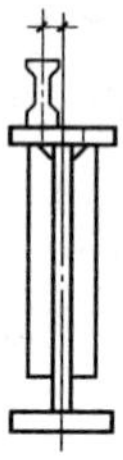	用吊线和钢尺检查

2.2　钢屋架安装

2.2.1　吊点选择

钢屋架的绑扎点应选在屋架节点上,左右对称于钢屋架的重心,否则应采取防止屋架倾斜的措施。由于钢屋架的侧向刚度较差,吊装前应验算钢屋架平面外刚度,如刚度不足时,可采取增加吊点的位置或采用加铁扁担的施工方法。

为减少高空作业,提高生产率,可在地面上将天窗架预先拼装在屋架上,并将吊索两面绑扎,把天窗架夹在中间,以保证整体安装的稳定,如图 11-20 中虚线所示。

2.2.2　吊升就位

当屋架起吊离地 50cm 时检查无误后再继续起吊,对准屋架基座中心线与定位轴线就位,并做初步校正,然后进行临时固定。

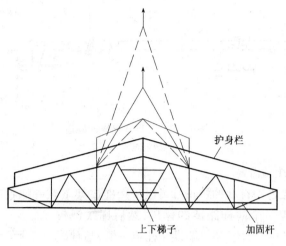

图 11-20　钢屋架吊装示意

2.2.3　临时固定

第一榀屋架吊升就位后,可在屋架两侧设缆风绳固定,然后再使起重机脱钩。如果端部有抗风柱,校正后可与抗风柱固定,见图 11-21。第二榀屋架同样吊升就位后,可用绳索临时与第一榀屋架固定。从第三榀屋架开始,在屋架脊点及上弦中点装上檩条即可将屋架顺时固定,见图 11-22。第二榀及以后各榀屋架也可用工具式支撑临时固定到前一榀屋架上,见图 11-23。

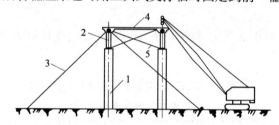

图 11-21　屋架的临时固定

1—柱子;2—屋架;3—缆风绳;4—工具式支撑;5—屋架垂直支撑

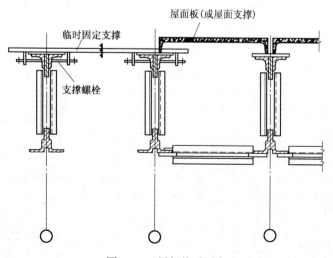

图 11-22　屋架临时固定

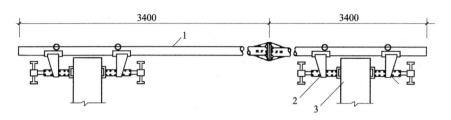

图 11-23　工具式支撑的构造

1—钢管；2—撑脚；3—屋架上弦

2.2.4　校正及最后固定

钢屋架校正主要是垂直度的校正。可以采用在屋架下弦一侧拉一根通长钢丝,同时在屋架上弦中心线挑出一个同样距离的标尺,然后用线锤校正,见图 11-24。也可用一台经纬仪架设在柱顶一侧,与轴线平移距离 a 处,在对面柱子上同样有一距离为 a 的点,从屋架中线处用标尺挑出距离 a,当三点在一条线上时,则说明屋架垂直。如有误差,可通过调整工具式支撑或绳索,并在屋架端部支承面垫入薄铁片进行调整。

钢屋架校正完毕后,拧紧连接螺栓或电焊焊牢作为最后固定。

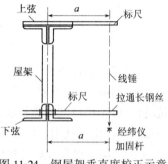

图 11-24　钢屋架垂直度校正示意

2.2.5　安装验收

根据 GB 50205—2001 的规定,钢屋(托)架、桁架、梁及受压件垂直度和侧向弯曲矢高的允许偏差,见表 11-4。

钢屋(托)架、桁架、梁及受压件垂直度和侧向
弯曲矢高的允许偏差　　　　　　　　　　　表 11-4

项　　　　目	允　许　偏　差　(mm)		图　　　　例
跨中的垂直度	$h/250$,且不应大于 15.0		
侧向弯曲矢高 f	$L \leqslant 30m$	$L/1000$,且不应大于 10.0	
	$30m < L \leqslant 60m$	$L/1000$,且不应大于 30.0	
	$L > 60m$	$L/1000$,且不应大于 50.0	

课题3 钢结构构件连接施工

3.1 普通螺栓连接施工

钢结构普通螺栓连接即将普通螺栓、螺母、垫圈机械地和连接件连接在一起形成的一种连接形式。荷载是通过螺栓杆受剪、连接板孔壁承压来传递的,连接螺栓和连接板孔壁之间有间隙,接头受力后会产生较大的滑移变形。一般受力较大的结构或承受动荷载的结构,当采用普通螺栓连接时,螺栓应采用精制螺栓以减少接头的变形量。精制螺栓连接加工费用高,施工难度大,工程上已极少使用,逐渐被高强度螺栓连接所替代。

3.1.1 普通螺栓种类和规格

螺栓按照性能等级分 3.6、4.6、4.8、5.6、5.8、6.8、8.8、9.8、10.9、12.9 等十个等级,其中 8.8 级以上的螺栓材质为低碳合金钢和中碳钢经热处理,通称高强度螺栓,8.8 级以下(不含)通称普通螺栓。

螺栓性能等级标号由两部分数字组成,分别表示螺栓的公称抗拉强度和材质的屈强比。例如性能等级 4.6 级的螺栓其含意为:第一部分数字("4")表示螺栓材质公称抗拉强度 (N/mm^2) 的 1/100;第二部分数字("6")表示螺栓材质屈服比的 10 倍;两部分数字的乘积 $(4 \times 6 = 24)$ 为螺栓材质的公称屈服点 (N/mm^2) 的 1/10。

普通螺栓按照形式可分为六角头螺栓、双头螺栓、沉头螺栓等;按制作精度可分为 A、B、C 三个等级,A、B 级为精制螺栓,C 级为粗制螺栓。钢结构用连接螺栓,除特殊注明外,一般即为普通粗制 C 级螺栓。

普通螺栓的通用规格为 M8、M10、M12、M16、M20、M24、M30、M36、M42、M48、M56 和 M64 等。

3.1.2 普通螺栓连接施工

(1)一般要求

普通螺栓作为永久性连接螺栓时,应符合下列要求:

1)为增大承压面积,螺栓头和螺母下面应放置平垫圈;

2)螺栓头下面放置垫圈不得多于 2 个,螺母下放置垫圈不应多于 1 个;

3)对设计要求防松动的螺栓,应采用有防松装置的螺母或弹簧垫圈或用人工方法采取防松措施;

4)对工字钢、槽钢类型钢应尽量使用斜垫圈,使螺母和螺栓头部的支承面垂直于螺杆;

5)螺杆规格选择、连接形式、螺栓的布置、螺栓孔尺寸符合设计要求及有关规定。

(2)螺栓的紧固及检验

普通螺栓连接对螺栓紧固力没有具体要求。以施工人员紧固螺栓时的手感及连接接头的外形控制为准,即施工人员使用普通扳手靠自己的力量拧紧螺母即可,能保证被连接面密贴,无明显的间隙。为了保证连接接头中各螺栓受力均匀,螺栓的紧固次序宜从中间对称向两侧进行;对大型接头宜采用复拧方式,即两次紧固。

普通螺栓连接螺栓紧固检验比较简单,一般采用锤击法,即用 3kg 小锤,一手扶螺栓(或螺母)头,另一手用锤敲击,如螺栓头(螺母)不偏移、不颤动、不转动,锤声比较干脆,说明螺栓紧固质量良好。否则需重新紧固。永久性普通螺栓紧固应牢固、可靠、外露丝扣不应少于2扣。检查数量,按连接点数抽查10%,且不应少于3个。

3.2 高强度螺栓连接施工

高强度螺栓连接已经发展成为与焊接并举的钢结构主要连接形式之一。因具有受力性能好,耐疲劳,抗震性能好,连接刚度高,施工简便等特点,成为钢结构安装的主要手段之一。安装时,先对构件连接端及连接板表面经特殊处理,形成粗糙面,随后对高强度螺栓施加预拉力,使紧固部位产生很大的摩擦力。

3.2.1 高强度螺栓连接副

高强度螺栓从外形上可分为大六角头高强度螺栓和扭剪型高强度螺栓两种类型,见图11-25。按性能等级分为8.8级、10.9级、12.9级,目前我国使用的大六角头高强度螺栓有8.8级和10.9级两种,扭剪型高强度螺栓只有10.9级一种。

图11-25 高强度
螺栓构造
(a)大六角高强度螺栓;
(b)扭剪型高强度螺栓

高强度螺栓连接副是一整套的含义,包括一个螺栓、一个螺母和一至两个垫圈。高强度大六角头螺栓连接副包括一个螺栓、一个螺母和两个垫圈(螺头和螺母两侧各一个垫圈);扭剪型高强度螺栓连接副包括一个螺栓、一个螺母和一个垫圈。高强度螺栓连接副应在同批内配套使用。

3.2.2 高强度螺栓连接施工

(1)一般规定

高强度螺栓连接施工时,应符合下列要求:

1)高强度螺栓连接副应有质量保证书,由制造厂按批配套供货;

2)高强度螺栓连接施工前,应对连接副和连接件进行检查和复验,合格后再进行施工;

3)高强度螺栓连接安装时,在每个节点上应穿入的临时螺栓和冲钉数量,由安装时可能承担的荷载计算确定,并应符合下列规定:①不得少于安装总数的1/3;②不得少于两个临时螺栓;③冲钉穿入数量不宜多于临时螺栓的30%;

4)不得用高强度螺栓兼做临时螺栓,以防损伤螺纹;

5)高强度螺栓的安装应能自由穿入,严禁强行穿入,如不能自由穿入时,应用铰刀进行修整,修整后的孔径应小于1.2倍螺栓直径;

6)高强度螺栓的安装应在结构构件中心位置调整后进行,其穿入方向应以施工方便为准,并力求一致,安装时注意垫圈的正反面;

7)高强度螺栓孔应采取钻孔成形的方法,孔边应无飞边和毛刺,螺栓孔径应符合设计要求,孔径允许偏差见表11-5;

高强度螺栓连接构件制孔允许偏差 表11-5

名　称		直　径　及　允　许　偏　差　(mm)						
螺　栓	直　径	12	16	20	22	24	27	30
	允许偏差	±0.43		±0.52			±0.84	
螺栓孔	直　径	13.5	17.5	22	(24)	26	(30)	33
	允许偏差	+0.43 / 0		+0.52 / 0			+0.84 / 0	

名　　　称	直　径　及　允　许　偏　差　（mm）	
圆度（最大和最小直径之差）	1.00	1.50
中心线倾斜度	应不大于板厚的3%，且单层板不得大于2.0mm，多层板迭组合不得大于3.0mm	

8）高强度螺栓连接构件螺栓孔的孔距及边距应符合表11-6要求，还应考虑专用施工机具的可操作空间；

高强度螺栓的孔距和边距值表　　　　　　　表11-6

名　　　称	位　置　和　方　向		最大值（取两者的较小值）	最　小　值
中心间距	外　　排		$8d_0$ 或 $12t$	$3d_0$
	中 间 排	构件受压力	$12d_0$ 或 $18t$	
		构件受拉力	$16d_0$ 或 $24t$	
中心至构件	顺内力方向		$4d_0$ 或 $8t$	$2d_0$
边缘的距离	垂直内力方向	切　割　边		$1.5d_0$
		轧　制　边		$1.5d_0$

注：1. d_0 为高强度螺栓的孔径；t 为外层较薄板件的厚度；
　　2. 钢板边缘与刚性构件（如角钢、槽钢等）相连的高强度螺栓的最大间距，可按中间排数值采用。

9）高强度螺栓连接构件的孔距允许偏差符合表11-7的规定。

高强度螺栓连接构件的孔距允许偏差　　　　　　　表11-7

项次	项　　　　　　　目		螺　栓　孔　距　（mm）			
			< 500	500 ~ 1200	1200 ~ 3000	> 3000
1	同一组内任意两孔间	允　许	± 1.0	± 1.2	—	—
2	相邻两组的端孔间	偏　差	± 1.2	± 1.5	+ 2.0	± 3.0

注：孔的分组规定：
　（1）在节点中连接板与一根杆件相连的所有连接孔划为一组；
　（2）接头处的孔：通用接头，半个拼接板上的孔为一组；阶梯接头，两接头之间的孔为一组；
　（3）在两相邻节点或接头间的连接孔为一组，但不包括（1）、（2）所指的孔；
　（4）受弯构件翼缘上，每1m长度内的孔为一组。

（2）大六角头高强度螺栓连接施工

大六角头高强度螺栓连接施工一般采用的紧固方法有扭矩法和转角法。

扭矩法施工时，一般先用普通扳手进行初拧，初拧扭矩可取为施工扭矩的50%左右，目的是使连接件密贴。在实际操作中，可以让一个操作工使用普通扳手拧紧即可。然后使用扭矩扳手，按施工扭矩值进行终拧。对于较大的连接接点，可以按初拧、复拧及终拧的次序进行，复拧扭矩等于初拧扭矩。一般拧紧的顺序从中间向两边或四周进行。初拧和终拧的螺栓均应做不同的标记，避免漏拧、超拧发生，且便于检查。此法在我国应用广泛。

转角法是用控制螺栓应变即控制螺母的转角来获得规定的预拉力，因不需专用扳手，故简单有效。终拧角度可预先测定。高强度螺栓转角法施工分初拧和终拧两步（必要时可增加复拧），初拧的目的是为消除板缝影响，给终拧创造一个大体一致的基础。初拧扭距一般取终拧扭距的50%为宜，原则是以板缝密贴为准。如图11-26，转角法施工工艺顺序如下：

1）初拧：按规定的初拧扭矩值，从节点或栓群中心向四周拧紧螺栓，并用小锤敲击检查，防止漏拧。

2）划线：初拧后对螺栓逐个进行划线。

3）终拧：用扳手使螺母再旋转一个额定角度，并划线。

4）检查：检查终拧角度是否达到规定的角度。

5）标记：对已终拧的螺栓作出明显的标记，以防漏拧或重拧。

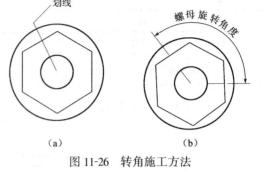

图 11-26　转角施工方法

（3）扭剪型高强度螺栓连接施工

扭剪型高强度螺栓施工相对于大六角头高强度螺栓连接施工简单得多。它是采用专用的电动扳手进行终拧，梅花头拧掉则终拧结束。

扭剪型高强度螺栓的拧紧可分为初拧、终拧，对于大型节点分为初拧、复拧、终拧。初拧采用手动扳手或专用定矩电动扳手，初拧值为预拉力标准值的50%左右。复拧扭矩等于初拧扭矩值。初拧或复拧后的高强度螺栓应用颜色在螺母上涂上标记。然后用专用电动扳手进行终拧，直至拧掉螺栓尾部梅花头，读出预拉力值，见图11-27。

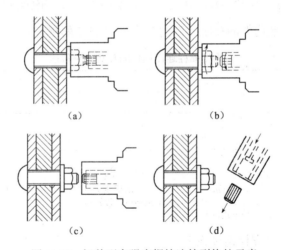

图 11-27　扭剪型高强度螺栓连接副终拧示意

3.2.3 高强度螺栓连接副的施工质量检查与验收

高强度螺栓施工质量应有下列原始检查验收记录：高强度螺栓连接副复验数据、抗滑移系数试验数据、初拧扭矩、终拧扭矩、扭矩扳手检查数据和施工质量检查验收记录等。

对大六角头高强度螺栓应进行如下检查：

（1）用小锤（0.3kg）敲击法对高强度螺栓进行检查，以防漏拧。

（2）终拧完成1h后，48h内应进行终拧扭矩检查。按节点数抽查10%，且不应少于10个；每个被抽查节点按螺栓数抽查10%，且不应少于2个。检查时在螺尾端头和螺母相对位置划线，然后将螺母退回60°左右，再用扭矩扳手重新拧紧，使两线重合，测得此时的扭矩值与施工扭矩值的偏差在10%以内为合格。

222

对扭剪型高强度螺栓连接副终拧后检查以目测尾部梅花头拧掉为合格。对于因构造原因不能在终拧中拧掉梅花头的螺栓数不应大于该节点螺栓数的5%。并应按大六角头高强度螺栓规定进行终拧扭矩检查。

课题4 钢结构工程安装方案

钢结构工程安装方案着重解决钢结构工程安装方法,安装工艺顺序及流水段划分,安装机械的选择和钢构件的运输和摆放等问题。

4.1 钢结构工程安装方法选择

钢结构工程安装方法有分件安装法、节间安装法和综合安装法。

4.1.1 分件安装法

分件安装法是指起重机在节间内每开行一次仅安装一种或两种构件。如起重机第一次开行中先吊装全部柱子,并进行校正和最后固定。然后依次吊装地梁、柱间支撑、墙梁、吊车梁、托架(托梁)、屋架、天窗架、屋面支撑和墙板等构件,直至整个建筑物吊装完成。有时屋面板的吊装也可在屋面上单独用桅杆或层面小吊车来进行。

分件吊装法的优点是起重机在每次开行中仅吊装一类构件,吊装内容单一,准备工作简单,校正方便,吊装效率高;有充分时间进行校正;构件可分类在现场顺序预制、排放,场外构件可按先后顺序组织供应;构件预制吊装、运输、排放条件好,易于布置;可选用起重量较小的起重机械,可利用改变起重臂杆长度的方法,分别满足各类构件吊装起重量和起升高度的要求。缺点是起重机开行频繁,机械台班费用增加;起重机开行路线长;起重臂长度改变需一定的时间;不能按节间吊装,不能为后续工程及早提供工作面,阻碍了工序的穿插;相对的吊装工期较长;屋面板吊装有时需要有辅助机械设备。

分件吊装法适用于一般中、小型厂房的吊装。

4.1.2 节间安装法

节间安装法是指起重机在厂房内一次开行中,分节间依次安装所有各类型构件,即先吊装一个节间柱子,并立即加以校正和最后固定,然后接着吊装地梁、柱间支撑、墙梁(连续梁)、吊车梁、走道板、柱头系统、托架(托梁)、屋架、天窗架、屋面支撑系统、屋面板和墙板等构件。一个(或几个)节间的全部构件吊装完毕后,起重机行进至下一个(或几个)节间,再进行下一个(或几个)节间全部构件吊装,直至吊装完成。

节间安装法的优点是起重机开行路线短,起重机停机点少,停机一次可以完成一个(或几个)节间全部构件安装工作,可为后期工程及早提供工作面,可组织交叉平行流水作业,缩短工期;构件制作和吊装误差能及时发现并纠正;吊装完一节间,校正固定一节间,结构整体稳定性好,有利于保证工程质量。缺点是需用起重量大的起重机同时吊各类构件,不能充分发挥起重机效率,无法组织单一构件连续作业;各类构件需交叉配合,场地构件堆放拥挤,吊具、索具更换频繁,准备工作复杂;校正工作零碎,困难;柱子固定时间较长,难以组织连续作业,使吊装时间延长,降低吊装效率;操作面窄,易发生安全事故。

适用于采用回转式桅杆进行吊装,或特殊要求的结构(如门式框架)或某种原因局部特殊需要(如急需施工地下设施)时采用。

4.1.3 综合安装法

综合安装法是将全部或一个区段的柱头以下部分的构件用分件吊装法吊装,即柱子吊装完毕并校正固定,再按顺序吊装地梁、柱间支撑、吊车梁、走道板、墙梁、托架(托梁),接着按节间综合吊装屋架、天窗架、屋面支撑系统和屋面板等屋面结构构件。整个吊装过程可按三次流水进行,根据结构特性有时也可采用两次流水,即先吊装柱子,然后分节间吊装其他构件。吊装时通常采用2台起重机,一台起重量大的起重机用来吊装柱子、吊车梁、托架和屋面结构系统等,另一台用来吊装柱间支撑、走道板、地梁、墙梁等构件并承担构件卸车和就位排放工作。

综合安装法结合了分件安装法和节间安装法的优点,能最大限度的发挥起重机的能力和效率,缩短工期,是广泛采用的一种安装方法。

4.2 安装工艺顺序及流水段划分

吊装顺序是先吊装竖向构件,后吊装平面构件。竖向构件吊装顺序为:柱-连系梁-柱间支撑-吊车梁-托架等;单种构件吊装流水作业,既保证体系纵列形成排架,稳定性好,又能提高生产效率;平面构件吊装顺序主要以形成空间结构稳定体系为原则,工艺流程如图11-28。

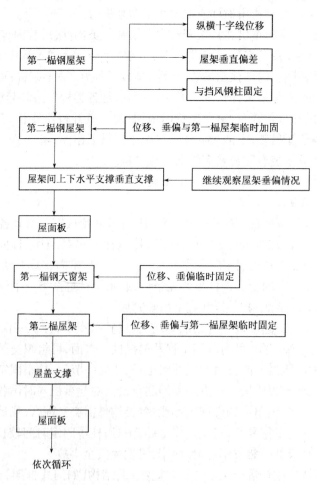

图 11-28　平面构件吊装顺序工艺流程图

224

平面流水段的划分应考虑钢结构在安装过程中的对称性和稳定性;立面流水以一节钢柱为单元。每个单元以主梁或钢支撑安装成框架为原则,其次是其他构件的安装。可以采用由一端向一端进行的吊装顺序,既有利于安装期间结构的稳定,又有利于设备安装单位的进场施工。

如图 11-29 所示为采用履带式起重机跨内开行以综合吊装法吊装两层装配式框架结构的顺序。起重机Ⅰ先安装 CD 跨间第 1～2 节间柱 1～4、梁 5～8 形成框架后,再吊装楼板 9,接着吊装第二层梁 10～13 和楼板 14,完成后起重机后退,依次同次吊装第 2～3,第 3～4 节间各层构件;起重机Ⅱ安装 AB、BC 跨柱、梁和楼板,顺序与起重机Ⅰ相同。

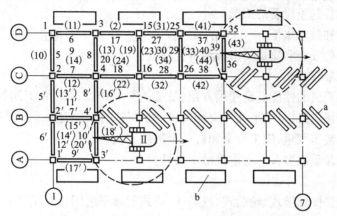

图 11-29　履带式起重机跨内综合吊装法(吊装二层梁板结构顺序图)

a-柱预制、堆放场地;b-梁板堆放场地;1、2、3…为起重机Ⅰ的吊装顺序;

1′、2′、3′…为起重机Ⅱ的吊装顺序;带(　)的为第二层梁板吊装顺序

如图 11-30 为采用一台塔式起重机跨外开行采用分层分段流水吊装四层框架顺序,划分为四个吊装段进行。起重机先吊装第一吊装段的第一层柱 1～14,再吊装梁 15～33,形成框架。接着吊装第二吊装段的柱、梁。接着吊装一、二段的楼板。接着进行第三、四段吊装,顺序同前。第一施工层全部吊装完成后,接着进行上层吊装。

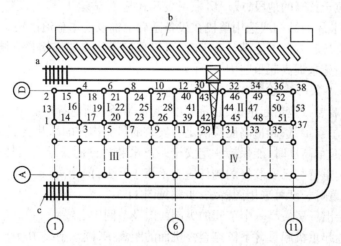

图 11-30　塔式起重机跨外分件吊装法(吊装一个楼层的顺序)

a-柱预制堆放场地;b-梁、板堆放场;c-塔式起重机轨道;

Ⅰ、Ⅱ、Ⅲ……为吊装段编号;1、2、3……为构件吊装顺序

4.3 安装机械的选择

4.3.1 选择依据
(1)构件最大重量、数量、外形尺寸、结构特点、安装高度、吊装方法等。

(2)各类型构件的吊装要求,施工现场条件。

(3)吊装机械的技术性能。

(4)吊装工程量的大小、工程进度等。

(5)现有或租赁起重设备的情况。

(6)施工力量和技术水平。

(7)构件吊装的安全和质量要求及经济合理性。

4.3.2 选择原则
(1)应考虑起重机的性能满足使用方便、吊装效率、吊装工程量和工期等要求。

(2)能适应现场道路、吊装平面布置和设备、机具等条件,能充分发挥其技术性能。

(3)能保证吊装工程量、施工安全和有一定的经济效益。

(4)避免使用起重能力大的起重机吊小构件。

4.3.3 起重机类型的选择
(1)一般吊装多按履带式、轮胎式、汽车式、塔式的顺序选用。对高度不大的中小型厂房优先选择起重量大、全回转、移动方便的 100～150kN 履带式起重机或轮胎式起重机吊装主体;对大型工业厂房主体结构高度较高、跨度较大、构件较重宜选用 500～750kN 履带式起重机或 350～1000kN 汽车式起重机;对重型工业厂房,主体结构高度高、跨度大,宜选用塔式起重机吊装。

(2)对厂房大型构件,可选用重型塔式起重机吊装。

(3)当缺乏起重设备或吊装工作量不大、厂房不高时,可选用各种拔杆进行吊装。回转式拔杆较适用于单层钢结构厂房的综合吊装。

(4)当厂房位于狭窄的地段,或厂房采用敞开式施工方案(厂房内设备基础先施工),宜采用双机抬吊吊装屋面结构或选用单机在设备基础上铺设枕木垫道吊装。

(5)当起重机的起重量不能满足要求时,可以采取增加支腿或增长支腿、后移或增加配重、增设拉绳等措施来提高起重能力。

4.3.4 吊装参数的确定
起重机的吊装参数包括起重量、起重高度、起重半径。所选择的起重机起重量应大于所吊装最重构件加吊索重量;起重高度应满足所安装的最高构件的吊装要求;起重半径应满足在一定起重量和起重高度时,能保持一定安全距离吊装构件的要求。当伸过已安装好的构件上空吊装时,起重臂与已安装好的构件应有不小于 0.3m 的距离。

起重机的起重臂长度可采用图解法,步骤见图 11-31。

(1)按比例绘出厂房最高一个节间的纵剖面图及节间中心线 $y-y$。

(2)根据所选起重机起重臂下铰点至停机面的距离 E,画水平线 $H-H$。

(3)自屋架顶面向起重机水平方向量出一距离 $g=1.0m$,定出一点 P。

(4)在中心线 $y-y$ 上定出起重臂上定滑轮中心点 G(G 点到停机面距离为 $H_0 = h_1 + h_2 + h_3 + h_4 + d$,$d$ 为吊钩至起重臂顶端滑轮中心的最小高度,一般取 $2.5～3.5m$)。

(5)连接 GP,延长与 $H\text{-}H$ 相交于 G_0 即为起重臂下铰中心，GG_0 为起重臂的最小长度 $L_{\min}$，α 角即为起重臂的倾角。

$$R = F + L\cos\alpha$$

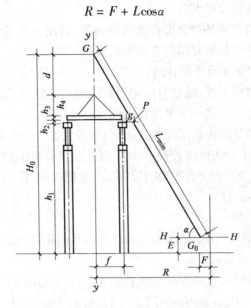

图 11-31　图解法求起重机臂杆最小长度

4.4　钢构件的运输和摆放

(1)钢构件的运输可采用公路、铁路或海路运输。运输构件时，应根据构件的长度、重量、断面形状、运输形式的要求选用合理运输方式。

(2)大型或重型构件的运输宜编制运输方案。

(3)构件的运输顺序应满足构件吊装进度计划要求。

(4)钢构件的包装应满足构件不失散、不变形和装运稳定牢固的要求。

(5)构件装卸时，应按设计吊点起吊，并应有防止构件损伤的措施。

(6)钢构件中转堆放场，应根据构件尺寸、外形、重量、运输与装卸机械、场地条件，绘制平面布置图，并尽量减少搬运次数。

(7)构件堆放场地应平整、坚实、排水良好。

(8)构件应按种类、型号、安装顺序分区堆放。

(9)构件堆放应确保不变形、不损坏、有足够稳定性。

(10)构件叠放时，其支点应在同一直线上，叠放层数不宜过高。

课题 5　多层及高层钢结构安装

5.1　安装阶段的测量放线

5.1.1　建立基准控制点

根据施工现场条件，建筑物测量基准点有两种测设方法。

一种为外控法，即将测量基准点设在建筑物外部，适用于场地开阔的现场。根据建筑物平面形状，在轴线延长线上设立控制点，控制点一般距建筑物 0.8～1.5 倍的建筑物高度处。引出交线形成控制网，并设立控制桩。

另一种内控法，即将测量基准点设在建筑物内部，适用于现场较小，无法采用外控法的现场。控制点的位置、多少根据建筑物平面形状而定。

5.1.2 平面轴线控制点的竖向传递

地下部分：高层钢结构工程，通常有一定层数的地下部分，对地下部分可采用外控法，建立十字形或井字形控制点，组成一个平面控制网。

地上部分：控制点的竖向传递采用内控法时，投递仪器可采用全站仪或激光准直仪。在控制点架设仪器对中调平。在传递控制点的楼面上预留孔（如 300mm×300mm），孔上设置光靶。传递时仪器从 0°、90°、180°、270° 四个方向，向光靶投点，定出 4 点，找出 4 点对角线的交点做为传递上来的控制点。

5.1.3 柱顶平面放线

利用传递上来的控制点，用全站仪或经纬仪进行平面控制网放线，把轴线放到柱顶上。

5.1.4 悬吊钢尺传递高程

利用高程控制点，采用水准仪和钢尺测量的方法引测，如图 11-32 所示。

$$H_m = H_h + a + [(L_1 - L_2) + \Delta t + \Delta k] - b$$

式中　H_m——设置在建（构）筑物上水准点高程；

　　　H_h——地面上水准点高层；

　　　a——地面上 A 点置镜时水准尺的读数；

　　　b——建（构）筑物上 B 点置镜时水准尺的读数；

　　　L_1——建（构）筑物上 B 点置镜时钢尺的读数；

　　　L_2——地面上 A 点置镜时钢尺的读数；

　　　Δt——钢尺的温度改正值；

　　　Δk——钢尺的尺长改正值。

当超过钢尺长度时，可分段向上传递标高。

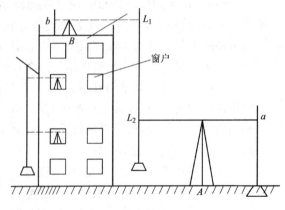

图 11-32　悬吊钢尺传递高程

5.1.5 钢柱垂直度测量

钢柱垂直度的测量可采用以下几种方法：

(1)激光准直仪法。将准直仪架设在控制点上，通过观测接受靶上接收到的激光束，来判断柱子是否垂直。

(2)铅垂法。是一种较为原始的方法，指用锤球吊校柱子，如图 11-33 所示。为避免锤线摆动，可加套塑料管，并将锤球放在黏度较大的油中。

(3)经纬仪法。用两台经纬仪架设在轴线上，对柱子进行校正，是施工中常用的方法。

(4)建立标准柱法。根据建筑物的平面形状选择标准柱，如正方形框架选 4 根转角柱。

根据测设好的基准点,用激光经纬仪对标准柱的垂直度进行观测,在柱顶设测量目标,激光仪每测一次转动90°,测得4个点,取该4点相交点为准量测安装误差(图11-34)。除标准柱外,其他柱子的误差量测采用丈量法,即以标准柱为依据,沿外侧拉钢丝绳组成平面封闭状方格,用钢尺丈量,超过允许偏差则进行调整(图11-35)。

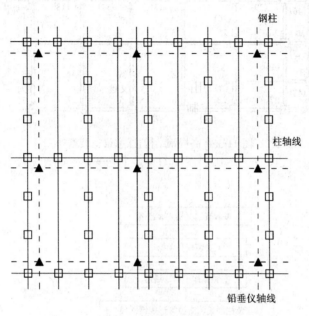

图 11-33　钢柱安装铅垂仪布置

□—钢柱位置;▲—铅垂仪位置;

——－钢柱控制格图;⋯⋯－铅垂仪控制格图

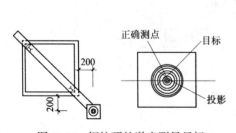

图 11-34　钢柱顶的激光测量目标

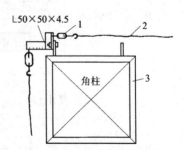

图 11-35　钢柱校正用钢丝绳

1—花篮螺丝;2—钢丝绳;3—角柱

5.2　构件的安装顺序

在平面,考虑钢结构安装过程中的整体稳定性和对称性,安装顺序一般由中央向四周扩展,先从中间的一个节间开始,以一个节间的柱网为一个吊装单位,先吊装柱,后吊装梁,然后向四周扩展,见图11-36。在立面,以一节钢柱高度内所有构件为一个流水段,一个立面内的安装顺序如图11-37所示。

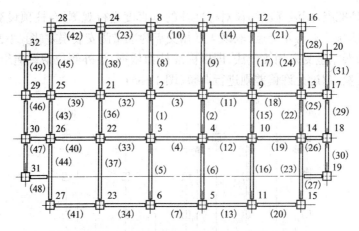

图 11-36　高层钢结构柱、主梁安装顺序

1、2.3……—钢柱安装顺序；(1)、(2)、(3)……—钢梁安装顺序

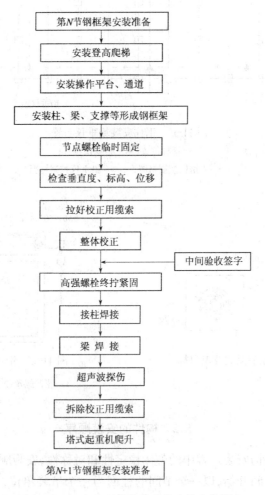

图 11-37　一个立面安装流水段内的安装顺序

5.3 构件接头的现场焊接顺序

高层钢结构的焊接顺序,应从建筑平面中心向四周扩展,采取结构对称、节点对称和全方位对称焊接,见图11-38。

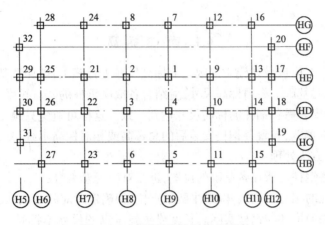

图 11-38 高层钢结构的焊接顺序

柱与柱的焊接应由两名焊工在两相对面等温、等速对称施焊;一节柱的竖向焊接顺序是先焊顶部梁柱节点,再焊底部梁柱节点,最后焊接中间部分梁柱节点;梁和柱接头的焊缝,一般先焊梁的下翼缘板,再焊上翼缘板;梁的两端先焊一端,待其冷却至常温后再焊另一端,不宜对一根梁的两端同时施焊。

5.4 多层高层钢结构安装要点

(1)安装前,应对建筑物的定位轴线、平面封闭角、底层柱的安装位置线、基础标高和基础混凝土强度进行检查,合格后才能进行安装。

(2)安装顺序应根据事先编制的安装顺序图表进行。

(3)凡在地面组拼的构件,需设置拼装架组拼(立拼),易变形的构件应先进行加固。组拼后的尺寸经校验无误后,方可安装。

(4)各类构件的吊点,宜按规定设置。

(5)钢构件的零件及附件应随构件一并起吊。尺寸较大、重量较重的节点板,应用铰链固定在构件上。钢柱上的爬梯、大梁上的轻便走道应牢固固定在构件上一起起吊。调整柱子垂直度的缆风绳或支撑夹板,应在地面上与柱子绑扎好,同时起吊。

(6)当天安装的构件,应形成空间稳定体系,确保安装质量和结构安全。

(7)一节柱的各层梁安装校正后,应立即安装本节各层楼梯,铺好各层楼层的压型钢板。

(8)安装时,楼面上的施工荷载不得超过梁和压型钢板的承载力。

(9)预制外墙板应根据建筑物的平面形状对称安装,使建筑物各侧面均匀加载。

(10)叠合楼板的施工,要随着钢结构的安装进度进行。两个工作面相距不宜超过 5 个楼层。

(11)每个流水段一节柱的全部钢构件安装完毕并验收合格后,方能进行下一流水段钢结构的安装。

（12）高层钢结构安装时，需注意日照、焊接等温度引起的热影响，导致构件产生的伸长、缩短、弯曲所引起的偏差，施工中应有调整偏差的措施。

课题 6　钢结构安装质量控制及质量通病防治

6.1　钢柱标高

（1）基础施工时，应按设计施工图规定的标高尺寸进行施工，以保证基础标高的准确性。

（2）安装单位对基础上表面标高尺寸，应结合各成品钢柱的实有长度或牛腿承面的标高尺寸进行处理，使安装后各钢柱的标高尺寸达到一致。这样可避免只顾基础上表面的标高，忽略了钢柱本身的偏差，导致各钢柱安装后的总标高或相对标高不统一。因此，在确定基础标高时，应按以下方法处理：

1）首先确定各钢柱与所在各基础的位置，进行对应配套编号；

2）根据各钢柱的实有长度尺寸（或牛腿承点位置）确定对应的基础标高尺寸；

3）当基础标高的尺寸与钢柱实际总长度或牛腿承点的尺寸不符时，应采用降低或增高基础上平面的标高尺寸的办法来调整确定安装标高的准确尺寸。

（3）钢柱基础标高的调整应根据安装构件及基础标高等条件来进行，常用的处理方法有如下几种：

1）成品钢柱的总长、垂直度、水平度，完全符合设计规定的质量要求时，可将基础的支承面一次浇灌到设计标高，安装时不做任何调整处理即可直接就位安装。

2）基础混凝土浇灌到较设计标高低 40～60mm 的位置，然后用细石混凝土找平至设计安装标高。找平层应保证细石面层与基础混凝土严密结合，不许有夹层；如原混凝土面光滑，应用钢凿凿成麻面，并经清理，再进行浇灌，使新旧混凝土紧密结合，从而达到基础的强度。

3）按设计标高安置好柱脚底座钢板，并在钢板下面浇灌水泥砂浆。

4）先将基础浇灌到较设计标高低 40～60mm，在钢柱安装到钢板上后，再进行浇灌细石混凝土，如图 11-39(a)所示。

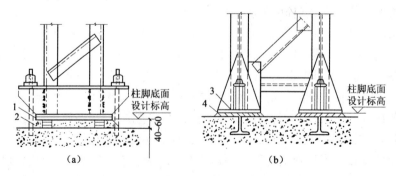

图 11-39　基础施工及标高处理方法

(a)第一种方法；(b)第二种方法

1—调整钢柱用的垫铁；2—钢柱安装后浇灌的细石混凝土；

3—预先埋置的支座配件；4—钢柱安装后浇灌的水泥砂浆；

232

5)预先按设计标高埋置好柱脚支座配件(型钢梁、预制钢筋混凝土梁、钢轨及其他),在钢柱安装后,再进行浇灌水泥砂浆,如图11-39(b)所示。

(4)钢结构在安装前应根据设计施工图及验评标准,对基础施工(或处理)的表面质量进行全面检查。基础的支承面、支座、地脚螺栓(或预埋地脚螺栓孔)位置和标高等,应符合设计或现行规范的规定。

6.2 地脚螺栓埋设

(1)地脚螺栓的直径、长度均应按设计规定的尺寸制作;一般地脚螺栓应与钢结构配套出厂,其材质、尺寸、规格、形状和螺纹的加工质量,均应符合设计施工图的规定。如钢结构出厂不带地脚螺栓时,则需自行加工,地脚螺栓各部尺寸应符合下列要求:

1)地脚螺栓的直径尺寸与钢柱底座板的孔径应相适配,为便于安装找正、调整,多数是底座孔径尺寸大于螺栓直径。

2)地脚螺栓长度尺寸可用下式确定:

$$L = H + S \text{ 或 } L = H - H_1 + S$$

式中　　L——地脚螺栓的总长度(mm);

　　　　H——地脚螺栓埋设深度(系指一次性埋设)(mm);

　　　　H_1——当预留地脚螺栓孔埋设时,螺栓根部与孔底的悬空距离($H - H_1$),一般不得小于80mm;

　　　　S——垫铁高度、底座板厚度、垫圈厚度、压紧螺母厚度、防松锁紧副螺母(或弹簧垫圈)厚度和螺栓伸出螺母的长度(2～3扣)的总和(mm)。

3)为使埋设的地脚螺栓有足够的锚固力,其根部需经加热后加工成(或煨成)L、U 等形状。

(2)样板尺寸放完后,在自检合格的基础上交监理抽检,进行单项验收。

(3)不论一次埋设或事先预留的孔二次埋设地脚螺栓时,埋设前,一定要将埋入混凝土中的一段螺杆表面的铁锈、油污清理干净,否则,如清理不净,会使浇灌后的混凝土与螺栓表面结合不牢,易出现缝隙或隔层,不能起到锚固底座的作用。清理的一般做法是用钢丝刷或砂纸去锈;油污一般是用火焰烧烤去除。

(4)地脚螺栓在预留孔内埋设时,其根部底面与孔底的距离不得小于80mm;地脚螺栓的中心应在预留孔中心位置,螺栓的外表与预留孔壁的距离不得小于20mm。

(5)对于预留孔的地脚螺栓埋前,应将孔内杂物清理干净,一般做法是用长度较长的钢凿将孔底及孔壁结合薄弱的混凝土颗粒及贴附的杂物全部清除,然后用压缩空气吹净,浇灌前并用清水充分湿润,再进行浇灌。

(6)为防止浇灌时地脚螺栓的垂直度及距孔内侧壁、底部的尺寸变化,浇灌前应将地脚螺栓找正后加固固定。

(7)固定螺栓可采用下列两种方法:

1)先浇筑混凝土预留孔洞后埋螺栓时,在埋螺栓时,采用型钢两次校正办法,检查无误后,浇筑预留孔洞。

2)将每根柱的地脚螺栓每8个或4个用预埋钢架固定,一次浇筑混凝土,定位钢板上的纵横轴线允许误差为0.3mm。

(8)做好保护螺栓措施。

(9)实测钢柱底座螺栓孔距及地脚螺栓位置数据,将两项数据归纳,判断是否符合质量标准。

(10)当螺栓位移超过允许值,可用氧乙炔火焰将底座板螺栓孔扩大,安装时,另加长孔垫板,焊好。也可将螺栓根部混凝土凿去5~10cm,而后将螺栓稍弯曲,再烤直。

6.3 钢柱垂直度

(1)钢柱在制作中的拼装、焊接,均应采取防变形措施;对制作时产生的变形,如超过设计规定的范围时,应及时进行矫正,以防遗留给下道工序发生更大的积累超差变形。

(2)对制作的成品钢柱要加强认真管理,以防放置的垫基点、运输不合理,由于自重压力作用产生弯矩而发生变形。

(3)因钢柱较长,其刚性较差,在外力作用下易失稳变形,因此竖向吊装时的吊点选择应正确,一般应选在柱全长2/3柱上的位置,可防止变形。

(4)吊装钢柱时还应注意起吊半径或旋转半径的正确,并采取在柱底端设置滑移设施,以防钢柱吊起扶直时发生拖动阻力以及压力作用,促使柱体产生弯曲变形或损坏底座板。

(5)当钢柱被吊装到基础平面就位时,应将柱底座板上面的纵横轴线对准基础轴线(一般由地脚螺栓与螺孔来控制),以防止其跨度尺寸产生偏差,导致柱头与屋架安装连接时,发生水平方向向内拉力或向外撑力作用,均使柱身弯曲变形。

(6)钢柱垂直度的校正应以纵横轴线为准,先找正固定两端边柱为样板柱,依样板柱为基准来校正其余各柱。调整垂直度时,垫放的垫铁厚度应合理,否则垫铁的厚度不均,也会造成钢柱垂直度产生偏差。实际调整垂直度的做法,多用试垫厚薄垫铁来进行,做法较麻烦;可根据钢柱的实际倾斜数值及其结构尺寸,用下式计算所需增、减垫铁厚度来调整垂直度:

$$\delta = \frac{\Delta S \cdot B}{2L}$$

式中　δ——垫板厚度调整值(mm);

ΔS——柱顶倾斜的数值(mm);

B——柱底板的宽度(mm);

L——柱身高度(mm)。

(7)钢柱就位校正时,应注意风力和日照温度、温差的影响,以防柱身发生弯曲变形。其预防措施如下:

1)风力对柱面产生压力,使柱身发生侧向弯曲。因此,在校正柱子时,当风力超过5级时不能进行。对已校正完的柱子应进行侧向梁的安装或采取加固措施,以增加整体连接的刚性,防止风力作用变形。

2)校正柱子应注意防止日照温差的影响,钢柱受阳光照射的正面与侧面产生温差,使其发生弯曲变形。由于受阳光照射的一面温度较高,则阳面膨胀的程度就越大,使柱靠上端部分向阴面弯曲就越严重;故校正柱子工作应避开阳光照射的炎热时间,宜在早晨或阳光照射低温较低的时间及环境内进行。

(8)处理钢柱垂直度超偏的矫正措施可参考如下方法:

1)矫正前,需先在钢柱弯曲部位上方或顶端,加设临时支撑,以减轻其承载的重力。

2)单层厂房一节钢柱弯曲矫正时,可在弯曲处固定一侧向反力架,利用千斤顶进行矫正。因结构钢柱刚性较大,矫正时需用较大的外力,必要时可用氧乙炔焰在弯处凸面进行加热后,再加施顶力可得到矫正。

3)如果是高层结构、多节钢柱某一处弯曲矫正时,与上述 2)的矫正方法相同,应按层、分节和分段进行矫正。

(9)钢柱与屋架连接安装后再吊装屋面板时,应由上弦中心两坡边缘向中间对称同步进行,严禁由一坡进行,产生侧向集中压力,导致钢柱发生弯曲变形。

(10)未经设计允许不许利用已安装好的钢柱及与其相连的其他构件,作水平曳拉或垂直吊装较重的构件和设备;如需吊装时,应征得设计单位的同意并经过周密的计算,采取有效的加固增强措施,以防止弯曲变形,甚至损坏连接结构。

6.4 钢柱高度

(1)钢柱在制造过程中应严格控制长度尺寸,在正常情况下应控制以下三尺寸:

1)控制设计规定的总长度及各位置的长度尺寸;

2)控制在允许的负偏差范围内的长度尺寸;

3)控制正偏差和不允许产生正超差值。

(2)制作时,控制钢柱总长度及各位置尺寸,可参考如下做法:

1)统一进行划线号料、剪切或切割;

2)统一拼接接点位置;

3)统一拼装工艺;

4)焊接环境、采用的焊接规范或工艺,均应统一;

5)如果是焊接连接时,应先焊钢柱的两端,留出一个拼接接点暂不焊,留作调整长度尺寸用,待两端焊接结束、冷却后,经过矫正最后焊接接点,以保证其全长及牛腿位置的尺寸正确;

6)为控制无接点的钢柱全长和牛腿处的尺寸正确,可先焊柱身,柱底座板和柱头板暂不焊,一但出现偏差时,在焊柱的底端底座板或上端柱头板前进行调整,最后焊接柱底座板和柱头板。

(3)基础支承面的标高与钢柱安装标高的调整处理,应根据成品钢柱实际制作尺寸进行,使实际安装后的钢柱总高度及各位置高度尺寸达到统一。

6.5 钢屋架拱度

(1)钢屋架在制作阶段应按设计规定的跨度比例(1/500)进行起拱。

(2)起拱的弧度加工后不应存在应力,并使弧度曲线圆滑均匀;如果存在应力或变形时,应认真矫正消除。矫正后的钢屋架拱度应用样板或尺量检查,其结果要符合施工图规定的起拱高度和弧度;凡是拱度及其他部位的结构发生变形时,一定经矫正符合要求后,方准进行吊装。

(3)钢屋架吊装前应制定合理的吊装方案,以保证其拱度及其他部位不发生变形。因屋架刚性较差,在外力作用下,使上下弦产生压力和拉力,导致拱度及其他部位发生变形。故吊装前的屋架应按不同的跨度尺寸进行加固和选择正确的吊点。否则钢屋架的拱度发生上拱过大或下挠的变形,以至影响钢柱的垂直度。

6.6 钢屋架跨度尺寸

(1)钢屋架制作时应按施工规范规定的工艺进行加工,以控制屋架的跨度尺寸符合设计要求,其控制方法如下:

1)用同一底样或模具并采用挡铁定位进行拼装,以保证拱度的正确。

2)为了在制作时控制屋架的跨度符合设计要求,对屋架两端的不同支座应采用不同的拼装形式。具体做法如下:

①屋架端部T形支座要采用小拼焊组合,组成的T形座及屋架,经过矫正后按其跨度尺寸位置相互拼装。

②非嵌入连接的支座,对屋架的变形经矫正后,按其跨度尺寸位置与屋架一次拼装。

③嵌入连接的支座,宜在屋架焊接、矫正后按其跨度尺寸位置相拼装,以便保证跨度、高度的正确及便于安装。

④为了便于安装时调整跨度尺寸,对嵌入式连接的支座,制作时先不与屋架组装,应用临时螺栓带在屋架上,以备在安装现场安装时按屋架跨度尺寸及其规定的位置进行连接。

(2)吊装前,屋架应认真检查,对其变形超过标准规定的范围时应经矫正,在保证跨度尺寸后再进行吊装。

(3)安装时为了保证跨度尺寸的正确,应按合理的工艺进行安装。

1)屋架端部底座板的基准线必须与钢柱的柱头板的轴线及基础轴线位置一致;

2)保证各钢柱的垂直度及跨距符合设计要求或规范规定;

3)为使钢柱的垂直度、跨度不产生位移,在吊装屋架前应采用小型拉力工具在钢柱顶端按跨度值对应临时拉紧定位,以便于安装屋架时按规定的跨度进行入位、固定安装;

4)如果柱顶板孔位与屋架支座孔位不一致时,不宜采用外力强制入位,应利用椭圆孔或扩孔法调整入位,并用厚板垫圈覆盖焊接,将螺栓紧固。不经扩孔调整或用较大的外力进行强制入位,将会使安装后的屋架跨度产生过大的正偏差或负偏差。

6.7 钢屋架垂直度

(1) 钢屋架在制作阶段,对各道施工工序应严格控制质量,首先在拼装底样画线时,应认真检查各个零件结构的位置并做好自检、专检,以消除误差;拼装平台应具有足够承载力和水平度,以防承重后失稳下沉导致平面不平,使构件发生弯曲,造成垂直度超差。

(2)拼装用挡铁定位时,应按基准线放置。

(3)拼装钢屋架两端支座板时,应使支座板的下平面与钢屋架的下弦纵横线严格垂直。

(4)拼装后的钢屋架吊出底样(模)时,应认真检查上下弦及其他构件的焊点是否与底模、挡铁误焊或夹紧,经检查排除故障或离模后再吊装,否则易使钢屋架在吊装出模时产生侧向弯曲,甚至损坏屋架或发生事故。

(5)凡是在制作阶段的钢屋架、天窗架,产生各种变形应在安装前、矫正后再吊装。

(6)钢屋架安装应执行合理的安装工艺,应保证如下构件的安装质量:

1)安装到各纵横轴线位置的钢柱的垂直度偏差应控制在允许范围内,钢柱垂直度偏差也使钢屋架的垂直度产生偏差;

2)各钢柱顶端柱头板平面的高度(标高)、水平度,应控制在同一水平面;

3)安装后的钢屋架与檩条连接时,必须保证各相邻钢屋架的间距与檩条固定连接的距离位置相一致,不然两者距离尺寸过大或过小,都会使钢屋架的垂直度产生超差。

(7)各跨钢屋架发生垂直度超差时,应在吊装屋面板前,用吊车配合来调整处理。

1)首先应调整钢柱达到垂直后,再用加焊厚薄垫铁来调整各柱头板与钢屋架端部的支座板之间接触面的统一高度和水平度;

2)如果相邻钢屋架间距与檩条连接处间的距离不符而影响垂直度时,可卸除檩条的连接螺栓,仍用厚薄平垫铁或斜垫铁,先调整钢屋架达到垂直度,然后改变檩条与屋架上弦的对应垂直位置再相连接;

3)天窗架垂直度偏差过大时,应将钢屋架调整达到垂直度并固定后,用经纬仪或线坠对天窗架两端支柱进行测量,根据垂直度偏差数值,用垫厚、薄垫铁的方法进行调整。

6.8 吊车梁垂直度水平度

(1)钢柱在制作时应严格控制底座板至牛腿面的长度尺寸及扭曲变形,可防止垂直度、水平度发生超差。

(2)应严格控制钢柱制作、安装的定位轴线,可防止钢柱安装后轴线位移,以至吊车梁安装时垂直度或水平度偏差。

(3)应认真搞好基础支承平面的标高,其垫放的垫铁应正确;二次灌浆工作应采用无收缩、微膨胀的水泥砂浆。避免基础标高超差,影响吊车梁安装水平度的超差。

(4)钢柱安装时,应认真按要求调整好垂直度和牛腿面的水平度,以保证下部吊车梁安装时达到要求的垂直度和水平度。

(5)预先测量吊车梁在支承处的高度和牛腿距柱底的高度,如产生偏差时,可用垫铁在基础上平面或牛腿支承面上予以调整。

(6)吊装吊车梁前,防止垂直度、水平度超差应认真检查其变形情况,如发生扭曲等变形时应予以矫正,并采取刚性加固措施防止吊装再变形;吊装时应根据梁的长度,可采用单机或双机进行吊装。

(7)安装时应按梁的上翼缘平面事先划的中心线,进行水平移位、梁端间隙的调整,达到规定的标准要求后,再进行梁端部与柱的斜撑等连接。

(8)吊车梁各部位置基本固定后应认真复测有关安装的尺寸,按要求达到质量标准后,再进行制动架的安装和紧固。

(9)防止吊车梁垂直度、水平度超差,应认真搞好校正工作。其顺序是首先校正标高,其他项目的调整、校正工作,待屋盖系统安装完成后再进行校正、调整。这样可防止因屋盖安装引起钢柱变形而直接影响吊车梁安装的垂直度或水平度的偏差。

(10)钢吊车梁安装的允许偏差应符合设计或现行规范的规定。

6.9 吊车轨道安装

(1)安装吊车梁时应按设计规定进行安装,首先应控制钢柱底板到牛腿面的标高和水平度,如产生偏差时应用垫铁调整到所规定的垂直度。

(2)吊车梁安装前后不许存在弯曲、扭曲等变形。

(3)固定后的吊车梁调整程序应合理:一般是先就位作临时固定,调整工作要待钢屋架及其他构件完全调整固定好之后进行。否则其他构件安装调整将会使钢柱(牛腿)位移,直接影响吊车梁的安装质量。

(4)吊车梁的安装质量,要受吊车轨道的约束,同时吊车梁的设计起拱上挠值的大小与轨道的水平度有一定的影响。

(5)吊车轨道在安装前应严格复测吊车梁的安装质量,使其上平面的中心线、垂直度和水平度的偏差数值,控制在设计或施工规范的允许范围之内;同时对轨道的总长和分段(接头)位置尺寸分别测量,以保证全长尺寸、接头间隙的正确。

(6)安装轨道时为了保证各项技术指标达到设计和现行施工规范的标准,应做到如下要求:

1)轨道的中心线与吊车梁的中心线应控制在允许偏差的范围内,使轨道受力重心与吊车梁腹板中心的偏移量不得大于腹板板厚的$\frac{1}{2}$。调整时,为达到这一要求,应使两者(吊车梁及轨道)同时移动,否则不能达到这一数值标准。

2)安装调整水平度或直线度用的斜、平垫铁与轨道和吊车梁应接触紧密,每组垫铁不应超过2块;长度应小于100mm;宽度应比轨道底宽10～20mm;两组垫铁间的距离不应小于200 mm;垫铁应与吊车梁焊接牢固。

3)如果轨道在混凝土吊车梁上安装时,垫放的垫铁应平整,且与轨道底面接触紧密,接触面积应大于60%;垫板与混凝土吊车梁的间隙应大于25 mm,并用无收缩水泥砂浆填实;小于25 mm时应用开口型垫铁垫实;垫铁一边伸出桥型垫板外约10mm,并焊牢固。

4)为使安装后的轨道水平度、直线度符合设计或规范的要求,固定轨道、矩形或桥形的紧固螺栓应有防松措施,一般在螺母下应加弹簧垫圈或用副螺母,以防吊车工作时在荷载及振动等外力作用下使螺母松脱。

6.10 水平支撑安装

(1)严格控制下列构件制作、安装时的尺寸偏差:

1)控制钢屋架的制作尺寸和安装位置的准确;

2)控制水平支撑在制作时的尺寸不产生偏差,应根据连接方式采用下列方法予以控制:

①如采用焊接连接时,应用放实样法确定总长尺寸;

②如采用螺栓连接时,应通过放实样法制出样板来确定连接板的尺寸;

③号孔时应使用统一样板进行;

④钻孔时要使用统一固定模具钻孔;

⑤拼装时,应按实际连接的构件长度尺寸、连接的位置,在底样上用挡铁准确定位进行拼装;为防止水平支撑产生上拱或下挠,在保证其总长尺寸不产生偏差的条件下,可将连接的孔板用螺栓临时连接在水平支撑的端部,待安装时与屋架相连。如水平支撑的制作尺寸及屋架的安装位置都能保证准确时,也可将连接板按位置先焊在屋架上,安装时可直接将水平支撑与屋架孔板连接。

(2)吊架时,应采用合理的吊装工艺,防止产生弯曲变形,导致其下挠度的超差。可采用以下方法防止吊装变形:

1)如十字水平支撑长度较长、型钢截面较小、刚性较差,吊装前应用圆木杆等材料进行加固；

2)吊点位置应合理,使其受力重心在平面均匀受力,吊起时不产生下挠为准。

(3)安装时应使水平支撑稍作上拱略大于水平状态与屋架连接,使安装后的水平支撑即可消除下挠；如连接位置发生较大偏差不能安装就位时,不宜采用牵拉工具,用较大的外力强行入位连接,否则不但会使屋架下弦侧向弯曲或水平支撑发生过大的上拱或下挠,还会使连接构件存在较大的结构应力。

6.11 梁-梁、柱-梁端部节点

(1)门式刚架跨度大于或等于 15m 时,其横梁宜起拱,拱度可取跨度的 1/500,在制作、拼装时应确保起拱高度,注意拼装胎具下沉影响拼装过程起拱值。

(2)刚架横梁的高度与其跨度之比:格构式横梁可取 1/25 ~ 1/15；实腹式横梁可取 1/45 ~ 1/30。

(3)采用高强度螺栓,螺栓中心至翼缘板表面的距离,应满足拧紧螺栓时的施工要求。紧固件的中心距,理论值约为 $2.5d_0$,考虑施拧方便取 $3d_0$。

(4)梁-梁、柱-梁端部节点板焊接时要将两梁端板拼在一起有约束的情况下再进行焊接,变形即可消除。

(5)门式刚架梁-梁节点宜采用如图 11-40 所示的形式。

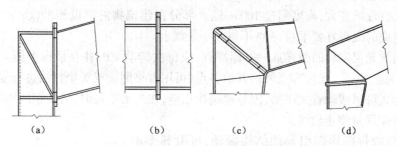

图 11-40　刚架斜梁的连接
(a)端板竖放；(b)端板横放；(c)端板斜放；(d)斜梁拼装

6.12　控　制　网

(1)控制网定位方法应依据结构平面而定。矩形建筑物的定位,宜选用直角坐标法；任意形状建筑物的定位,宜选用极坐标法。平面控制点距测点位距离较长、量距困难或不便量距时,宜选用角度(方向)交会法；平面控制点距测点距离不超过所用钢尺的全长,且场地量距条件较好时,宜选用距离交会法。使用光电测距仪定位时,宜选极坐标法。

(2)根据结构平面特点及经验选择控制网点。有地下室的建筑物,开始可用外控法,即在槽边 ±0.000 处建立控制网点,当地下室达到 ±0.000 后,可将外围点引到内部即内控法。

(3)无论内控法或外控法,必须将测量结果进行严密平差,计算点位坐标,与设计坐标进行修正,以达到控制网测距相对中误差小于 $L/25000$,测角中误差小于 2″。

(4)基准点处预埋 100mm × 100mm 钢板,必须用钢针划十字线定点,线宽 0.2mm,并在交点上打样冲点。钢板以外的混凝土面上放出十字延长线。

(5)竖向传递必须与地面控制网点重合,主要做法如下:

1)控制点竖向传递,采用内控法。投点仪器选用全站仪、激光铅垂仪、光学铅垂仪等。控制点设置在距柱网轴线交点旁 300~400mm 处,在楼面预留孔 300mm×300mm 设置光靶,为削减铅垂仪误差,应将铅垂仪在 0°、90°、180°、270°的四个位置上投点,并取其中点作为基准点的投递点。

2)根据选用仪器的精度情况,可定出一次测得高度,如用全站仪、激光铅垂仪、光学铅垂仪,在 100m 范围内竖向投测精度较高。

3)定出基准控制点网,其全楼层面的投点,必须从基准控制点网引投到所需楼层上,严禁使用下一楼层的定位轴线。

(6)经复测发现地面控制网中测距超过 $L/25000$,测角中误差大于 $2''$,竖向传递点与地面控制网点不重合,必须经测量专业人员找出原因,重新放线定出基准控制点网。

6.13 楼层轴线

(1)高层和超高层钢结构测设,根据现场情况可采用外控法和内控法:

1)外控法:现场较宽大,高度在 100m 内,地下室部分根据楼层大小可采用十字及井字控制,在柱子延长线上设置两个桩位,相邻柱中心间距的测量允许值为 1mm,第 1 根钢柱至第 2 根钢柱间距的测量允许值为 1mm。每节柱的定位轴线应从地面控制轴线引上来,不得从下层柱的轴线引出。

2)内控法:现场宽大,高度超过 100m,地上部分在建筑物内部设辅助线,至少要设 3 个点,每 2 点连成的线最好要垂直,3 点不得在一条线上。

(2)利用激光仪发射的激光点——标准点,应每次转动 90°,并在目标上测 4 个激光点,其相交点即为正确点。除标准点外的其他各点,可用方格网法或极坐标法进行复核。

(3)内爬式塔吊或附着式塔吊,因与建筑物相连,在起吊重物时,易使钢结构本身产生水平晃动,此时应尽量停止放线。

(4)对结构自振周期引起的结构振动,可取其平均值。

(5)雾天、阴天因视线不清,不能放线。为防止阳光对钢结构照射产生变形,放线工作宜安排在日出或日落后进行。

(6)钢尺要统一,使用前要进行温度、拉力、挠度校正,在有条件的情况下应采用全站仪,接收靶测距精度最高。

(7)在钢结构上放线要用钢划针,线宽一般为 0.2 mm。

(8)把轴线放到已安好的柱顶上,轴线应在柱顶上三面标出,见图 11-41。假定 X 方向钢柱一侧位移值为 a,另

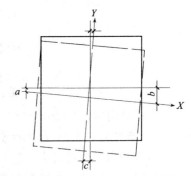

图 11-41　柱顶轴线位移

一侧轴线位移值为 b,实际上钢柱柱顶偏离轴的位移值为 $(a+b)/2$,柱顶扭转值为 $(a-b)/2$。沿 Y 方向的位移值为 c 值,应做修正。

6.14 柱-柱安装

(1)钢柱安装过程采取在钢柱偏斜方向的一侧打入钢楔或顶升千斤顶,如果连接板的高强度螺栓孔间隙有限,可采取扩孔办法,或预先将连接板孔制作比螺栓大 4mm,将柱尽量校

正到零值,拧紧连接耳板高强度螺栓。

(2)钢梁安装过程直接影响柱垂偏,首先掌握钢梁长度数据,并用两台经纬仪、一台水平仪跟踪校正柱垂偏及梁水平度控制。梁安装过程可采用在梁柱间隙当中加铁楔进行校正柱,柱子垂直度要考虑梁柱焊接收缩值,一般为 1.2mm(根据经验预留值的大小)。梁水平度控制在 $L/1000$ 内且不大于 10mm,如果水平偏差过大,可采取换连接板或塞孔重新打孔办法解决。

(3)钢梁的焊接顺序是先从中间跨开始对称地向两端扩展,同一跨钢梁,先安上层梁,再安中、下层梁,把累积偏差减小到最小值。

(4)采用相对标高控制法,在连接耳板上下留 15～20mm 间隙,柱吊装就位后临时固定上下连接板,利用起重机起落调节柱间隙,符合标定标高后打入钢楔,点焊固定,拧紧高强螺栓,为防止焊缝收缩及柱自重压缩变形,标高偏差调整为 +5mm 为宜。

(5)钢柱扭转调整可在柱连接耳板的不同侧面夹入垫板(垫板厚 0.5～1.0mm),打紧高强度螺栓,钢柱扭转每次调整 3mm。

(6)如果塔吊固定在结构上,测量工作应在塔吊工作以前进行,以防塔吊工作使结构晃动影响测量精度。

6.15 箱形、圆形柱-柱焊接

(1)钢结构安装前,应进行焊接工艺试验(正温及负温,根据当地情况而定),制定所用钢材、焊接材料及有关工艺参数和技术措施。

(2)箱形、圆形柱-柱焊接工艺按以下顺序进行:

1)在上下柱无耳板侧,由两名焊工在两侧对称等速焊至板厚 1/3,切去耳板;

2)在切去耳板侧由 2 名焊工在两侧焊至板厚 1/3;

3)两名焊工分别承担相邻两侧两面焊接,即 1 名焊工在一面焊完一层后,立即转过 90°,接着焊另一面,而另一面焊工在对称侧以相同的方式保持对称同步焊接,直至焊接完毕;

4)两层之间焊道接头应相互错开,两名焊工焊接的焊道接头每层也要错开。

(3)阳光照射对钢柱垂偏影响很大,应根据温差大小,柱子端面形状、大小、材质,不断总结经验,找出规律,确定留出预留偏差值。

(4)柱-柱焊接过程,必须采用两台经纬仪呈 90°跟踪校正,由于焊工施焊速度、风向、焊缝冷却速度不同,柱-柱节点装配间隙不同,焊缝熔敷金属不同,焊接过程就出现偏差,可利用焊接来纠偏。

课题 7 钢结构安装工程安全技术

7.1 高处作业一般要求

(1)高处作业的安全技术措施及其所需料具,必须列入工程的施工组织设计。

(2)单位工程施工负责人应对工程的高处作业安全技术负责,并建立相应的责任制。

施工前,应逐级进行安全技术教育及交底,落实所有安全技术措施和人身防护用品,未经落实时不得进行施工。

(3)高处作业中的设施、设备，必须在施工前进行检查，确认其完好，方能投入使用。

(4)攀登和悬空作业人员，必须经过专业技术培训及专业考试合格，持证上岗，并必须定期进行体格检查。

(5)施工中对高处作业的安全技术设施，发现有缺陷和隐患时，必须及时解决；危及人身安全时，必须停止作业。

(6)施工作业场所有坠落可能的物件，应一律先进行撤除或加以固定。

高处作业中所用的物料，均应堆放平稳，不妨碍通行和装卸。

随手用工具应放在工具袋内。

作业中走道内的余料应及时清理干净，不得任意乱掷或向下丢弃。

传递物件禁止抛掷。

(7)雨天和雪天进行高处作业时，必须采取可靠的防滑、防寒和防冻措施。有水、冰、霜、雪时均应及时清除。

对进行高处作业的高耸建筑物，应事先设计避雷设施，遇有6级以上强风、浓雾等恶劣气候，不得进行露天攀登与悬空高处作业。暴风雪及台风暴雨后，应对高处作业安全设施逐一加以检查，发现问题，立即修理完善。

(8)钢结构吊装前，应进行安全防护设施的逐项检查和验收，验收合格后，方可进行高处作业。

7.2 临边作业

(1)基坑周边，尚未安装栏杆或栏板的阳台、料台和挑平台周边、雨篷与挑檐边，无外脚手的屋面与楼层周边及水箱与水塔周边、桁架、梁上工作人员行走处，柱顶工作平台，拼装平台等处，都必须设计防护栏杆。

(2)多层、高层及超高层楼梯口和梯段边，必须安装临时护栏。顶层楼梯口应随工程结构进度安装正式防护栏杆。

(3)井架、施工用电梯和脚手架等与建筑物通道的两侧边，必须设防护栏，地面通道上部应装设完全防护棚。

(4)各种垂直运输接料平台，除两侧设防护栏杆外，平台口还应设计安全的或活动防护栏杆，接料平台两侧的栏杆，必须自上而下加挂安全立网。

(5)防护栏杆具体做法及技术要求，应符合《建筑施工高处作业安全技术规范》(JGJ 80—91)有关规定。

7.3 洞口作业

进行洞口作业以及在因工程和工序需要而产生的，当人与物有坠落危险或危及人身安全的其他洞口进行高处作业时，必须设置防护设施。

(1)板与墙的洞口，必须设置牢固的盖板、防护栏杆、安全网或其他防坠落的防护设施。

(2)电梯井口必须设防护栏杆或固定栅门，电梯井内应每隔两层并最多隔10m设一安全网。

(3)施工现场通道附近的多类洞口与坑槽等处，除应设置防护设施与安全标志外，夜间还应设红灯示警。

(4)桁架间安装支撑前应加设安全网。

(5)洞口防护设施具体做法及技术要求,应符合《建筑施工高处作业安全技术规范》(JGJ 80—91)有关规定。

7.4 攀 登 作 业

现场登高应借助建筑结构或脚手架上的登高设施,也可采用载人的垂直运输设备,进行攀登作业时,也可使用梯子或采用其他攀登设施。

(1)柱、梁和行车梁等构件吊装所需的直爬梯及其他登高用的拉攀件,应在构件施工图或说明内做出规定。攀登的用具在结构构造上,必须牢固可靠。

(2)梯脚底部应垫实,不得垫高使用,梯子上端应有固定措施。

(3)钢柱安装登高时,应使用钢挂梯或设置在钢柱上的爬梯。

钢柱的接柱应使用梯子或操作台。

(4)登高安装钢梁时,应视钢梁高度,在两端设置挂梯或搭设钢管脚手架。

梁面上需行走时,其一侧的临时护栏横杆可采用钢索,当改为扶手绳时,绳的自由下垂度不应大于 $L/20$,并应控制在 100mm 以内。

(5)在钢屋架上下弦登高操作时,对于三角形屋架应在屋脊处,梯形屋架应在两端,设置攀登时上下的梯架。

钢屋架吊装前,应在上弦设置防护栏杆。

钢屋架吊装前,应预先在下弦挂设安全网,吊装完毕后,即将安全网铺设固定。

(6)登高用的梯子必须安装牢固,梯子与地面夹角以 60°～70° 为宜。

7.5 悬 空 作 业

悬空作业处应有牢固的立足处,并必须视具体情况,配置防护栏网、栏杆或其他安全设施。

(1)悬空作业所用的索具、脚手架、吊篮、吊笼、平台等设备,均需经过技术鉴定或验证方可使用。

(2)钢结构的吊装,构件应尽可能在地面组装,并搭设进行临时固定、电焊、高强度螺栓连接长远规划顺序的高空安全设施,随构件同时上吊就位。拆卸时的安全措施,亦应一并考虑和落实。高空吊装大型构件前,也应搭设悬空作业中所需的安全设施。

(3)进行预应力张拉时,应搭设站立操作人员和设置张拉设备用的牢固可靠的脚手架或操作平台。预应力张拉区域应指示明显的安全标志,禁止非操作人员进入。

(4)悬空作业人员,必须戴好安全带。

7.6 交 叉 作 业

(1)结构安装过程各工程进行上下立体交叉作业时,不得在同一垂直方向上操作,下层作业的位置,必须处于依上层高度确定的可能坠落范围半径以外,不符合以上条件时,应设置安全防护层。

(2)楼梯边口、通道口、脚手架边缘等处,严禁堆放任何拆下构件。

(3)结构施工自二层起,凡人员进出的通道口(包括井架、施工用电梯的进出通道口)均应搭设安全防护棚。高度超出 24 m 的层次上的交叉作业,应设双层防护。

(4)由于上方施工可能坠落物件或处于起重机把杆回转范围之内的通道,在其受影响的范围内,必须搭设顶部能防止穿透的双层防护廊。

7.7 防止起重机倾翻

(1)起重机的行驶道路,必须坚实可靠。起重机不得停置在斜坡上工作,也不允许起重机两个履带一高一低。

(2)严禁超载吊装,超载有两种危害,一是断绳重物下坠,二是"倒塔"。

(3)禁止斜吊,斜吊会造成超侧荷及钢丝绳出槽,甚至造成拉断绳索和翻车事故;斜吊会使物体在离开地面后发生快速摆动,可能会砸伤人或碰坏其他物体。

(4)要尽量避免满负荷行驶,构件摆动越大,超负荷就越多,就可能发生翻车事故。短距离行驶,只能将构件离地 30cm 左右,且要慢行,并将构件转至起重机的前方,拉好溜绳,控制构件摆动。

(5)有些起重机的横向与纵向的稳定性相差很大,必须熟悉起重机纵横两个方向的性能,进行吊装工作。

(6)双机抬吊时,要根据起重机的起重能力进行合理的负荷分配(每台起重机的负荷不宜超过其安全负荷量的 80%)并在操作时要统一指挥。两台起重机的驾驶员应互相密切配合,防止一台起重机失重而使另一台起重机超载。在整个抬吊过程中,两台起重机的吊钩滑车组均应基本保持铅垂状态。

(7)绑扎构件的吊索须经过计算,所有起重机工具,应定期进行检查,对损坏者做出鉴定,绑扎方法应正确牢靠,以防吊装中吊索破断或从构件上滑脱,使起重机失重而倾翻。

(8)风载造成"倒塔",工作完毕轨道两端设夹轨钳,遇有大风或台风警报,塔式起重机拉好缆风绳。

(9)机上机下信号不一致造成事故。

(10)由于各种机件失修造成的事故。

(11)轨道与地锚的不合要求而造成的事故。

(12)安全装置失灵而造成事故,塔式起重机应安有起重量限位器、高度限位器、幅度指示器、行程开关等。

(13)下旋式塔式起重机在安装时,必须注意回转平台与建筑物的距离不得小于 0.5m。

(14)群塔作业,两台起重机之间的最小架设距离,应保证在最不利位置时,任一台的臂架都不会与另一台的塔身、塔顶相撞,并至少有 2m 的安全距离;处于高位的起重机,吊钩升至最高点时,钩底与低位起重机之间在任何情况下,其垂直方向的间隙不得小于 2m;两臂架相临近时,要互相避让,水平距离至少保持 5m。

7.8 防止高空坠落和物体落下伤人

(1)为防止高处坠落,操作人员在进行高处作业时,必须正确使用安全带。安全带一般应高挂低用,即将安全带绳端挂在高的地方,而人在较低处操作。

(2)在高处安装构件时,要经常使用撬杠校正构件的位置,这样必须防止因撬杠滑脱而引起的高空坠落。

(3)在雨期、冬期里,构件上常因潮湿或积有冰雪而容易使操作人员滑倒,采取清扫积雪后再安装,高空作业人员必须穿防滑鞋方可操作。

(4)高空操作人员在脚手板上通行时,应该思想集中,防止踏上探头板而从高空坠落。

(5)地面操作人员必须戴安全帽。

(6)高空操作人员使用的工具及安装用的零部件,应放入随身佩带的工具袋内,不可随便向下丢掷。

(7)在高空用气割或电焊切割时,应采取措施防止切割下的金属或火花落下伤人。

(8)地面操作人员,尽量避免在高空作业的正下方停留或通过,也不得在起重机的吊杆和正在吊装的构件下停留或通过。

(9)构件安装后,必须检查连接质量,无误后,才能松钩或拆除临时固定工具,以防构件掉下伤人。

(10)设置吊装禁区,禁止与吊装作业无关的人员入内。

7.9 防止触电

(1)电焊机的电源线电压为 380V,由于电焊机经常移动,为防止电源线磨破,一般长度不超过 5m,并应架高。手把线的正常电压为 60~80V,如果电焊机原线圈损坏,手把线电压就会和供电线电压相同,因此手把线质量应该是很好的,如果有破皮情况,必须及时用绝缘胶布严密包扎或更换。此外电焊机的外壳应该接地。

(2)使用塔式起重机或长吊杆的其他类型起重机时,应有避雷防触电设施。轨道式起重机当轨道较长时,每隔 20m 应加装一组接地装置。

(3)各种起重机严禁在架空输电线路下面工作,在通过架空输电线路时,应将起重臂落下,并确保与架空输电线的垂直距离符合表 11-8 规定。

起重机与架空输电线的安全距离   表 11-8

输电线电压(kV)	与架空线的垂直距离(m)	水平安全距离(m)	备 注
1	1.3	1.5	
1~20	1.5	2.0	
35~110	2.5	4	
154	2.5	5	
220	2.5	6	

(4)电气设备不得超铭牌运行。

(5)使用手操式电动工具或在雨期施工时,操作人员应戴绝缘手套或站在绝缘台上。

(6)严禁带电作业。

(7)一旦发生触电事故,必须尽快使触电者脱离带电体。

7.10 防止氧乙炔瓶爆炸

(1)氧乙炔瓶放置安全距离应大于 10m。

(2)氧气瓶不应该放在太阳光下暴晒,更不可接近火源,要求与火源距离不小于 10m。

(3)在冬期,如果瓶的阀门发生冻结,应该用干净的热布把阀门烫热,不可用火熏。

（4）氧气遇油也会引起爆炸，因此不能用油手接触氧气瓶，还要防止起重机或其他机械油落到氧气瓶上。

7.11 安 全 管 理

（1）安全技术交底应交清以下内容：

1）吊装构件的特性特征、重量、重心位置、几何尺寸、吊点位置、安装高度及安装精度等；

2）所选用起重机械的主要机械性能和使用注意事项；

3）指挥信号及信号传递系统要求；

4）吊装方法、吊装顺序及进度计划安排。

（2）各类起重机的操作人员和起重机指挥人员必须是经过专门的操作技术和安全技术培训，并考核合格，取得操作证和指挥合格证者，严禁无证人员操作起重机或指挥起重作业。

（3）起重机具、起重机械各部件、起重机的路基、路轨等定期检查，发现问题立即解决。

实训课题

某钢结构单层厂房，跨度为18m，房屋总长为84m，柱距6m。柱子截面为400mm×200mm的钢板组焊I字形，柱高8m。基础为钢筋混凝土独立基础预埋地脚螺栓连接。屋盖采用钢屋架，辅设钢檩条上铺彩钢板。柱之间配有十字型钢支撑，屋架之间另设有支撑。试根据上述条件，制定该工程的安装方案。

复习思考题

1. 钢柱吊装时，如何设置吊点？

2. 钢柱有哪几种安装方法？

3. 钢柱的校正包括什么内容？怎样校正？

4. 钢柱安装应注意哪些问题？

5. 试述钢梁安装的步骤。

6. 钢梁校正包括什么内容？如何校正？

7. 试述钢屋架、钢桁架安装工艺过程和要点。

8. 钢结构连接有哪些方法？高强度螺栓连接施工有哪些要求？

9. 初拧和终拧有什么不同？如何检查终拧质量？

10. 钢结构工程安装方法有哪几种？各有什么优缺点？

11. 多高层钢结构安装如何进行轴线的竖向传递？

单元 12　钢网架结构工程安装

知 识 点：本单元讲述钢网架的节点构造和杆件形式，钢网架拼装要求，重点地介绍了网架片安装、钢网架安装方法及安装质量控制。

教学目标：通过本单元学习，应了解钢网架的构成，掌握网架片安装工艺方法和安装机械的配置，掌握钢网架的安装方法及质量要求。学习本单元后，学生应具有制定钢网架安装方案、合理选择安装方法的能力，应具有独立组织钢网架安装施工的能力。

网架是一种新型结构，不仅具有跨度大、覆盖面积大、结构轻、省料经济等特点，同时，还有良好的稳定性和安全性。因而网架结构一出现就引起人们极大的兴趣，尤其是大型的文化体育中心多数采用网架结构，国内如长春体育馆、上海体育馆、上海游泳馆和辽宁体育馆，都别具风采。网架结构建筑结构新颖，造型雄伟壮观，场内没有一根柱子，视野开阔。

网架结构的形式较多，如双向正交斜放网架、三向网架和蜂窝形四角锥网架等。网架的选型可视工程平面形状和尺寸、支撑情况、跨度、荷载大小、制作和安装情况等因素，综合进行分析确定。

课 题 1　节 点 构 造

网架的节点分为焊接钢板节点、焊接空心球节点和螺栓球节点等。

1.1　焊接钢板节点

焊接钢板节点，一般由十字节点板和盖板组成。十字节点板用两块带企口的钢板对插焊接而成，也可由三块焊成，如图 12-1 所示。

焊接钢板节点多用于双向网架和四角锥体组成的网架。焊接钢板节点常用的结构形式如图 12-2 所示。

1.2　焊接空心球节点

空心球是由两个压制的半球焊接而成的，分为加肋和不加肋两种，如图 12-3 所示。适用于钢管杆件的连接。

当空心球的外径等于 300mm 时，且内力较大，需要提高承载能力时，球内可加环肋，其厚度不应小于球壁厚，同时焊件应连接在环肋的平面内。

球节点与杆件相连接时，两杆件在球面上的距离不得小于 20mm，如图 12-4 所示。

焊接球节点的半圆球，宜用机床加工成坡口。焊接后的成品球的表面应光滑平整，不得有局部凸起或折皱，其几何尺寸和焊接质量应符合设计要求。成品球应按 1% 作抽样进行无损检查。

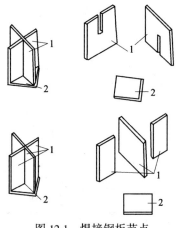
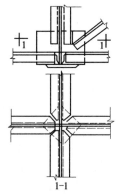

图 12-1 焊接钢板节点
1—十字节点板;2—盖板

图 12-2 双向网架的节点构造

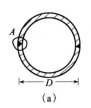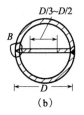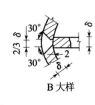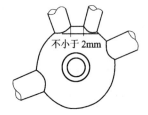

图 12-3 空心球剖面图
(a)不加肋;(b)加肋

图 12-4 空心球节点示意图

1.3 圆螺栓球节点

螺栓球节点系通过螺栓将管形截面的杆件和钢球连接起来的节点,一般由螺栓、钢球、销子、套管和锥头或封板等零件组成,如图 12-5 所示。

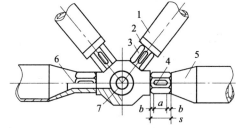

图 12-5 螺栓球节点图
1—钢管;2—封板;3—套管;4—销子;5—锥头;6—螺栓;7—钢球

螺栓球节点毛坯不圆度的允许制作误差为 2mm,螺栓按 3 级精度加工,其检验标准按 GB1228～GB1231 规定执行。

1.4 支座节点

常用的压力支座节点有下列四种:

(1)平板压力支座节点,如图 12-6 所示,一般适用于较小跨度的支座。

(2)单面弧形压力支座节点,见图12-7所示。弧形支座板的材料一般用铸钢,也可以用厚钢板加工而成,适用于大跨度网架的压力支座。

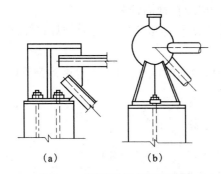

图12-6 网架平板支座节点图

(a)角钢杆件(拉)力支座;(b)钢管杆件平板压(拉)力支座

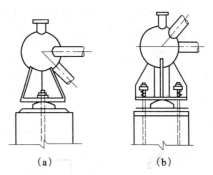

图12-7 单面弧形压力支座节点图

(a)两个螺栓连接;(b)四个螺栓连接

(3)双面弧形压力支座节点,如图12-8所示,适用于跨度大、下部支承结构刚度大的网架压力支座。

(4)球形铰压力支座节点,适用于多支点的大跨度网架的压力支座。单面弧形支座,适用于较大跨度的网架受拉力的支座,如图12-9所示。

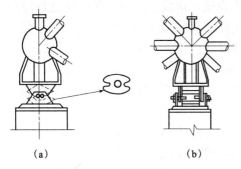

图12-8 双面弧形压力支座

(a)侧视图;(b)正视图

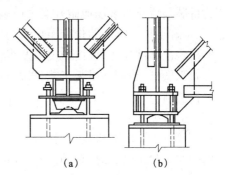

图12-9 球形支座图

(a)球铰压力支座;(b)单面弧形拉力支座

以上各式支座用螺栓固定后,应加副螺母等防松,螺母下面的螺纹段的长度不宜过长,避免网架受力时,产生反作用力,即向上翘起及产生侧向拉力而使螺母松脱和由螺纹断裂。

1.5 杆 件

网架的杆件一般采用普通型钢和薄壁型钢,有条件时应尽量采用薄壁管形截面。其尺寸应满足下列要求:

(1)普通型钢一般不宜采用小于∟45×3或∟56×36×3的角钢。

(2)薄壁型钢厚度不应小于2mm;杆件的下料、加工宜采用机加工方法进行。

课题2 网 架 拼 装

网架的拼装应根据网架的跨度、平面形状、网架结构形状和吊装方法等因素,综合分析确定网架制作的拼装方案。

网架的拼装一般可采用整体拼装、小单元拼装(分条或分块单元拼装)等。不论选用哪种拼装方式,拼装时均应在拼装模板上进行,要严格控制各部分尺寸。对于小单元拼装的网架,为保证高空拼装节点的吻合和减少积累误差,一般应在地面预装。

拼装时要选择合理的焊接工艺,尽量减少焊接变形和焊接应力。拼装的焊接顺序应从中间开始,向两端或向四周延伸展开进行。

焊接节点的网架点拼后,对其所有的焊缝均应做全面的检查,对大中跨度的钢管网架的对接焊缝,应做无损检验。

2.1 网架拼装准备

2.1.1 主要机具
(1)电焊机、氧-乙炔设备、砂轮锯、钢管切割机床等加工机具。
(2)钢卷尺、钢板尺、游标卡尺、测厚仪、超声波探伤仪、磁粉探伤仪、卡钳、百分表等检测仪器。
(3)铁锤、钢丝刷等辅助工具。

2.1.2 作业条件
(1)拼装焊工必须有焊接考试合格证,有相应焊接材料与焊接工位的资格证明。
(2)拼装前应对拼装场地做好安全设施、防火设施。拼装前应对拼装胎位进行检测,防止胎位移动和变形。拼装胎位应留出恰当的焊接变形余量,防止拼装杆件变形、角度变形。
(3)拼装前杆件尺寸、坡口角度以及焊缝间隙应符合规定。
(4)熟悉图纸,编制好拼装工艺,做好技术交底。
(5)拼装前,对拼装用的高强螺栓应逐个进行硬度试验,达到标准值才能进行拼装。

2.1.3 作业准备
(1)螺栓球加工时的机具、夹具调整,角度的确定,机具的准备。
(2)焊接球加工时,加热炉的准备,焊接球压床的调整,工具、夹具的准备。
(3)焊接球半圆胎架的制作与安装。
(4)焊接设备的选择与焊接参数的设定,采用自动焊时,自动焊设备的安装与调试,氧-乙炔设备的安装。
(5)拼装用高强度螺栓在拼装前应逐条加以保护,防止小拼时飞溅影响到螺纹。
(6)焊条或焊剂进行烘烤与保温,焊材保温烘烤应有专门烤箱。

2.2 钢网架中小拼单元

钢网架小拼单元一般是指焊接球网架的拼装。螺栓球网架在杆件拼装、支座拼装之后即可以安装,不进行小拼单元。

2.2.1 小拼单元划分的原则
(1)尽量增大工厂焊接的工作量的比例。
(2)应将所有节点都焊在小拼单元上,网架总拼时仅连接杆件。

2.2.2 小拼单元的划分
根据网架结构的施工原则,小拼及中拼单元均应在工厂内制作。

小拼单元的拼装是在专用的模架上进行的。拼装模架如图 12-10、图 12-11 所示。

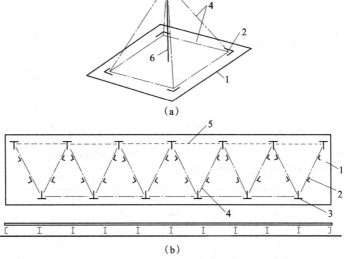

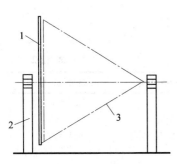

图 12-10 转动型模架示意图
1—模架；2—支架；3—锥体网架杆件

图 12-11 平台型拼装台
(a)四角锥体小拼单元；(b)桁架式小拼单元
1—拼装平台；2—用角钢做的靠山；3—搁置节点槽口；
4—网架杆件中心线；5—临时上弦；6—标杆

2.3 拼装单元验收

(1)拼装单元网架应检查网架长度尺寸、宽度尺寸、对角线尺寸,应在允许偏差范围之内。

(2)检查焊接球的质量以及试验报告。

(3)检查杆件质量与杆件抗拉承载试验报告。

(4)检查高强度螺栓的硬度试验值,检查高强度螺栓的试验报告。

(5)检查拼装单元的焊接质量、焊缝外观质量,主要是防止咬肉,咬肉深度不能超过0.5mm;24h 后用超声波探伤检查焊缝内部质量情况。

(6)小拼单元的允许偏差应符合表 12-1 的规定。

小拼单元的允许偏差(mm)   表 12-1

项　　　目			允　许　偏　差	检查方法	检查数量
节点中心偏移			2.0	用钢尺和拉线等辅助量具实测	按单元数抽查 5%,且不应少于 5 个
焊接球节点与钢管中心的偏移			1.0		
杆件轴线的弯曲矢高			$L_1/1000$,且不应大于 5.0		
锥体型小拼单元	弦杆长度		±2.0		
	锥体高度		±2.0		
	上弦杆对角线长度		±3.0		
平面桁架型小拼单元	跨　长	≤24m	+3.0 −7.0		
		>24m	+5.0 −10.0		

项　　目		允许偏差	检查方法	检查数量
平面桁架型小拼单元	跨　中　高　度	±3.0	用钢尺和拉线等辅助量具实测	按单元数抽查5%，且不应少于5个
	跨中拱度　设计要求起拱	±L/5000		
	跨中拱度　设计未要求起拱	+10.0		

注:1.L_1为杆件长度;
　2.L为跨长。

(7)中拼单元的允许偏差应符合表12-2规定。

中拼单元的允许偏差(mm)　　　　　　　　　　表12-2

项　　目		允许偏差	检查方法	检查数量
单元长度≤20m，拼接长度	单　　跨	±10.0	用钢尺和辅助量具实测	全数检查
	多跨连续	±5.0		
单元长度>20m，拼接长度	单　　跨	±20.0		
	多跨连续	±10.0		

课题3　网架片吊装

3.1　网架片绑扎

3.1.1　单机吊装绑扎

大跨度钢立体桁架(钢网架片,下同)采用单机吊装,一般采用六点绑扎,并设横吊梁,以降低起吊高度和避免对桁架网片产生较大的轴向压力,使桁架、网片出现较大的侧向弯曲,如图12-12(a)、(b)所示。

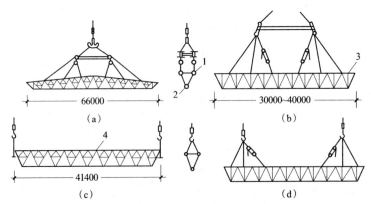

图12-12　大跨度钢立体桁架、网架片的绑扎
(a)、(b)单机吊装大跨度钢立体桁架、网架片的绑扎;(c)、(d)双机抬吊大跨度钢立体桁架、网架片的绑扎
1—上弦;2—下弦;3—分段网架(30×9);4—立体钢管桁架

3.1.2　双机抬吊绑扎

采用双机抬吊时,可采取在支座处两点起吊或四点起吊,另加两副辅助吊索,如图12-12(c)、(d)所示。

3.2 网架片吊装

3.2.1 单机吊装

桁架在跨内斜向布置,采用150kN履带起重机或400kN轮胎式起重机垂直起吊至比柱高50cm,然后机身就地在空中旋转,落于柱头上就位,见图12-13(a),方法同一般钢屋架吊装。

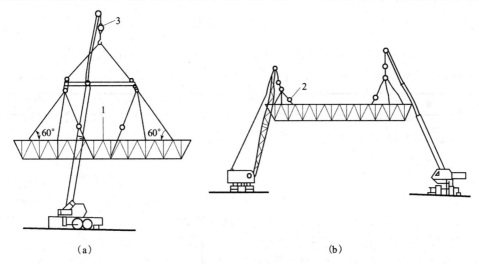

图 12-13　大跨度钢立体桁架、网架片的吊装
(a)单机吊装法;(b)双机抬吊法
1—大跨度钢立体桁架或网架片;2—吊索;3—30kN倒链

3.2.2 双机抬吊

桁架有跨内和跨外两种布置和吊装方式,前者桁架略斜向布置房屋内,用两台履带式起重机或塔式起重机抬吊,吊起旋转就位,如图12-13(b)所示,方法同一般屋架双机抬吊法吊装;后者桁架在房屋一端设拼装台进行组装,采取拼一榀吊一榀,在房屋两侧铺轨道安装两台600/800kN塔式起重机,吊点可直接绑扎在屋架上弦支座处,每端用两根吊索,吊装时由两台起重机抬吊,伸臂与水平保持大于60°,起吊时统一指挥两台起重机同步上升,将屋架缓慢吊起至高于柱顶500mm后,同时行走到屋架安装地点落下就位,如图12-14所示,并立即找正固定,待第二榀吊上后,接着吊装支撑系统及檩条,及时校正形成几何稳定单元,此后每吊一榀,可用上一节间檩条临时固定,整个屋盖吊完后,再将檩条统一找平加以固定,以保证屋面平整。

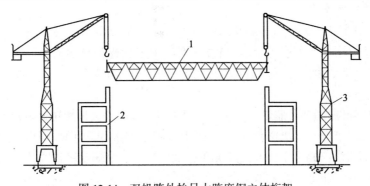

图 12-14　双机跨外抬吊大跨度钢立体桁架
1—41.4m钢管立体桁架;2—框架柱;3—TQ600/800kN·m塔式起重机

253

课题4 钢网架安装

网架结构的节点和杆件,在工厂内制作完成并检验合格后运至现场,拼装成整体。工程中有许多因地制宜的安装方法,现分别介绍如下:

4.1 高空散装法

高空散装法是指运输到现场的运输单元体(平面桁架或锥体)或散件,用起重机械吊升到高空对位拼装成整体结构的方法,适用于螺栓球或高强螺栓连接节点的网架结构。它在拼装过程中始终有一部分网架悬挑着,当网架悬挑拼接成为一个稳定体系时,不需要设置任何支架来承受其自重和施工荷载。当跨度较大、拼接到一定悬挑长度后,设置单肢柱或支架,支承悬挑部分,以减少或避免因自重和施工荷载而产生的挠度。

4.1.1 支架设置

支架既是网架拼装成型的承力架,又是操作平台支架,所以,支架搭设位置必须对准网架下弦节点。支架一般用扣件和钢管搭设。它应具有整体稳定性和足够的刚度;应将支架本身的弹性压缩、接头变形、地基沉降等引起的总沉降值控制在 5mm 以下。因此,为了调整沉降值和卸荷方便,可在网架下弦节点与支架之间设置调整标高用的千斤顶。

拼装支架必须牢固,设计时应对单肢稳定、整体稳定进行验算,并估算沉降量。其中单肢稳定验算可按一般钢结构设计方法进行。

4.1.2 支架整体沉降量控制

支架的整体沉降量包括钢管接头的空隙压缩、钢管的弹性压缩、地基的沉陷等。如果地基情况不良,要采取夯实加固等措施,并且要用木板铺地以分散支柱传来的集中荷载。高空散装法对支架的沉降要求较高(不得超过5mm),应给予足够的重视。大型网架施工,必要时可进行试压,以取得所需的资料。

拼装支架不宜用竹或木制,因为这些材料容易变形并易燃,故当网架用焊接连接时禁用。

4.1.3 支架的拆除

网架拼装成整体并检查合格后,即拆除支架,拆除时应从中央逐圈向外分批进行,每圈下降速度必须一致,应避免个别支点集中受力,造成拆除困难。对于大型网架,每次拆除的高度可根据自重挠度值分成若干批进行。

4.1.4 拼装操作

总的拼装顺序是从建筑物一端开始向另一端以两个三角形同时推进,待两个三角形相交后,则按人字形逐榀向前推进,最后在另一端的正中合拢。每榀块体的安装顺序,在开始两个三角形部分是由屋脊部分分别向两边拼装,两三角形相交后,则由交点开始同时向两边拼装,见图 12-15。

吊装分块(分件)用 2 台履带式或塔式起重机进行,拼装支架用钢制,可局部搭设做成活动式,亦可满堂红搭设。分块拼装后,在支架上分别用方木和千斤顶顶住网架中央竖杆下方进行标高调整,见图 12-15 (c),其他分块则随拼装随拧紧高强螺栓,与已拼好的分块连接即可。

当采取分件拼装时,一般采取分条进行,顺序为:

支架抄平、放线→放置下弦节点垫板→按格依次组装下弦、腹杆、上弦支座(由中间向两端,一端向另一端扩展)→连接水平系杆→撤出下弦节点垫板→总拼精度校验→油漆。

每条网架组装完,经校验无误后,按总拼顺序进行下条网架的组装,直至全部完成,见图12-16。

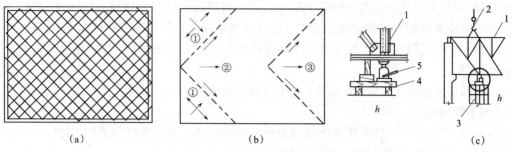

(a)   (b)   (c)

图 12-15　高空散装法安装网架

(a)网架平面;(b)网架安装顺序;(c)网架块体临时固定方法

1—第一榀网架块体;2—吊点;3—支架;4—枕木;5—液压千斤顶;①、②、③—安装顺序

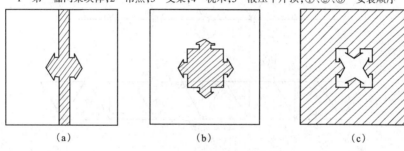

(a)   (b)   (c)

图 12-16　总拼顺序示意图

(a)由中间向两边发展;(b)由中间向四周发展;(c)由四周向中间发展(形成封闭圈)

4.1.5　优缺点

本法不需大型起重设备;对场地要求不高,但需搭设大量拼装支架;高空作业多。

4.1.6　适用范围

适用于非焊接连接(如螺栓球节点、高强螺栓节点等)的各种网架的拼装,不宜用于焊接球网架的拼装,因焊接易引燃脚手板,操作不够安全。同时高空散装,不易控制标高、轴线和质量,工效降低。

4.2　分条分块法

分条分块法是高空散装的组合扩大。为适应起重机械的起重能力和减少高空拼装工作量,将屋盖划分为若干个单元,在地面拼装成条状或块状扩大组合单元体后,用起重机械或设在双肢柱顶的起重设备(钢带提升机、升板机等),垂直吊升或提升到设计位置上,拼装成整体网架结构的安装方法。

条状单元是指沿网架长跨方向分割为若干区段,每个区段的宽度是1~3个网格。而其长度即为网架的短跨或1/2短跨。块状单元是指将网架沿纵横方向分割成矩或正方形的单元。每个单元的重量以现有起重机能力能胜任为准。

4.2.1　条状单元组合体的划分

条状单元组合体的划分是沿着屋盖长方向切割。对桁架结构是将一个节间或两个节间的两榀或三榀桁架组成条状单元体;对网架结构,则将一个或两个网格组装成条状单元体。切割组装后的网架条状单元体往往是单向受力的两端支承结构。这种安装方法适用于分割后的条状单元体,在自重作用下能形成一个稳定体系,其刚度与受力状态改变较小的正放类网架或刚度和受力状况未改变的桁架结构类似。网架分割后的条状单元体刚度,要经过验算,必要时应采取相应的临时加固措施。通常条状单元的划分有以下几种形式:

(1)网架单元相互靠紧,把下弦双角钢分在两个单元上,见图12-17(a),此法可用于正放四角锥网架。

(2)网架单元相互靠紧,单元间上弦用剖分式安装节点连接,见图12-17(b),此法可用于斜放四角锥网架。

(3)单元之间空一节间,该节间在网架单元吊装后再在高空拼装,见图12-17(c),可用于两向正交正放或斜放四角锥等网架。

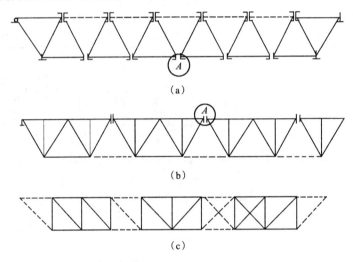

图 12-17　网架条(块)状单元划分方法
(a)网架下弦双角钢分在两单元上;(b)网架上弦用剖分式安装;(c)网架单元在高空拼装
注:Ⓐ表示剖分式安装节点

分条(分块)单元,自身应是几何不变体系,同时还应有足够的刚度,否则应加固。对于正放类网架而言,在分割成条(块)状单元后,自身在自重作用下能形成几何不变体系,同时也有一定的刚度,一般不需要加固。但对于斜放类网架,在分割成条(块)状单元后,由于上弦为菱形结构可变体系,因而必须加固后才能吊装,图12-18所示为斜放四角锥网架上弦加固方法。

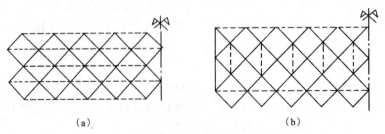

图 12-18　斜放四角锥网架上弦加固(虚线表示临时加固杆件)示意图
(a)网架上弦临时加固件采用平行式;(b)网架上弦临时加固件采用间隔式

256

4.2.2 块状单元组合体的划分

块状单元组合体的分块,一般是在网架平面的两个方向均有切割,其大小视起重机的起重能力而定。切割后的块状单元体大多是两邻边或一边有支承,一角点或两角点要增设临时顶撑予以支承。也有将边网格切除的块状单元体,在现场地面对准设计轴线组装,边网格留在垂直吊升后再拼装成整体网架,见图 12-19。

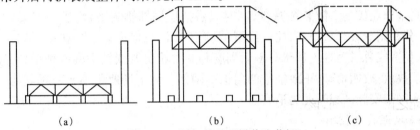

图 12-19　网架吊升后拼装边节间
(a)网架在室内砖支墩上拼装;(b)用独脚拔杆起吊网架;(c)网架吊升后将边节各杆件及支座拼装上

4.2.3 拼装操作

吊装有单机跨内吊装和双机跨外抬吊两种方法,见图 12-20 (a)、(b)。在跨中下部设可调立柱、钢顶撑,以调节网架跨中挠度,见图 12-20 (c)。吊上后即可将半圆球节点焊接和安设下弦杆件,待全部作业完成后,拧紧支座螺栓,拆除网架、下立柱,即告完成。

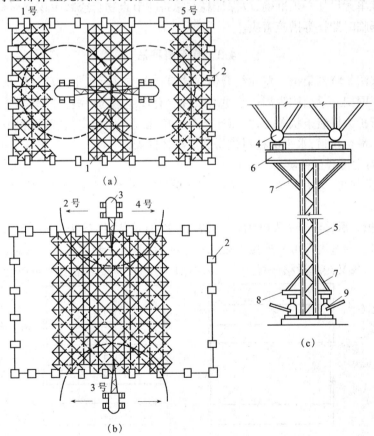

图 12-20　分条分块法安装网架
(a)吊装 1 号、5 号段网架作业;(b)吊装 2 号、4 号、3 号段作业;(c)网架跨中挠度调节
1—网架;2—柱子;3—履带式起重机;4—下弦钢球;5—钢支柱;6—横梁;7—斜撑;8—升降顶点;9—液压千斤顶

4.2.4 优缺点

本法所需起重设备较简单,不需大型起重设备;可与室内其他工种平行作业,缩短总工期,用工省、劳动强度低、减少高空作业、施工速度快、费用低。但需搭设一定数量的拼装平台;另外,拼装容易造成轴线的积累偏差,一般要采取试拼装、套拼、散件拼装等措施来控制。

4.2.5 适用范围

本法高空作业较高空散装法减少,同时只需搭设局部拼装平台,拼装支架量也大大减少,并可充分利用现有起重设备,比较经济,但施工应注意保证条(块)状单元制作精度和控制起拱,以免造成总拼困难。适于分割后刚度和受力状况改变较小的各种中、小型网架,如双向正交正放、正放四角锥、正放抽空四角锥等网架。对于场地狭小或跨越其他结构、起重机无法进入网架安装区域时尤为适宜。

4.2.6 网架挠度控制

网架条状单元在吊装就位过程中的受力状态属平面结构体系,而网架结构是按空间结构设计的,因而条状单元在总拼前的挠度要比网架形成整体后该处的挠度大,故在总拼前必须在合拢处用支撑顶起,调整挠度使其与整体网架挠度符合。块状单元在地面制作后,应模拟高空支承条件,拆除全部地面支墩后观察施工挠度,必要时也应调整其挠度。

4.2.7 网架尺寸控制

条(块)状单元尺寸必须准确,以保证高空总拼时节点吻合或减少积累误差,一般可采取预拼装或现场临时配杆等措施解决。

4.3 高空滑移法

高空滑移法是将网架条状单元组合体在建筑物上空进行水平滑移对位总拼的一种施工方法。适用于网架支承结构为周边承重墙或柱上有现浇钢筋混凝土圈梁等情况。可在地面或支架上进行扩大拼装条状单元,并将网架条状单元提升到预定高度后,利用安装在支架或圈梁上的专用滑行轨道,水平滑移对位拼装成整体网架。

4.3.1 高空滑移法分类

(1)单条滑移法,见图12-21 (a),先将条状单元一条条地分别从一端滑移到另一端就位安装,各条在高空进行连接。

(2)逐条积累滑移法,见图12-21(b)和图12-22所示,先将条状单元滑移一段距离后(能连接上第二单元的宽度即可),连接上第二条单元后,两条一起再滑移一段距离(宽度同上),再接第三条,三条又一起滑移一段距离,如此循环操作直至接上最后一条单元为止。

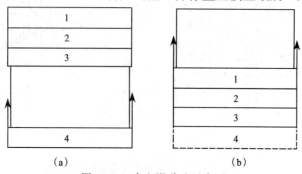

(a)　　　　　　　　(b)

图12-21　高空滑移法示意图

(a)单条滑移法;(b)逐条积累滑移法

4.3.2 滑移装置

1. 滑轨

滑移用的轨道有各种形式,对于中小型网架,滑轨可用圆钢、扁铁、角钢及小型槽钢制作,对于大型网架可用钢轨、工字钢、槽钢等制作。滑轨可用焊接或螺栓固定在梁上。其安装水平度及接头要符合有关技术要求。网架在滑移完成后,支座即固定于底板上,以便于连接。

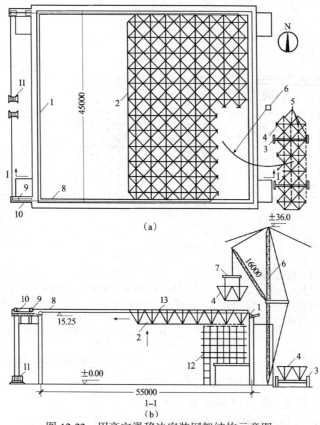

图 12-22 用高空滑移法安装网架结构示意图

(a)平面;(b)立面

1—边梁;2—已拼网架单元;3—运输车轮;4—拼装单元;5—拼装架;6—拔杆;7—吊具;
8—牵引索;9—滑轮组;10—滑轮组支架;11—卷扬机;12—拼装架;13—拼接缝

2. 导向轮

导向轮主要是作为安全保险装置用,一般设在导轨内侧,在正常滑移时导向轮与导向轨脱开,其间隙为 10~20mm,只有当同步差超过规定值或拼装误差在某处较大时二者才碰上,见图 12-23。但是在滑移过程中,当左右两台卷扬机以不同时间启动或停车也会造成导向轮顶上滑轨的情况。

4.3.3 拼装操作

滑移平台由钢管脚手架或升降调平支撑组成,见图 12-24,起始点尽量利用已建结构物,如门厅、观众厅,高度应比网架下弦低 40cm,以便在网架下弦节点与平台之间设置千斤顶,用以调整标高,平台上面铺设安装模架,平台宽应略大于两个节间。

网架先在地面将杆件拼装成两球一杆和四球五杆的小拼构件,然后用悬臂式桅杆、塔式

259

或履带式起重机,按组合拼接顺序吊到拼接平台上进行扩大拼装。先就位点焊,拼接网架下弦方格,再点焊立起横向跨度方向角腹杆。每节间单元网架部件点焊拼接顺序,由跨中向两端对称进行,焊完后临时加固。牵引可用慢速卷扬机或绞磨进行,并设减速滑轮组。牵引点应分散设置,滑移速度应控制在 1m/min 以内,并要求做到两边同步滑移。当网架跨度大于50m,应在跨中增设一条平稳滑道或辅助支顶平台。

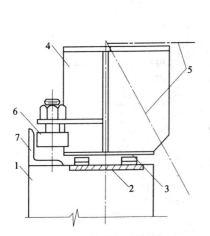

图 12-23 轨道与导轮设置
1—天沟梁;2—预埋钢板;3—轨道;
4—网架支座;5—网架杆件中心线;
6—导轮;7—导轨

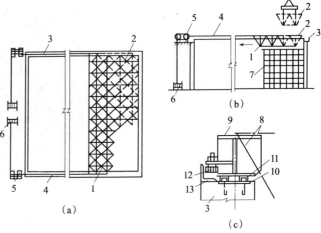

图 12-24 高空滑移法安装网架
(a)高空滑移平面布置;(b)网架滑移安装;(c)支座构造
1—网架;2—网架分块单元;3—天沟梁;4—牵引线;5—滑车组;
6—卷扬机;7—拼装平台;8—网架杆件中心线;9—网架支座;
10—预埋铁件;11—型钢轨道;12—导轮;13—导轨

4.3.4 同步控制

当拼装精度要求不高时,控制同步可在网架两侧的梁面上标出尺寸,牵引时同时报滑移距离。当同步要求较高时可采用自整角机同步指示装置,以便集中于指挥台随时观察牵引点移动情况,读数精度为 1mm,该装置的安装,如图12-25 所示。

4.3.5 挠度的调整

当网架单条滑移时,其施工挠度的情况与分条分块法完全相同;当逐条积累滑移时,网架的受力情况仍然是两端自由搁置的主体桁架。因而,滑移时网架虽仅承受自重,但其挠度仍较形成整体后为大,因此,在连接新的单元前,都应将已滑移好的部分网架进行挠度调整,然后再拼接。

在滑移时应加强对施工挠度的观测,随时调整。

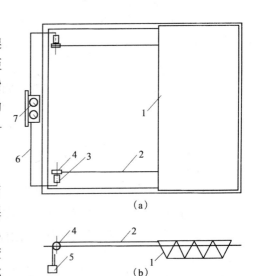

图 12-25 自整角机同步指示器安装示意图
(a)平面;(b)立面
1—网架;2—钢丝;3—自整角机发送机;
4—转盘;5—平衡重;6—导线;
7—自整角机接收机及读数度盘

4.4 整体吊升法

整体吊升法是将网架结构在地上错位拼装成整体,然后用起重机吊升超过设计标高,空中移位后落位固定。此法不需要搭设高的拼装架,高空作业少,易于保证接头焊接质量,但需要起重能力大的设备,吊装技术也复杂。此法以吊装焊接球节点网架为宜,尤其是三向网架的吊装。根据吊装方式和所用的起重设备不同,可分为多机抬吊及独脚桅杆吊升。

4.4.1 多机抬吊作业

多机抬吊施工中布置起重机时需要考虑各台起重机的工作性能和网架在空中移位的要求。起吊前要测出每台起重机的起吊速度,以便起吊时掌握,或每两台起重机的吊索用滑轮连通。这样,当起重机的起吊速度不一致时,可由连通滑轮的吊索自行调整。

如网架重量较轻,或四台起重机的起重量均能满足要求时,宜将四台起重机布置在网架的两侧,这样只要四台起重机将网架垂直吊升超过柱顶后,旋转一小角度,即可完成网架空中移位要求。

多机抬吊一般用四台起重机联合作业,将地面错位拼装好的网架整体吊升到柱顶后,在空中进行移位,落下就位安装。一般有四侧抬吊和两侧抬吊两种方法,见图12-26。

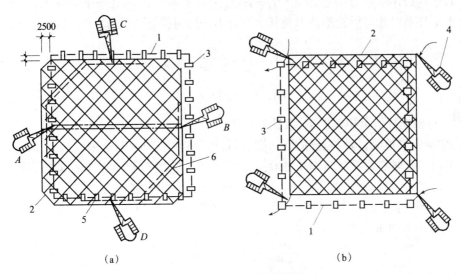

图 12-26 四机抬吊网架
(a)四侧抬吊;(b)两侧抬吊
1—网架安装位置;2—网架拼装位置;3—柱;4—履带式起重机;5—吊点;6—串通吊索

四侧抬吊时,为防止起重机因升降速度不一而产生不均匀荷载,在每台起重机设两个吊点,每两台起重机的吊索互相用滑轮串通,使各吊点受力均匀,网架平稳上升。

当网架提到比柱顶高30cm时,进行空中移位,起重机 A 一边落起重臂,一边升钩;起重机 B 一边升起重臂,一边落钩;C、D 两台起重机则松开旋转刹车跟着旋转,待转到网架支座中心线对准柱子中心时,四台起重机同时落钩,并通过设在网架四角的拉索和倒链拉动网架进行对线,将网架落到柱顶就位。

两侧抬吊系用四台起重机将网架吊过柱顶同时向一个方向旋转一定距离,即可就位。

本法准备工作简单,安装较快速方便。四侧抬吊和两侧抬吊比较,前者移位较平稳,但操作较复杂;后者空中移位较方便,但平稳性较差一些。而两种吊法都需要多台起重设备条件,操作技术要求较严。

适于跨度 40m 左右、高度 2.5m 左右的中、小型网架屋盖的吊装。

4.4.2 独脚拔杆吊升作业

独脚拔杆吊升法是多机抬吊的另一种形式。它是用多根独脚拔杆,将地面错位拼装的网架吊升超过柱顶,进行空中移位后落位固定。采用此法时,支承屋盖结构的柱与拔杆应在屋盖结构拼装前竖立。此法所需的设备多,劳动量大,但对于吊装高、重、大的屋盖结构,特别是大型网架较为适宜,如图 12-27 所示。

4.4.3 网架的空中移位

多机抬吊作业中,起重机变幅容易,网架空中移位并不困难,而用多根独脚拔杆进行整体吊升网架方法的关键是网架吊升后的空中移位。由于拔杆变幅很困难,网架在空中的移位是利用拔杆两侧起重滑轮组中的水平力不等而推动网架移位的。

如图 12-28 所示,网架被吊升时,每根拔杆两侧滑轮组夹角相等,上升速度一致,两侧受力相等($T_1 = T_2$),其水平分力也相等($H_1 = H_2$),网架于水平面内处于平衡状态,只垂直上升,不会水平移动。此时滑轮组拉力及其水平分力分别可按下式计算:

$$T_1 = T_2 = \frac{Q}{2\sin\alpha}$$

$$H_1 = H_2 = T_1\cos\alpha$$

式中　Q—每根桅杆所负担的网架、索具等荷载。

使网架空中移位时,每根桅杆的同一侧(如右边)滑轮组钢丝绳徐徐放松,而另一侧(左边)滑轮不动。此时右边钢丝绳因松弛而拉力 T_2 变小,左边 T_1 则由于网架重力作用相应增大,因此两边水平力也不等,即 $H_1 > H_2$,这就打破了平衡状态,网架朝 H_1 所指的方向移动。直至右侧滑轮组钢丝绳放松直到停止,重新处于拉紧状态时,则 $H_1 = H_2$,网架恢复平衡,移动也即终止。此时平衡方程式为:

$$T_1\sin\alpha_1 + T_2\sin\alpha_2 = Q$$

$$T_1\cos\alpha_1 = T_2\cos\alpha_2$$

但由于 $\alpha_1 > \alpha_2$,故此时 $T_1 > T_2$。

在平移时,由于一侧滑轮组不动,网架还会产生以 D 点为圆心、OA 为半径的圆周运动而产生少许下降。

网架空中移位的方向与桅杆及其起重滑轮组布置有关。如桅杆对称布置,桅杆的起重平面(即起重滑轮组与桅杆所构成的平面)方向一致且平行于网架的一边。因此,使网架产生运动的水平分力 H 都平行于网架的一边,网架即产生单向的移位。同理,如桅杆均布于同一圆周上,且桅杆的起重平面垂直于网架半径。这时使网架产生运动的水平分力 H 与桅杆起重平面相切,由于切向力 H 的作用,网架即产生绕其圆心旋转的运动。

262

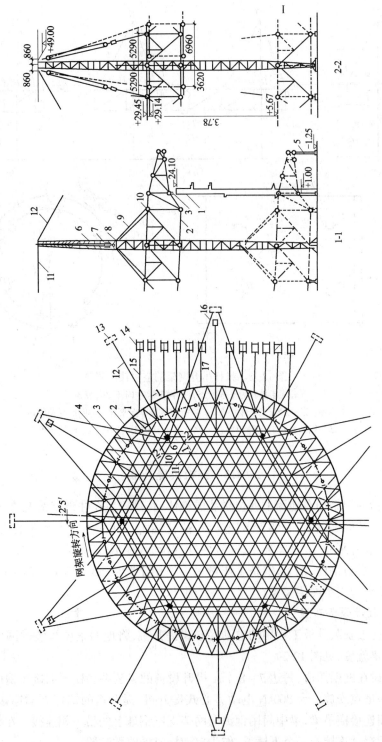

图 12-27　圆形网架屋盖桅杆吊升法示意

1—柱;2—网架;3—摇摆支座;4—留待提升以后再焊的杆件;5—拼装用小钢柱;6—独脚桅杆;
7—8 门滑轮组;8—铁扁担;9—吊索;10—吊点;11—平缆风绳;12—斜缆风绳;13—地锚;
14—起重卷扬机;15—起重钢丝绳;16—校正用的卷扬机;17—校正用的钢丝绳

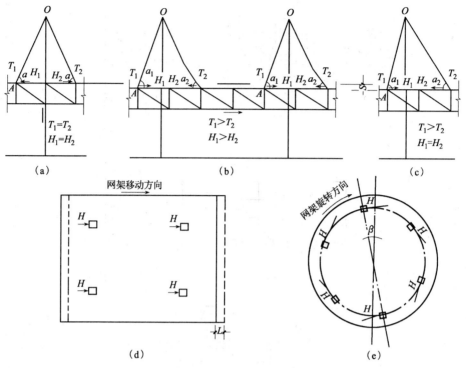

图 12-28　拔杆吊升网架的空中移位顺序

(a)网架提升时平衡状态；(b)网架移位时不平衡状态；
(c)网架移位后恢复平衡状态Ⅰ；(d)矩形网架单向平移；(e)圆形网架旋转
S—网架移位时下降距离；L—网架水平移位距离；$β$—网架旋转角度

4.5　升板机提升法

本法是指网架结构在地面上就位拼装成整体后,用安装在柱顶横梁上的升板机,将网架垂直提升到设计标高以上,安装支承托梁后,落位固定。此法不需大型吊装设备,机具和安装工艺简单,提升平稳,提升差异小,同步性好,劳动强度低,工效高,施工安全,但需较多提升机和临时支承短钢柱、钢梁,准备工作量大。适用于跨度 50～70m,高度 4m 以上,重量较大的大、中型周边支承网架屋盖。

4.5.1　提升设备布置

在结构柱上安装升板工程用的电动穿心式提升机,将地面正位拼装的网架直接整体提升到柱顶横梁就位,见图 12-29。

提升点设在网架四边,每边 7～8 个。提升设备的组装系在柱顶加接短钢柱上安工字钢上横梁,每一吊点安放一台 300kN 电动穿心式提升机,提升机的螺杆下端连接多节长 1.8m 的吊杆,下面连接横吊梁,梁中间用钢销与网架支座钢球上的吊环相连接。在钢柱顶上的上横梁处,又用螺杆连接着一个下横梁,作为拆卸杆时的停歇装置。

4.5.2　提升过程

当提升机每提升一节吊杆后(升速为 3cm/min),用 U 形卡板塞入下横梁上部和吊杆上端的支承法兰之间,卡住吊杆,卸去上节吊杆,将提升螺杆下降与下一节吊杆接好,再继续上升,如此循环往复,直到网架升至托梁以上,然后把预先放在柱顶牛腿的托梁移至中间就位,再将网架下降于托梁上,即告完成。

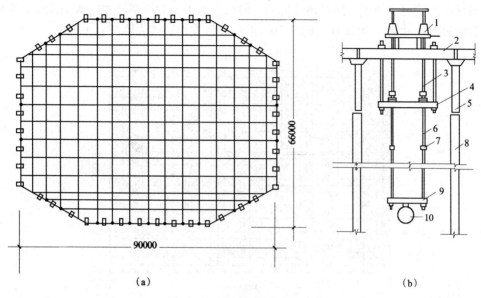

图 12-29　升板机提升法示意图

(a)平面布置图;(b)提升装置

1—提升机;2—上横梁;3—螺杆;4—下横梁;5—短钢柱;6—吊杆;7—接头;8—柱;9—横吊梁;10—支座钢球

□为柱;●为升板机

网架提升时应同步,每上升 60～90cm 观测一次,控制相邻两个提升点高差不大于 25mm。

4.6　顶升施工法

本法系利用支承结构和千斤顶将网架整体顶升到设计位置,见图 12-30。本法设备简单,不用大型吊装设备,顶升支承结构可利用结构永久性支承柱,拼装网架不需搭设拼装支架,可节省大量机具和脚手、支墩费用,降低施工成本;操作简便、安全,但顶升速度较慢,对结构顶升的误差控制要求严格,以防失稳。适于安装多支点支承的各种四角锥网架屋盖安装。

4.6.1　顶升准备

顶升用的支承结构一般利用网架的永久性支承柱,或在原支点处或其附近设置临时顶升支架。顶升千斤顶可采用普通液压千斤顶或丝杠千斤顶,要求各千斤顶的行程和起重速度一致。网架多采用伞形柱帽的方式,在地面按原位整体拼装。由四根角钢组成的支承柱(临时支架)从腹杆间隙中穿过,在柱上设置缀板作为搁置横梁、千斤顶和球支座用。上、下临时缀板的间距根据千斤顶的尺寸、冲程、横梁等尺寸确定,应恰为千斤顶使用行程的整数倍,其标高偏差不得大于 5mm,如用 320kN 普通液压千斤顶,缀板的间距为 420mm,即顶一个循环的总高度为 420mm,千斤顶分三次(150mm＋150mm＋120mm)顶升到该标高。

4.6.2　顶升操作

顶升时,每一顶升循环工艺过程,如图 12-31 所示。顶升应做到同步,各顶升点的升差不得大于相邻两个顶升用的支承结构间距的 1/1000,且不大于 30mm,在一个支承结构上有两个或两个以上千斤顶时不大于 10mm。当发现网架偏移过大,可采用在千斤顶垫斜垫或有意造成反向升差逐步纠正。同时顶升过程中网架支座中心对柱基轴线的水平偏移值不得大于柱截面短边尺寸的 1/50 及柱高的 1/500,以免导致支承结构失稳。

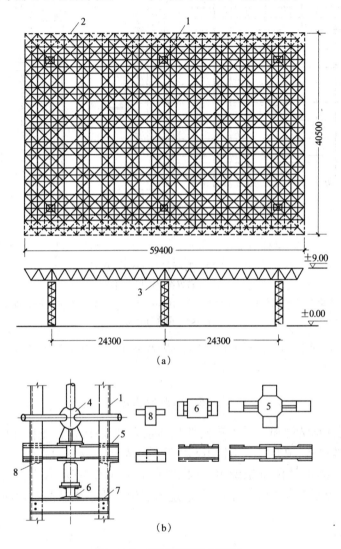

图 12-30 某网架顶升施工图

(a)结构平面及立面图;(b)顶升装置及安装图

1—柱;2—网架;3—柱帽;4—球支座;5—十字梁;6—横梁;7—下缀板(16 号槽钢);8—上缀板

4.6.3 升差控制

顶升施工中同步控制主要是为了减少网架的偏移,其次才是为了避免引起过大的附加杆力。而提升法施工时,升差虽然也会造成网架的偏移,但其危害程度要比顶升法小。

顶升时网架的偏移值当达到需要纠正时,可采用千斤顶垫斜或人为造成反向升差逐步纠正,切不可操之过急,以免发生安全质量事故。由于网架的偏移是一种随机过程,纠偏时柱的柔度、弹性变形又给纠偏以干扰,因而纠偏的方向及尺寸并不完全符合主观要求,不能精确地纠偏。故顶升施工时应以预防网架偏移为主,顶升时必须严格控制升差并设置导轨。

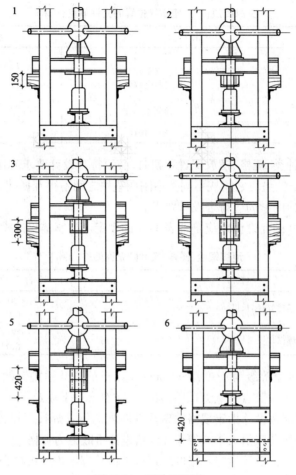

图 12-31 顶升过程图

1—顶升 150mm,两侧垫上方形垫块;2—回油,垫圆垫块;3—重复 1 过程;
4—重复 2 过程;5—顶升 130mm,安装两侧上缀板;6—回油,下缀板升一级

课题 5 钢网架安装质量控制

5.1 钢网架安装基本规定

1. 钢网架结构安装应符合以下规定:

(1)安装的测量校正、高强度螺栓安装、负温度下施工及焊接工艺等,应在安装前进行工艺试验或评定,并应在此基础上制订相应的施工工艺或方案;

(2)安装偏差的检测,应在结构形成空间刚度单元并连接固定后进行;

(3)安装时,必须控制屋里、楼面、平台等的施工荷载,施工荷载和冰雪荷载等严禁超过梁、桁架、楼面板、屋面板、平台铺板等的承载能力。

2. 钢网架结构支座定位轴线的位置、支座锚栓的规格应符合设计要求。

3. 支撑面顶板的位置、标高、水平度以及支座锚栓位置的允许偏差应符合表12-3的规定。

支撑面顶板、支座锚栓位置的允许偏差（mm）　　　　　表12-3

项　目		允　许　偏　差
支承面顶板	位　置	15.0
	顶面标高	0 －3.0
	顶面水平度	l/1000
支座锚栓	中心偏移	±5.0

4. 支承垫块的种类、规格、摆放位置和朝向，必须符合设计要求和国家现行有关标准的规定。橡胶垫块与刚性垫块之间或不同类型刚性垫块之间不得互换使用。

5. 网架支座锚栓的紧固应符合设计要求。

6. 支座锚栓尺寸的允许偏差应符合表12-4的规定。支座锚栓的螺纹应受到保护。

地脚螺栓（锚栓）尺寸的允许偏差（mm）　　　　　表12-4

项　目	允　许　偏　差
螺栓（锚栓）露出长度	+30.0 0.0
螺纹长度	+30.0 0.0

7. 对建筑结构安全等级为一级，跨度40m及以上的公共建筑钢网架结构，且设计有要求时，应按下列项目进行节点承载力试验，其结果应符合以下规定：

（1）焊接球节点应按设计指定规格的球及其匹配的钢管焊接成试件，进行轴心拉、压承载力试验，其试验破坏荷载值大于或等于1.6倍设计承载力为合格。

（2）螺栓球节点应按设计指定规格的球最大螺栓孔螺纹进行抗拉强度保证荷载试验，当达到螺栓的设计承载力时，螺孔、螺纹及封板仍完好无损为合格。

8. 钢网架结构总拼完成后及屋面工程完成后应分别测量其挠度值，且所测的挠度值不应超过相应设计值的1.15倍。

9. 钢网架结构安装完成后，其节点及杆件表面应干净，不应有明显的疤痕、泥沙和污垢。螺栓球节点应将所有接缝用油腻子填嵌严密，并应将多余螺孔封口。

10. 钢网架结构安装完成后，其安装的允许偏差应符合表12-5的规定。

钢网架结构安装的允许偏差　　　　　表12-5

项　目	允　许　偏　差	检　验　方　法
纵向、横向长度	L/2000，且不应大于30.0 －L/2000，且不应小于－30.0	用钢尺实测
支座中心偏移	L/3000，且不应大于30.0	用钢尺和经纬仪实测
周边支承网架相邻支座高差	L/400，且不应大于15.0	用钢尺和水准仪实测
支座最大高差	30.0	
多点支承网架相邻支座高差	L₁/800，且不应大于30.0	

5.2 钢网架安装质量控制要点

钢网架安装质量控制要点,见表12-6。

表 12-6

项次	项 目	质 量 控 制 要 点
1	焊接球、螺栓球及焊接钢板等节点及杆件制作精度	(1)焊接球:半圆球宜用机床加工制作坡口。焊接后的成品球,其表面应光滑平整,不能有局部凸起或折皱。直径允许误差为±2ram;不圆度为2mm;厚度不均匀度为10%;对口错边量为1mm。成品球以200个为一批(当不足200个时,也以一批处理),每批取两个进行抽样检验,如其中有1个不合格,则加倍取样,如其中又有1个不合格,则该批球为不合格品品。 (2)螺栓球:毛坯不圆度的允许制作误差为2mm,螺栓按3级精度加工,其检验标准按《钢网架螺栓球节点用高强度螺栓》(GB/T 16939)技术条件进行。 (3)焊接钢板节点的成品允许误差为±2ram;角度可用角度尺检查,其接触面应密合。 (4)焊接节点及螺栓球节点的钢管杆件制作成品长度允许误差为±1mm;锥头与钢管同轴度偏差不大于0.2ram; (5)焊接钢板节点的型钢杆件制作成品长度允许误差为±2mm
2	钢管球节点焊缝收缩量	钢管球节点加套管时,每条焊缝收缩应为1.5~3.5mm;不加套管时,每条焊缝收缩应为1.0~2.0mm;焊接钢板节点,每个节点收缩量应为2.0~3.0mm
3	管球焊接	(1)钢管壁厚4.9mm时,坡口不小于45°为宜。由于局部未焊透,所以加强部位高度要大于或等于3mm。 钢管壁厚不小于10mm时采用圆弧坡口见图12-32,钝边不大于2mm,单面焊接双面成型易焊透。 (2)焊工必须持有钢管定位位置焊接操作证。 (3)严格执行坡口焊接及圆弧形坡口焊接工艺。 (4)焊前清除焊接处污物。 (5)为保证焊缝质量,对于等强焊缝必须符合《钢结构工程施工质量验收规范》(GB 50205—2001)二级焊缝的质量,除进行外观检验外,对大中跨度钢管网架的拉杆与球的对接焊缝,应做无损伤检验,其抽样数不少于焊口总数的20%。钢管厚度大于4mm时,开坡口焊接,钢管与球壁之间必须留有3~4mm间隙,以便加衬管焊接时根部易焊透。但是加衬管办法给拼装带来很大麻烦。故一般在合拢杆情况下,采用加衬管办法
4	焊接球节点的钢管布置	(1)在杆件端头加锥头(锥头比杆件细),另加肋焊于球上。 (2)将没有达到满应力的杆件的直径改小。 (3)两杆件距离不小于10mm,否则开成马蹄形,两管间焊接时须在两管间加肋补强。 (4)凡遇有杆件相碰,必须与设计单位研究处理
5	螺栓球节点	(1)螺栓球节点的螺纹应按6H级精度加工,并符合国家标准的规定。球中心至螺孔端面距离偏差为±0.20mm,螺栓球螺孔角度允许偏差为±30′。 (2)螺栓球节点见图12-33,钢管杆件成品是指钢管与锥头或封板的组合长度,其允许偏差值指组合偏差为±1mm。 (3)钢管杆件宜用机床、切管机、爬管机下料,也可用气割下料,其长度都应考虑杆件与锥头或封板焊接收缩值。影响焊接收缩量的因素较多,如焊缝长度和厚度、气温的高低、焊接电流大小、焊接方法、焊接速度、焊接层次、焊工技术水平等,具体收缩值可通过试验和经验数值确定。 (4)拼装顺序应从一端向另一端,或者从中间向两边,以减少累积偏差;拼装工艺:先拼装下弦杆,将下弦的标高和轴线校正后,全部拧紧螺栓定位。安装腹杆,必须使其下弦连接端的螺栓拧紧,如拧不紧,当周围螺栓都拧紧后,因锥头或封板孔较大,螺栓有可能偏斜,就难处理。连接上弦时,开始不能拧紧,如此循环部分网架拼装完成后,要检查螺栓,对松动螺栓,再复拧一次。 (5)螺栓球节点网架安装时,必须将高强度螺栓拧紧,螺栓拧进长度为该螺栓直径的1倍时,可以满足受力要求,按规定拧进长度为直径的1.1倍,并随时进行复拧。 (6)螺栓球与钢管特别是拉杆的连接,杆件在承受拉力后即变形,必然产生缝隙,在南方或沿海地区,水气有可能进入高强度螺栓或钢管,易腐蚀,因此网架的屋盖系统安装后,再对网架各个接头用油腻子将所有空余螺孔及接缝处填嵌密实,补刷防腐漆两道

项次	项 目	质 量 控 制 要 点
6	焊接顺序	(1)网架焊接顺序应为先焊下弦节点,使下弦收缩向上拱起,然后焊腹杆及上弦。焊接时应尽量避免形成封闭圈,否则焊接应力加大,产生变形。一般可采用循环焊接法。 (2)节点板焊接顺序见图12-34所示。节点带盖板时,可用夹紧器夹紧后点焊定位再进行全面焊接
7	拼装顺序	(1)大面积拼装一般采取从中间向两边或向四周顺序拼装,杆件有一端是自由端,能及时调整拼装尺寸,以减小焊接应力与变形。 (2)螺栓球节点总拼顺序一般从一边向另一边,或从中间向两边顺序进行。只有螺栓头与锥筒(封板)端部齐平时,才可以跳格拼装,其顺序为:下弦—斜杆—上弦
8	高空散装法标高	(1)采用控制屋脊线标高的方法拼装,一般从中间向两侧发展,以减小累积偏差和便于控制标高,使误差消除在边缘上。 (2)拼装支架应进行设计,对重要的或大型工程,还应进行试压,使其具有足够的强度和刚度,并满足单肢和整体稳定的要求。 (3)悬挑拼装时,由于网架单元不能承受自重,所以对网架要进行加固,即在网架拼装过程中必须是稳定的。支架承受荷载,必然产生沉降,就必须采取千斤顶随时进行调整,当调整无效时,应会同技术人员解决,否则影响拼装精度。支架总沉降量经验值应小于5mm
9	高空滑移法安装挠度	(1)适当增大网架杆件断面,以增强其刚度。 (2)拼装时增加网架施工起拱数值。 (3)大型网架安装时,中间应设置滑道,以减小网架跨度,增强其刚度。 (4)在拼接处可临时加加反梁办法,或增加三层网架加强刚度。 (5)为避免滑移过程中,因杆件内力改变而影响挠度值,必须控制网架在滑移过程中的同步数值,其方法可采用在网架两端滑轨上标出尺寸,也可以利用自整角机代替标尺
10	整体顶升位移	(1)顶升同步值按千斤顶行程而定,并设专人指挥顶升速度。 (2)顶升点处的网架做法可做成上支承点或下支承点形式,并有足够的刚度,如图12-35所示。为增加柱子刚度,可在双肢柱间增加缀条。 (3)顶升点的布置距离,应通过计算,避免杆件受压失稳。 (4)顶升时,各顶点的允许高差值应满足以下要求: 1)相邻两个顶升支承结构间距的1/1000,且不大于30mm; 2)在一个顶升支承结构上,有两个或两个以上千斤顶时,为千斤顶间距的1/200,且不大于10mm。 (5)千斤顶合力与柱轴线位移允许值为5mm。千斤顶应保持垂直。 (6)顶升前及顶升过程中,网架支座中心对柱轴线的水平偏移值,不得大于截面短边尺寸的1/50及柱高的1/500。 (7)支承结构如柱子刚性较大,可不设导轨;如刚性较小,必须加设导轨。 (8)已发现位移,可以把千斤顶用楔片垫斜或人为造成反向升差,或将千斤顶平放水平支顶网架支座
11	整体提升柱的稳定性	(1)网架提升吊点要通过计算,尽量与设计受力情况相接近,避免杆件失稳;每个提升设备所受荷载尽量达到平衡;提升负荷能力,群顶或群机作业,按额定能力乘以折减系数,电力螺杆升板机为0.7~0.8,穿心式千斤顶为0.5~0.6。 (2)不同步的升差值对柱的稳定有很大影响,当用升板机时允许差值为相邻提升点距离的1/400,且不大于15mm;当用穿心式千斤顶时,为相邻提升点距离的1/250,且不大于25mm。 (3)提升设备放在柱顶或放在被提升重物上应尽量减少偏心距。 (4)网架提升过程中,为防止大风影响,造成柱倾覆,可在网架四角拉上缆风,平时放松,风力超过5级应停止提升,拉紧缆风绳。 (5)采用提升法施工时,下部结构应形成稳定的框架结构体系,即柱间设置水平支撑及垂直支撑,独立柱应根据提升受力情况进行验算。 (6)升网滑模提升速度应与混凝土强度应适应,混凝土强度等级必须达到C10级。 (7)不论采用何种整体提升方法,柱的稳定性都直接关系到施工安全,因此,必须做施工组织设计,并与设计人员共同对柱的稳定性进行验算

项次	项　目	质　量　控　制　要　点
12	整体安装空中移位	（1）由于网架是按使用阶段的荷载进行设计的，设计中一般难以准确计入施工荷载，所以施工之前应按吊装时的吊点和预先考虑的最大提升高度差，验算网架整体安装所需要的刚度，并据此确定施工措施或修改设计。 （2）要严格控制网架提升高差，尽量做到同步提升。提升高差允许值（指相邻两拔杆间或相邻两吊点组的合力点间相对高差），可取吊点间距的1/400，且不大于100mm，或通过验算而定。 （3）采用拔杆安装时，应使卷扬机型号、钢丝绳型号以及起升速度相同，并且使吊点钢丝绳相通，以达到吊点间杆件受力一致，采取多机抬吊安装时，应使起重机型号、起升速度相同，吊点间钢丝绳相通，以达到杆件受力一致。 （4）合理布置起重机械及拔杆。 （5）缆风地锚必须经过计算，缆风主初拉应力控制到60%，施工过程中应设专人检查。 （6）网架安装过程中，拔杆顶端偏斜不超过1/1000（拔杆高）且不大于30mm

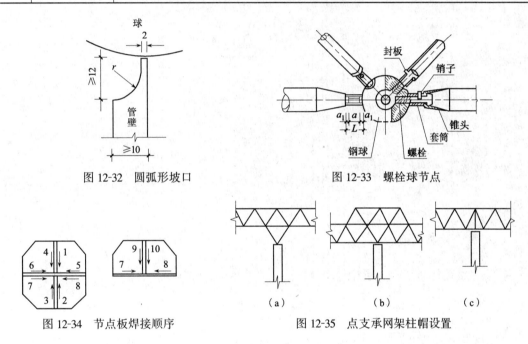

图 12-32　圆弧形坡口　　　　　　图 12-33　螺栓球节点

图 12-34　节点板焊接顺序　　　　　图 12-35　点支承网架柱帽设置

实 训 课 题

全班同学组织一次现场实际考察，并深入了解钢网架工程的设计概况后，回校内组织一次专题讨论会，讨论其安装工艺方法。每位同学应编写该钢结构工程安装施工过程中应重点进行质量控制的内容。

复 习 思 考 题

1. 钢网架的节点有哪几种常见形式？
2. 钢网架拼装的目的是什么？拼装前应做哪些准备？
3. 小拼单元划分的原则是什么？
4. 拼装单元验收应检查哪些内容？

5. 网架片的绑扎和安装方法有哪几种？

6. 钢网架有哪些安装方法？

7. 叙述分条分块法的概念及特点。

8. 叙述高空滑移法的安装工艺。

9. 叙述整体吊升法、升板机提升法和整体顶升法的安装工艺。

10. 钢网架安装质量控制要点有哪些？

单元 13　压型金属板工程

知　识　点:本单元讲述压型金属板类型、规格及质量要求,讲述压型金属板制作要求,重点地介绍了压型金属板的配件、连接方法、安装方法要求及质量控制要点。

教学目标:通过本单元学习,应了解压型金属板的材料类型、规格和质量要求;了解压型金属板制作要求;掌握压型金属板的安装方法和质量控制的要点。学习本单元,学生应具有独立地组织压型金属板工程安装和对压型金属板安装工程进行技术质量监督的能力。

近几年来,压型金属板在工业与民用建筑的围护结构(屋面、墙面)与组合楼板等工程中的应用愈来愈广泛。它主要采用薄钢板中的镀锌板和彩色涂层钢板(优先采用卷板),由辊压成型机加工而成,也可采用一定牌号的铝合金板,加工为压型铝板。

课题 1　材料质量要求

1.1　压型金属板的类型

压型金属板是以冷轧薄钢板为基板,经镀锌或镀锌后覆以彩色涂层再经辊弯成型的波纹板材,具有成型灵活、施工速度快、外观美观、重量轻、易于工业化、商品化生产等特点,广泛用作建筑屋面及墙面围护材料。

1.1.1　镀锌压型钢板

镀锌压型钢板,其基板为热镀锌板,镀锌层重应不小于 $275g/m^2$(双面),产品标准应符合国家标准《连续热镀锌薄钢板和钢带》(GB/T 2518)的要求。

1.1.2　涂层压型钢板

为在热镀锌基板上增加彩色涂层的薄板压型而成,其产品标准应符合《彩色涂层钢板及钢带》(GB/T 12754)的要求,其性能指标见表 13-1。

彩色涂层板性能指标　　　　　　　　　　　　　表 13-1

性能参数 涂料类型		涂层厚度 (μm)	60°光泽			铅笔硬度	弯　曲		反向冲击(J)		耐雾度 (h)
			高	中	低		厚度 ≤0.8mm 180°, t 弯	厚度 >0.8mm	厚度 ≤0.8mm	厚度 >0.8mm	
建筑外用	外用聚酯	≥20	>70	40～70	<40	≥HB	≤8t	90°	≥6	≥9	≥500
	硅改性聚酯						≤10t		≥4		≥750
	外用丙烯酸										≥500
	塑料溶胶	≥100	—			—	0		≥9		≥1000

性能参数 涂料类型	涂层厚度 (μm)	60°光泽			铅笔硬度	弯 曲		反向冲击(J)		耐雾度 (h)
		高	中	低		厚度 ≤0.8mm 180°,t 弯	厚度 >0.8mm	厚度 ≤0.8mm	厚度 >0.8mm	
建筑内用 内用聚酯	≥20	>70	40~70	<40	≥HB	≤8t	90°	≥6	≥9	≥250
建筑内用 内用丙烯酸	≥20				≥HB	≤8t	90°	≥4		≥250
建筑内用 有机溶胶	≥20	—	40~70	<40		≤2t	90°	≥9		≥500
建筑内用 塑料溶胶	≥20	—			—	0	90°			≥1000

注:t 为板厚。

1.1.3 锌铝复合涂层压型钢板

锌铝复合涂层压型钢板为新一代无紧固件扣压式压型钢板,其使用寿命更长,但要求基板为专用的、强度等级更高的冷轧薄钢板。

压型钢板根据其波型截面可分为:

(1)高波板:波高大于75mm,适用于作屋面板;

(2)中波板:波高50~75mm,适用于作楼面板及中小跨度的屋面板;

(3)低波板:波高小于50mm,适用于作墙面板。

1.1.4 常用压型钢板规格

压型金属板常用规格型号见表13-2。

建筑用压型钢板规格、型号(mm)　　　　表 13-2

序号	型 号	截 面 基 本 尺 寸	展开宽度
1	YX173-300-300		610
2	YX130-300-600		1000
3	YXl30-275-550		914
4	YX75-230-690(Ⅰ)		1100

序号	型　　　号	截 面 基 本 尺 寸	展开宽度
5	YX75-230-690(Ⅱ)		1100
6	YX75-210-840		1250
7	YX75-200-600		1000
8	YX70-200-600		1000
9	YX28-200-600(Ⅰ)		1000
10	YX28-200-600(Ⅱ)		1000
11	YX28-150-900(Ⅰ)		1200
12	YX28-150-900(Ⅱ)		1200
13	YX28-150-900(Ⅲ)		1200

序号	型　号	截 面 基 本 尺 寸	展开宽度
14	YX28-150-900(Ⅳ)		1200
15	YX28-150-750(Ⅰ)		1000
16	YX28-150-750(Ⅱ)		1000
17	YX51-250-750		1000
18	YX38-175-700		960
19	YX35-125-750		1000
20	YX35-187.5-750(Ⅰ)		1000
21	YX35-115-690		914
22	YX35-115-677		914

序号	型　　号	截面基本尺寸	展开宽度
23	YX28-300-900(Ⅰ)		1200
24	YX28-300-900(Ⅱ)		1200
25	YX28-100-800(Ⅰ)		1200
26	YX28-100-800(Ⅱ)		1200
27	YX21-180-900		1100
28	YX35-187.5-750(Ⅱ) (U—188)		1000

1.2 压型金属板的质量要求

压型钢板的钢材,应满足基材与涂层(镀层)两部分的要求,基板一般采用现行国家标准《普通碳素钢》(GB/T 700)中规定的 Q215 和 Q235 牌号。镀锌钢板和彩色涂层钢板还应分别符合现行国家标准《连续热镀锌薄钢板和钢带》(GB/T 2518)和《彩色涂层钢板和钢带》(GB/T 12754)中的各项规定。

1.2.1 镀锌钢板的公称尺寸

镀锌钢板的公称尺寸,见表13-3。

镀锌钢板的公称尺寸　　　　　　　表 13-3

名　　　称		公　称　尺　寸　（mm）	
厚度		0.25 ~ 0.50	0.50 ~ 2.5
宽度		700 ~ 1500	
长度	钢板	1000 ~ 6000	
	钢带	卷内径 450	卷内径 610

1.2.2　镀锌钢板厚度允许偏差

镀锌钢板厚度允许偏差，见表 13-4。

镀锌钢板厚度允许偏差　　　　　　　表 13-4

公　称　厚　度　（mm）	PT(普通用途)普通精度 B 公称宽度(mm)	
	≤1200	1200 ~ 1500
≤0.40	± 0.07	—
0.50	± 0.08	± 0.09
0.60	± 0.08	± 0.09
0.70	± 0.09	± 0.10
0.80	± 0.09	± 0.10
0.90	± 0.10	± 0.11
1.00	± 0.10	± 0.11
1.20	± 0.11	± 0.12
1.50	± 0.13	± 0.14
2.00	± 0.15	± 0.16
2.50	± 0.17	± 0.18

注：1. 厚度测量部位距边缘不小于 20mm。
　　2. 钢带(卷板)头部和尾部 30m 内的厚度允许偏差最大不得超过上述规定值的 50%。
　　3. 钢带焊缝区 20m 内的厚度允许偏差最大不得超过上述规定值的 100%。

1.2.3　镀锌钢板和钢带的表面质量

镀锌钢板和钢带的表面质量，见表 13-5。

镀锌钢板和钢带的表面质量　　　　　　　表 13-5

表面结构	锌层牌号	表　面　质　量
正常锌花	1 组　275 350 450 600	允许有小腐蚀点、大小不均匀的锌花暗斑、气刀条纹。轻微划伤和压痕小的铬酸盐钝化处理缺陷、小的锌粒与结疤

课题 2　压型金属板的选用

在用作建筑物的围护板材及屋面与楼面的承重板材时，镀锌压型钢板宜用于无侵蚀和弱侵蚀环境；彩色涂层压型钢板可用于无侵蚀、弱侵蚀及中等侵蚀环境，并应根据侵蚀条件选用相应的涂层系列。

2.1　环境对压型金属板的侵蚀作用

环境对压型金属板的侵蚀作用，见表 13-6。

地　　区	相对湿度	对压型金属板的侵蚀作用		
	（%）	室　内		露天
		采暖房屋	无采暖房屋	
农村、一般城市的商业区及住宅区	干燥 < 60	无侵蚀性	无侵蚀性	弱侵蚀性
	普通 60 ~ 75		弱侵蚀性	中等侵蚀性
	潮湿 > 75	弱侵蚀性		
工业区、沿海地区	干燥 < 60		中等侵蚀性	
	普通 60 ~ 75			
	潮湿 > 75	中等侵蚀性		

注:1. 表中的相对湿度系指当地的年平均相对湿度,对于恒温恒湿或有相对湿度指标的建筑物,则采用室内的相对湿度;
   2. 一般城市的商业区及住宅区泛指无侵蚀性介质的地区;工业区则包括受侵蚀性介质影响及散发轻微侵蚀性介质的地区。

2.2　压型金属板的选用原则

当有保温隔热要求时,可采用压型钢板内加设矿棉等轻质保温层的做法形成保温隔热屋(墙)面。

压型钢板的屋面坡度可在 1/20 ~ 1/6 间选用,当屋面排水面积较大或地处大雨量区及板型为中波板时,宜选用 1/12 ~ 1/10 的坡度;当选用长尺高波板时,可采用 1/20 ~ 1/15 的屋面坡度;当为扣压式或咬合式压型板(无穿透板面紧固件)时,可用 1/20 的屋面坡度;对暴雨或大雨量地区的压型板屋面应进行排水验算。

一般永久性大型建筑选用的屋面承重压型钢板宽度与基板宽度(一般为 1000mm)之比为覆盖系数,应用时在满足承载力及刚度的条件下宜尽量选用覆盖系数大的板型。

2.3　彩色涂层钢板的使用寿命

由于彩色涂层钢板的用途和使用环境条件不同,影响其使用寿命的因素比较多,根据使用功能,彩色涂层钢板的使用寿命可分为以下几种:

1. 装饰性使用寿命,指彩钢板表面表现主观褪色、粉化、龟裂,涂层局部脱落等缺陷。对建筑物的形象和美观造成影响,但尚未达到涂层大片失去保护作用的程度。

2. 涂层翻修的使用寿命,指彩钢板表面出现大部分脱层、锈斑等缺陷,造成基板进一步腐蚀的使用时间。

3. 极限使用寿命,指彩钢板不经翻修长期使用,直到出现严重的腐蚀,已不能再使用的时间。

从我国目前常用的彩板种类和正常使用环境角度,建筑用彩色涂层钢板的使用寿命大体为:

装饰性使用寿命:8 ~ 12 年;

翻修使用寿命:12 ~ 20 年;

极限使用寿命:20 年以上。

课题 3 压型金属板制作

3.1 一般规定

压型金属板的制作是采用金属板压型机,将彩涂钢卷进行连续的开卷、剪切、辊压成型等过程,制作过程中要注意以下几点:

1. 压型金属板成型后,其基板不应有裂纹。

2. 有涂层、镀层压型金属板成型后,涂、镀层不应有肉眼可见的裂纹、剥落和擦痕等缺陷。

3. 压型金属板的尺寸允许偏差应符合表 13-7 的规定。

4. 压型金属板成型后,表面应干净,不应有明显凹凸和皱褶。

压型金属板的尺寸允许偏差(mm)   **表 13-7**

项 目		允 许 偏 差
波 距		±2.0
波高	压型钢板 截面高度≤70	±1.5
	压型钢板 截面高度>70	±2.0
侧向弯曲	在测量长度 l_1 的范围内	20.0

注: l_1 为测量长度,指板长扣除两端各 0.5m 后的实际长度(小于 10m)或扣除后任选的 10m 长度。

5. 压型金属板施工现场制作的允许偏差应符合表 13-8 的规定。

压型金属板施工现场制作的允许偏差(mm)   **表 13-8**

项 目		允 许 偏 差
压型金属板的覆盖宽度	截面高度≤70	+10.0, -2.0
	截面高度>70	+6.0, -2.0
板 长		±9.0
横向剪切偏差		6.0
泛水板、包角板尺寸	板长	±6.0
	折弯面宽度	±3.0
	折弯面夹角	2°

3.2 压型金属板几何尺寸测量与检查

压型钢板的成型过程,实际上是对基板加工性能的检验。压型金属板成型后,除用肉眼和放大镜检查基板和涂层的裂纹情况外,还应对压型钢板的主要外形尺寸,如波高、波距及侧向弯曲等进行测量检查。检查方法见图 13-1、图 13-2。

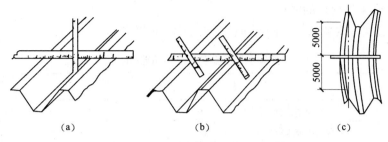

图 13-1　压型金属板的几何尺寸测量

(a)测量波高;(b)测量波距;(c)测量侧向弯曲

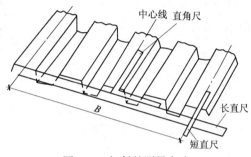

图 13-2　切斜的测量方法

课题 4　压型金属板安装

4.1　安装要求

1.在安装前,应检查各类压型金属板和连接件的质量证明卡或出厂合格证,并且压型金属板、泛水板和包角板等应固定可靠、牢固,防腐涂料涂刷和密封材料敷设应完好,连接件数量、间距应符合设计要求和国家现行有关标准规定。

2.压型金属板应在支撑构件上可靠搭接,搭接长度应符合设计要求,且不应小于表13-9所规定的数值。

压型金属板在支承构件上的搭接长度(mm)　　　　　　　　　表 13-9

项　　　　　　目		搭　接　长　度
截面高度 > 70		375
截面高度≤70	屋面坡度 < 1/10	250
	屋面坡度≥1/10	200
墙　　面		120

3.组合楼板中压型钢板与主体结构(梁)的锚固支承长度应符合设计要求,且不应小于50mm,端部锚固件连接应可靠,设置位置应符合设计要求。

4.压型金属板安装应平整、顺直,板面不应有施工残留物和污物。檐口和墙面下端应呈直线,不应有未经处理的错钻孔洞。

5. 压型金属板安装的允许偏差应符合表 13-10 的规定。

压型金属板安装的允许偏差(mm)

表 13-10

项	目	允 许 偏 差
屋面	檐口与屋脊的平行度	12.0
	压型金属板波纹线对屋脊的垂直度	$L/800$,且不应大于 25.0
	檐口相邻两块压型金属板端部错位	6.0
	压型金属板卷边板件最大波高	4.0
墙面	墙板波纹线的垂直度	$H/800$,且不应大于 25.0
	墙板包角板的垂直度	$H/800$,且不应大于 25.0
	相邻两块压型金属板的下端错位	6.0

注:1. L 为屋面半坡或单坡长度;
　　2. H 为墙面高度。

4.2　压型金属板配件

泛水板、包角板一般采用与压型金属板相同的材料,用弯板机加工,由于泛水板、包角板等配件(包括落水管、天沟等)都是根据工程对象、具体条件单独设计,故除外形尺寸偏差外,不能有统一的要求和标准。

压型金属板之间的连接除了板间的搭接外,还需使用连接件,国内常用的主要连接件及性能如表 13-11 所示。

压型金属板常用的主要连接件

表 13-11

名 称	性 能	用 途	备 注
单向固定螺栓	抗剪力 2.7t 抗拉力 1.5t	屋面高波压型金属板与固定支架的连接	如图 13-3 所示
单向连接螺栓	抗剪力 1.34t 抗拉力 0.8t	屋面高波压型金属板侧向搭接部位的连接	如图 13-4 所示
连接螺栓		屋面高波压型金属板与屋面檐口挡水板、封檐板的连接	如图 13-5 所示
自攻螺丝 (二次攻)	表面硬度: HRC50～58	墙面压型金属板与墙梁的连接	如图 13-6 所示
钩螺栓		屋面低波压型金属板与檩条的连接,墙面压型金属板与墙梁的连接	如图 13-7 所示
铝合金拉铆钉	拉剪力 0.2t 抗拉力 0.3t	屋面低波压型金属板、墙面压型金属板侧向搭接部位的连接,泛水板之间,包角板之间或泛水板、包角板与压型金属板之间搭接部位的连接	如图 13-8 所示

注:1t 为 1000kg。

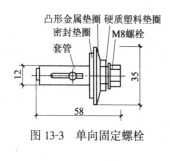

图 13-3　单向固定螺栓

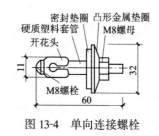

图 13-4　单向连接螺栓

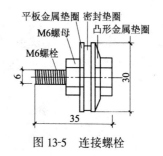

图 13-5　连接螺栓

图 13-6　自攻螺丝

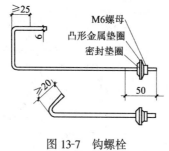

图 13-7　钩螺栓

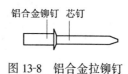

图 13-8　铝合金拉铆钉

4.3　压型金属板连接

1. 连接件的数量与间距应符合设计要求,在设计无明确规定时,按现行专业标准《压型金属板设计施工规程》规定有以下内容:

(1)屋面高波压型金属板用连接件与固定支架连接,每波设置一个,低波压型板用连接件直接与檩条或墙梁连接,每波或隔一波设置一个,但搭接波处必须设置连接件。

(2)高波压型金属板的侧向搭接部位必须设置连接件,间距为 700 ~ 800mm。有关防腐涂料的规定除设计中应根据建筑环境的腐蚀作用选择相应涂料系列外,当采用压型铝板时,应在其与钢构件接触面上至少涂刷一道铬酸锌底漆或设置其他绝缘隔离层,在其与混凝土、砂浆、砖石、木材接触面上至少涂刷一道沥青漆。

2. 压型钢板腹板与翼缘水平面之间的夹角,当用于屋面时不应小于 50°;用于墙面时不应小于 45°。

3. 压型钢板按波高分为高波板、中波板和低波板三种板型。屋面宜采用波高和波距较大的压型钢板;墙面宜选用波高和波距较小的压型钢板。压型钢板的横向连接方式有搭接、咬边和卡扣三种方式。搭接方式是把压型钢板搭接边重叠并用各种螺栓、铆钉或自攻螺钉等连成整体;咬边方式是在搭接部位通过机械锁边,使其咬合相连;卡扣方式是利用钢板弹性在向下或向左(向右)的力作用下形成左右相连。以上三种连接方式见图 13-9 所示。

4. 屋面压型钢板的纵向连接一般采用搭接,其搭接处应设在支承构件上,搭接区段的板间应设置防水密封带。

5. 屋面高波压型钢板可采用固定支架固定在檩条上,见图 13-10;当屋面或墙面压型钢板波高小于 70mm,可不设固定支架而直接用镀锌钩头螺栓或自攻钉等方法固定,见图 13-11。

6. 屋面高波压型钢板,每波均应与连接件连接;对屋面中波或低波板可每波或隔波与支承构件相连。为保证防水可靠性,屋面板的连接应设置在波峰上。

283

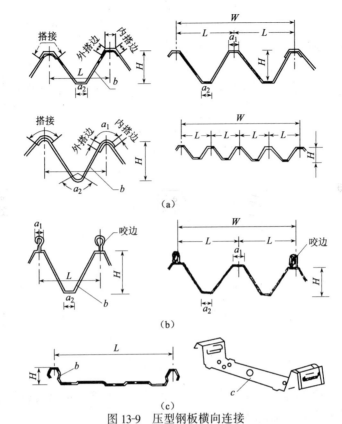

（a）

（b）

（c）

图 13-9　压型钢板横向连接

（a）搭接方式；（b）咬边方式；（c）卡扣方式

H—波高；L—波距；W—板宽；a_1—上翼缘宽；a_2—下翼缘宽；b—腹板；c—卡扣件

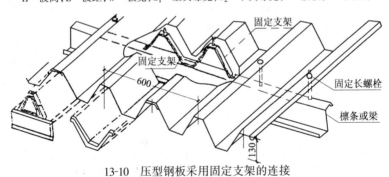

13-10　压型钢板采用固定支架的连接

图 13-11　压型钢板不采用固定支架的连接

4.4 压型金属板安装

1. 高层钢结构建筑的楼面一般均为钢-混凝土组合结构,而且多数系用压型钢板与钢筋混凝土组成的组合楼层,其构造形式为:压型板+栓钉+钢筋+混凝土。这样楼层结构由栓钉将钢筋混凝土压型钢板和钢梁组合成整体。压型钢板系用0.7mm和0.9mm两种厚度镀锌钢板压制而成,宽640mm,板肋高51mm。在施工期间同时起永久性模板作用。可避免漏浆并减少支拆模工作,加快施工速度,压型板在钢梁上搁置情况如图13-12。

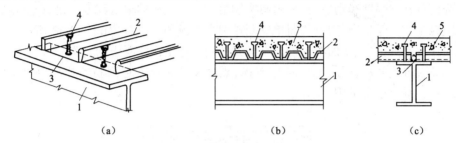

图 13-12　压型钢板搁置在钢梁上

(a)示意图;(b)侧视图;(c)剖面图

1—钢梁;2—压型板;3—点焊;4—剪力栓;5—楼板混凝土

2. 栓钉是组合楼层结构的剪力连接件,用以传递水平荷载到梁柱框架上,它的规格、数量按楼面与钢梁连接处的剪力大小确定。栓钉直径有13、16、19、22mm四种。栓钉的规格、焊接药座和焊接参数见表13-12,栓钉焊接应遵守以下规定:

栓钉、焊接药座和焊接参数表　　　　　　　　　　表 13-12

项　　　目			技　术　参　数			
栓 钉	直径(mm)		13	16		19
	头部直径(mm)		25	29		32
	头部厚度(mm)		9	12		12
	标准长度(mm)		80	130		80
	长度为130mm时的重量(g)		159	254		345
	焊接母材的最小厚度(mm)		5	6		8
焊接药座	标准型		YN-13FS	YN-16FS	YN-19FS	YN-22FS
	药座直径(mm)		23	28.5	34	38
	药座高度(mm)		10	12.5	14.5	16.5
焊接参数	标准条件 (向下焊接)	焊接电流(A)	900~1100	1030~1270	1350~1650	1470~1800
		弧光时间(s)	0.7	0.9	1.1	1.4
		熔化量(mm)	2.0	2.5	3.0	3.5
	容量(kV·A)		>90	>90	>100	>120

(1)栓钉焊前,必须按焊接参数调整好,提升高度(即栓钉与母材间隙),焊接金属凝固前,焊枪不能移动。

(2)栓钉焊接的电流大小、时间长短应严格按规范进行,焊枪移动路线要平滑。

(3)焊枪脱落时要直起不能摆动。

(4)母材材质应与焊钉匹配,栓钉与母材接触面必须彻底清除干净,低温焊接应通过低温焊接试验确定参数进行试焊,低温焊接不准立即清渣,应先及时保温后清渣。

(5)控制好焊接电流,以防栓钉与母材未熔合或焊肉咬边。

(6)瓷环几何尺寸应符合标准,排气要好,栓钉与母材接触面必须清理干净。

3．铺设至变截面梁处,一般从梁中向两端进行,至端部调整补缺;等截面梁处则可从一端开始,至另一端调整补缺。压型板铺设后,将两端点焊于钢梁上翼缘上,并用指定的焊枪进行剪力栓焊接。

4．因结构梁是由钢梁通过剪力栓与混凝土楼面结合而成的组合梁,在浇捣混凝土并达到一定强度前抗剪强度和刚度较差,为解决钢梁和永久模板的抗剪强度不足,以支承施工期间楼面混凝土的自重,通常需设置简单钢管排架支撑或桁架支撑,如图13-13所示。采用连续四层楼面支撑的方法,使四个楼面的结构梁共同支撑楼面混凝土的自重。

5．楼面施工程序是由下而上,逐层支撑,顺序浇筑。施工时钢筋绑扎和模板支撑可同时交叉进行。混凝土宜采用泵送浇筑。

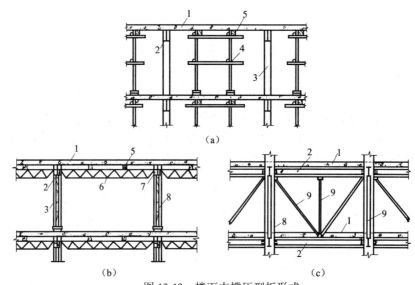

图 13-13　楼面支撑压型板形式

(a)用排架支撑；(b)用桁架支撑；(c)钢梁焊接桁架

1—楼板；2—钢梁；3—钢管排架；4—支点木；5—梁中顶撑；6—托撑；7—钢桁架；8—钢柱；9—腹杆

4.5　围护结构的安装

围护结构的安装应遵守以下规定:

1．安装压型板屋面和墙前必须编制施工排放图,根据设计文件核对各类材料的规格、数量,检查压型钢板及零配件的质量,发现质量不合格的要及时修复或更换。

2．在安装墙板和屋面板时,墙梁和檩条应保持平直。

3．隔热材料宜采用带有单面或双面防潮层的玻璃纤维毡。隔热材料的两端应固定,并将固定点之间的毡材拉紧。防潮层应置于建筑物的内侧,其面上不得有孔。防潮层的接头应采用粘接。

(1)在屋面上施工时,应采用安全绳、安全网等安全措施。

(2)安装前屋面板应擦干,操作时施工人员应穿胶底鞋。

(3)搬运薄板时应戴手套,板边要有防护措施。

(4)不得在未固定牢靠的屋面板上行走。

4. 屋面板的接缝方向应避开主要视角。当主风向明显时,应将屋面板搭接边朝向下风方向。

5. 压型钢板的纵向搭接长度应能防止漏水和腐蚀,可采用200~250mm。

6. 屋面板搭接处均应设置胶条。纵横方向搭接边设置的胶条应连续。胶条本身应拼接。檐口的搭接边除了胶条外尚应设置与压型钢板剖面相配合的堵头。

7. 压型钢板应自屋面或墙面的一端开始依序铺设,应边铺设、边调整位置、边固定。山墙檐口包角板与屋脊板的搭接处,应先安装包角板,后安装屋脊板。

8. 在压型钢板屋面、墙面上开洞时,必须核实其尺寸和位置,可安装压型钢板后再开洞,也可先在压型钢板上开洞,然后再安装。

9. 铺设屋面压型钢板时,宜在其上加设临时人行木板。

10. 压型钢板围护结构的外观主要通过目测检查,应符合下列要求:

(1)屋面、墙面平整,檐口成一直线,墙面下端成一直线。

(2)压型钢板长向搭接缝成一直线。

(3)泛水板、包角板分别成一直线。

(4)连接件在纵、横两个方向分别成一直线。

4.6 墙板与墙梁的连接

采用压型钢板作墙板时,可通过以下方式与墙梁固定:

(1)在压型钢板波峰处用直径为6mm的钩头螺栓与墙梁固定,见图13-14(a)。每块墙板在同一水平处应有3个螺栓与墙梁固定,相邻墙梁处的钩头螺栓位置应错开。

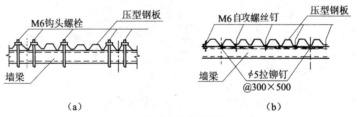

图13-14 压型钢板与墙梁的连接

(a)钩头螺栓固定;(b)自攻螺钉固定

(2)采用直径为6mm的自攻螺丝钉在压型钢板的波谷处与墙梁固定,见图13-14(b)。每块墙板在同一水平处应有3个螺钉固定,相邻墙梁的螺钉应交错设置,在两块墙板搭接处另加设直径5mm的拉铆钉予以固定。

4.7 屋面压型钢板的腐蚀处理

压型钢板厚度很薄,易于锈蚀,而且一旦开始锈蚀,发展很快,如不及时处理,轻者压型钢板穿孔,屋面漏水,影响房屋的使用;重者屋面板塌落。

重叠铺板法是主要的处理方法,现简介如下:

(1)在原螺栓连接的压型钢板上,再重叠铺放螺栓连接的压型钢板。

在原压型钢板固定螺栓的杆头上,旋紧一枚特别的内螺纹长筒,然后在长筒上旋上一根带有固定挡板的螺栓,新铺设的压型钢板用此螺栓固定,见图13-15。

(2)在原卷边连接的压型钢板屋面上,再重叠铺设螺栓连接的压型钢板。

在原屋面檩条上用固定螺栓安装一种厚度在1.6mm以上的带钢制成的固定支架,然后再将新铺设的压型钢板架设在固定支架上。压型钢板与固定支架的连接螺栓可以是固定支架本身带有的(一端焊牢在固定支架上),也可以在固定支架上留孔,用套筒螺栓(单面施工螺栓)或自攻螺丝等予以固定,见图13-16。

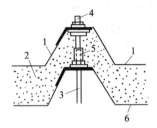

图13-15 顶面重叠铺板(一)

1—新铺设的压型钢板;2—隔断材料;
3—原固定螺栓;4—新装固定螺栓;
5—特制长筒;6—原压型钢板

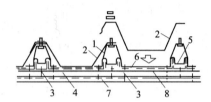

图13-16 顶面重叠铺板(二)

1—安装新压型钢板用的固定支架;2—新铺设的压型钢板;
3—固定螺栓;4—原有隔热材料;5—原有卷边连接的
压型钢板;6—新旧压型钢板间衬垫毡状隔离层;
7—原檩条;8—原有压型钢板

(3)在原卷边连接的压型钢板屋面上,再重叠铺设卷边连接的压型钢板。

在原檩条位置上,铺设帽形钢檩条,其断面高度不得低于原有压型钢板的卷边高度,以确保新铺设的压型钢板不压坏原压型钢板的卷边构造,同时使帽形钢檩条可以跨越原压型钢板的卷边高度而不被切断。新的压型钢板就铺设在帽形钢檩条上,见图13-17。

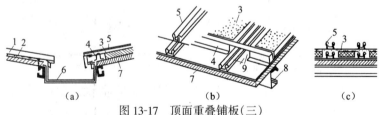

(a)   (b)   (c)

图13-17 顶面重叠铺板(三)

(a)对接咬口;(b)单接咬口;(c)剖面

1—原屋面卷边连接的压型钢板;2—沥青油毡;3—硬质聚氨酯泡沫板;4—新铺设的帽形钢檩条;
5—新铺卷边连接压型钢板;6—原有钢板天沟;7—原屋面水泥木丝板;8—原屋面钢檩条;9—通气孔道

应在新旧两层压型钢板之间根据情况填以不同的隔断材料,如玻璃棉、矿渣棉、油毡等卷材,或硬质聚氨酯泡沫板等。以防止压型钢板因屋面结露而导致和加速锈蚀,同时避免新旧压型钢板相互之间的直接接触,以防传染锈蚀。

在铺设新压型钢板之前,应将已锈蚀破坏的钢板割掉,并将切口面用防腐涂料做封闭性涂刷。对原有压型钢板已经生锈的部位均涂刷防锈漆,以防止其继续锈蚀。

课题5 压型金属板工程质量控制

压型金属板工程质量控制要点,见表13-13。

项次	项　目	质　量　控　制　要　点
1	压型金属板材质和成材质量	(1)板材必须有出厂合格证及质量证明书,对钢材有疑义时,应进行必要的检查,当有可靠依据时,也可使用具有材质相似的其他钢材。 (2)组合压型金属板应采用镀锌卷板,镀锌层两面总计 $275g/m^2$,基板厚度 $0.5 \sim 2.0mm$。 (3)抗剪措施:无痕开口式压型金属板上翼焊剪力钢筋;无痕闭合式压型金属板;带压痕、加劲肋、冲孔的压型金属板。 (4)规格和参数必须达到要求,出厂前应进行抽检
2	组合用压型金属板厚度	(1)压型金属板已用于工程上的,如果是单纯用作模板,厚度不够可采取支顶措施解决;如果用于模板并受拉力,则应通过设计进行核算。如超过设计应力,必须采取加固措施。 (2)用于组合板的压型金属板净厚度(不包括镀锌层或饰面层厚度)不应小于 $0.75mm$,仅作模板用的压型金属板厚度不小于 $0.5mm$。 压型金属板尺寸的允许偏差应符合表 13-7 规定
3	栓钉直径及间距	(1)必须具有栓钉施工专业培训的人员按有关单位会审的施工图纸进行施工。 (2)监理人员应审查栓钉材质及尺寸,必要时开始打栓钉应进行跟踪质量检查,检查工艺是否正确。 (3)对已焊好的栓钉,如有直径不一、间距位置不准,应打掉重新按设计焊好,具体做法如下: 1)当栓钉焊于钢梁受拉翼缘时,其直径不得大于翼缘厚度的 1.5 倍;当栓钉焊于无拉应力部位时,其直径不得大于翼缘板厚度的 2.5 倍; 2)栓钉沿梁轴线方向布置,其间距不得小于 $5d$(d 为栓钉的直径);栓钉垂直于轴线布置,其间距不得小于 $4d$,边距不得小于 $35mm$; 3)当栓钉穿透钢板焊于钢梁时,其直径不得小于 $19mm$,焊后栓钉高度应大于压型钢板波高加 $30mm$; 4)栓钉顶面的混凝土保护层厚度不应小于 $15mm$; 5)对穿透压型钢板跨度小于 3m 的板,栓钉直径宜为 $13mm$ 或 $16mm$;跨度为 3.6m 时,栓钉直径宜为 $16mm$ 或 $19mm$;跨度大于 6m 的板,栓钉直径宜为 $19mm$
4	栓钉焊接	(1)栓焊工必须经过平焊、立焊、仰焊位置专业培训取得合格证者,做相应技术施焊。 (2)栓钉应采用自动定时的栓焊设备进行施焊,栓焊机必须连接在单独的电源上,电源变压器的容量应在 $100 \sim 250kV \cdot A$,容量应随栓钉直径的增大而增大,各项工作指数、灵敏度及精度要可靠。 (3)栓钉材质应合格,无锈蚀、氧化皮、油污、受潮,端部无涂漆、镀锌或镀镉等。焊钉焊接药座施焊前必须严格检查,不得使用焊接药座破裂或缺损的栓钉。被焊母材必须清理表面氧化皮、锈、受潮、油污等,被焊母材低于 $-18℃$ 或遇雨雪天气不得施焊,必须焊接时要采取有效的技术措施。 (4)对穿透压型钢板焊于母材上时,焊钉施焊前应认真检查压型钢板是否与母材点固焊牢,其间隙控制在 1mm 以内。被焊压型钢板在栓钉位置有锈或镀锌层,应采用角向砂轮打磨干净。 瓷环几何尺寸要符合设计要求,破裂和缺损瓷环不能用,如瓷环已受潮,要经过 $250℃$ 烘焙 1h 后再用。 (5)外观检查判定标准,见表 13-14 及图 13-18。焊接时应保持焊枪与工件垂直,直至焊接金属凝固。

外观检查的判定标准、允许偏差和检验方法   表 13-14

序号	外观检验项目	判定标准与允许偏差	检验方法
1	焊肉形状	360°范围内:肉高 >1mm,焊肉宽 >0.5m	目测
2	焊肉质量	无气泡和夹渣	目测
3	焊肉咬肉	咬肉深度 <0.5mm 或咬肉深度 ≤0.5mm 并已打磨去掉咬肉处的锋锐部位	目测
4	焊钉焊后高度	焊后高度偏差 <±2mm	用钢尺量测

项次	项 目	质 量 控 制 要 点
4	栓钉焊接	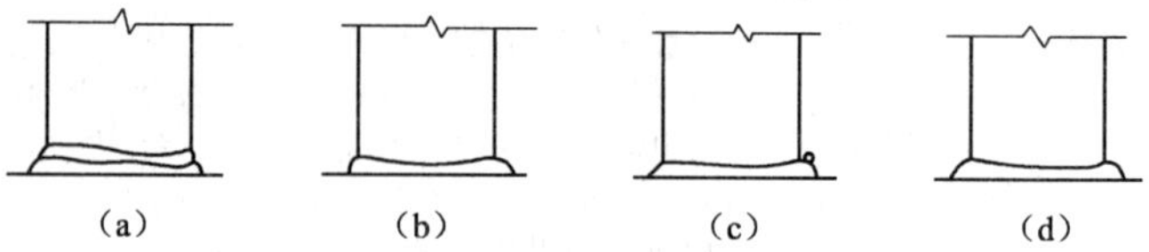 图 13-18 栓钉焊外形检查标准 (a)双层过厚焊层;(b)薄少焊层;(c)凹陷焊层;(d)正常焊层 (6)栓钉焊后弯曲处理: 1)栓钉焊于工件上,经外观检查合格后,应在主要构件上逐批抽 1%打弯 15°检验,若焊钉根部无裂纹则认为通过弯曲检验,否则抽 2%检验,若其中 1%不合格,则对此批焊钉逐个检验,打弯栓钉可不调直; 2)对不合格焊钉打掉重焊,被打掉栓钉底部不平处要磨平,母材损伤凹坑补焊好; 3)如焊脚不足 360°,可用合适的焊条用手工焊修,并做 30°弯曲试验

复习思考题

1. 压型金属板有什么特点？一般可应用在什么部位？

2. 压型金属板有哪几种类型？

3. 压型金属板的选用原则是什么？

4. 压型金属板制作有什么要求？

5. 压型金属板连接件有哪些？

6. 压型金属板连接有哪些要求？

7. 压型金属板安装工程质量控制要点有哪些？

单元 14　特种钢结构安装

知 识 点:本单元讲述了几种特殊类型的钢结构安装方法,有钢塔桅结构的安装方法、轻型钢结构安装和张力膜结构施工安装方法。

教学目标:通过学习本单元,应掌握钢塔桅结构常用的安装工艺方法,了解轻型钢结构的构成、安装方法和安装要点,了解张力膜结构的材料要求,钢结构和钢索安装要点以及膜片安装等要求。学习本单元,学生应具有指导钢塔桅结构安装、轻型钢结构安装和张力膜结构施工安装的基本专业能力。

课题 1　钢塔桅结构安装

塔桅结构包括输电塔、无线电杆、电视桅杆、电视塔等,属高耸的工程构筑物,其特点是高度大、断面小、施工时应选择专门的机械设备和吊装方法进行安装。

桅杆和塔架在构造上有所不同,安装方法也各有不同。一般说来,桅杆都有较大的安装场地,而且重量轻、截面小、构造简单,所以安装也较为简单。塔架则不一定有足够的安装场地,而且截面大、构造较复杂,安装也较为困难。

塔桅结构常用的吊装方法有:分节分段的高空组装法、分件的高空拼装法和整体吊装法。高空拼装法和高空组装法均需利用爬行起重机,亦可利用附着式塔式起重机。

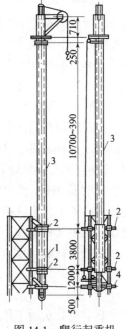

图 14-1　爬行起重机
1—套管;2—套管的横杆;
3—起重杆;4—起重杆的横杆

1.1　高空组装法

高空组装法用于吊装截面宽度较小的桅杆,爬行起重机或爬行桅杆多支承于桅杆侧面的支柱上,将在地面上经过扩大拼装的节段吊升并逐节安装,同时爬行起重机或爬行桅杆亦随着桅杆的接高而向上爬升。

爬行起重机的构造如图 14-1 所示,由带有两个支座横杆的套管及可在套管内上下移动的起重杆组成。

起重杆上端有悬臂架,其上有滑轮组用以起吊桅杆节段,滑轮组的吊索通过起重杆中心而通向地面上的卷扬机。在套管与起重杆下部的三个横杆上分别装有 6 个钢箍与桅杆的支柱相连,以传递起重杆的重量和起重时产生的荷载。起重杆上端有两根撑杆,其作用和钢箍相似。当移动套管时,起重杆的全部重量由起重杆上部的两根撑杆和其下端横杆上的两个钢箍承担;当移动起重杆时,则全部重量由套管横杆上的钢箍承担。

爬行起重机的技术性能如表 14-1 所示。

指　　标	单　　位	$Q = 2.0$t	$Q = 4.0$t
起重量	t	2.0	4.0
吊钩伸出长度	m	0.95	1.25/1.5
起重速度	m/s	8.25 ~ 11.5	8.25 ~ 11.5
起重电动机功率	kW	7.0	7.0
起重机总重	t	4.47	6.65
金属结构重量	t	3.00	4.03

施工时,先利用辅助桅杆将在地面上组装好的爬行起重机竖立起来(图 14-2a),并用缆风绳将其固定,然后用其吊装最下面的两节钢桅杆(图 14-2b)。当最下面的两节钢桅杆吊装完毕并用缆风绳固定后,就使爬行起重机爬上桅杆(图 14-2c),将套管吊起并将其钢箍扣在桅杆第二节上,然后去掉爬行起重机的临时缆风绳,使起重杆上升,并将起重杆下端横杆上的钢箍扣在桅杆上。以上各节的桅杆即可用爬行起重机正常地进行吊装。

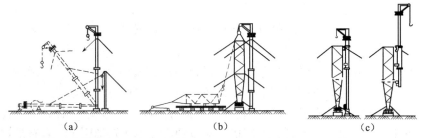

图 14-2　爬行起重机的竖立和爬升
(a)竖立爬行起重机;(b)吊装最下面两节桅杆;(c)爬行起重机爬升

截面较小的钢桅杆亦可用爬行抱杆进行高空拼装(图 14-3)。爬行抱杆由起重抱杆和缆风绳组成。起重抱杆底部有铰链支座,安装于固定在钢桅杆上的悬臂支架上,起重抱杆可在一定范围内绕铰链转动。起重用卷扬机设在地面上,起重抱杆的四根缆风绳都通过地锚上的滑轮而固定于手动卷扬机上,以便起重抱杆上升或旋转时可以调整缆风绳长度。

当爬行抱杆吊装钢桅杆至其所能及的高度后,将吊钩绕过桅杆底部的滑轮,在固定于已安装桅杆的顶部,开动起重卷扬机,同时等速放松固定抱杆缆风绳的四个手动卷扬机,便可将爬行抱杆上升至新的位置。在新的位置上固定起重桅杆,再还原吊钩的位置,即可继续向上吊装钢桅杆。

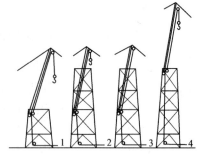

图 14-3　爬行抱杆吊装桅杆
(图中 1、2、3、4 表示工作顺序)

爬行抱杆的起重量约 1.0 ~ 1.5t,起重桅杆长度一般为 13m 左右。

1.2　高空拼装法

高空拼装法用于吊装截面宽度较大的桅杆和塔架结构,设备单一,工序简单,工效较高。

该法所用的吊装设备,多用爬行抱杆(亦称悬浮抱杆)。由于塔架的塔柱通常是倾斜的,塔架宽度上下不一致,所以吊装塔架不用固定在塔身外侧的爬行抱杆,而采用在塔身内部爬行的抱杆。此外,由于塔架的节段较大,不能像吊装小截面的抱杆那样可以整个节段吊装,而只能一个个构件进行吊装。在必要和可能时,为加快吊装速度,亦可以在地面上将数个构件组装成平面构架进行吊装。

500kV镇江大跨越工程中的两座跨江高塔即按此法施工的,高塔为型钢组合结构,塔型如图14-4所示。

该高塔是利用一种旋转式多臂悬浮抱杆进行吊装的。该抱杆的构造如图14-5所示,中心抱杆长60m,标准断面为1.5m×1.5m,两端5m长的顶部和根部的断面为0.4m×0.4m;四根摇臂抱杆长度为18m,断面为1.5m×0.4m。中心抱杆下端支承在4套钢索上,由上、中、下三套腰箍侧向支承中心抱杆。整套旋转式多臂悬浮抱杆可以利用滑轮组和卷扬机提升。

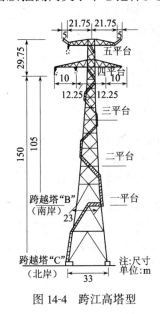

图14-4　跨江高塔型

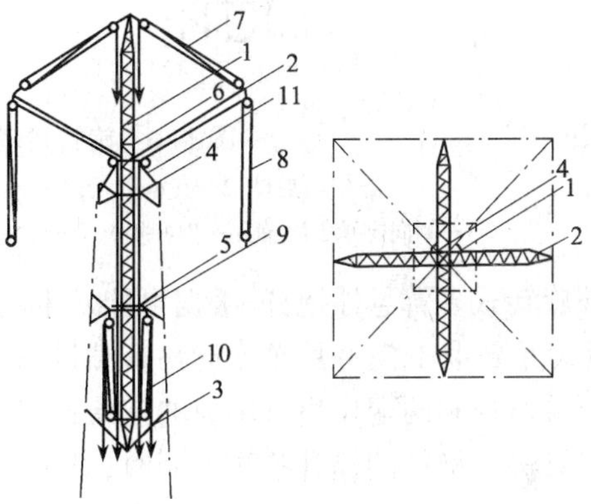

图14-5　旋转式多臂悬浮抱杆的构造
1—中心抱杆;2—摇臂抱杆;3—中心拖杆底部支承钢索;
4—侧向支承中腰箍;5—侧向支承下腰箍;6—侧向支承上腰箍;
7—摇臂调幅滑轮组;8—摇臂吊装滑轮组;9—抱杆提升支架;
10—抱杆提升滑轮组;11—抱杆在塔内的拉索

中心抱杆利用吊车进行组装,先将抱杆下部两节和抱杆底座吊放到铁塔地面中心位置,用拉索临时固定,再将中、下腰箍套在中心抱杆上,然后继续吊装中心抱杆的上部各节,直至吊好上部节之后,再套上上腰箍,再安装中心抱杆的吊装用调幅滑轮组,最后用调幅滑轮组吊装摇臂抱杆。

旋转式多臂悬浮抱杆的提升过程如下:

提升前先将四个摇臂抱杆竖直,使起吊和调幅滑轮组的动滑轮、定滑轮碰头,将上腰箍提升到最高位置,将下腰箍和提升吊架提升到中腰箍下部,将中腰箍悬挂在摇臂支座下部。固定各道腰箍,使上、下两道腰箍的中心线与中心抱杆轴线重合(用两台经纬仪在两个方向观测校正)。松开抱杆上所有不受力的拉索和钢丝绳。

抱杆提升分两阶段,第一阶段以上腰箍及下腰箍作为中心抱杆提升时的侧向支承点,利用人推绞磨作为牵引力,使中心抱杆和中腰箍升高,当中心抱杆上的摇臂抱杆支座即将碰到上腰箍时第一阶段结束;然后将中腰箍支承拉索连于铁塔主肢上,松去上腰箍并搁放在摇臂抱杆支座上部,即可进行第二阶段提升(图14-6),提升到施工设计规定的吊装高度。

该拔杆的中心抱杆能转动,摇臂抱杆能上、下变幅,因此能进行全方位的吊装。

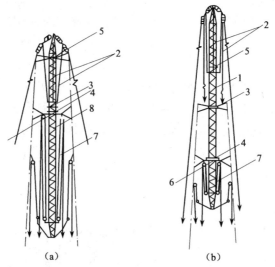

图14-6　旋转式多臂悬浮抱杆的提升

1—中心抱杆;2—支承钢索;3—侧向支承中腰箍;4—侧向支承下腰箍;

5—侧向支承上腰箍;6—抱杆提升支架;7—抱杆提升滑轮组;8—抱杆在塔内自身拉线

该旋转式多臂悬浮抱杆,根据可能发生的10种工况逐一进行验算。验算时荷载系数取1.1;动力系数取1.2;并用单面起吊荷载进行强度和稳定性验算。对抱杆的强度和稳定性,按有顶端弯矩和两端作用有轴力的三跨连续梁进行吊装验算;按两端有顶端弯矩和轴向力的简支梁进行抱杆的提升验算。同时,对于铁塔本身亦根据各种工况进行内力分析,以确保吊装和提升的安全。

对于电视塔有时也可以利用其本身的天线杆作为爬行抱杆进行塔架的吊装,如江苏滨海电视塔是这样施工的。该天线杆为三段,上、中段为单根的16锰钢管,下段为宽2m的四边形构架。施工时用天线杆作为爬行抱杆,先用汽车式起重机在塔架中心架设好39m高的天线杆,用临时拉线固定,同时安装最下面的两层塔架,此后就利用天线杆上附设的起重设备,安装第三层以上的塔架,随着安装高度的增加,天线杆也逐节上升,同时在下面装好爬梯井道,待安装到顶端,天线杆就进行就位。

用高空拼装法安装塔架时,必须一个节间一个节间地进行。在一个节间内,先吊装塔柱,再吊装斜杆、横杆,然后吊装爬梯、横隔等。当一个节间内构件还没有全部吊装好以前,所有构件都只能进行临时固定而不能作永久固定,当一个节间的构件全部吊装好并经校正后,才能将各构件进行永久固定。

安装底面积较大的桅杆或塔架,亦可用履带式或起车式起重机安装其底部至一定高度,然后用悬浮抱杆分件安装上部。亦可用附着式塔式起重机分件或分段进行安装,塔式起重机附着在已安装好的桅杆或塔架上保持稳定。

1.3　整体吊装法

塔桅结构的整体吊装法,就是在起吊前在地面上将整个结构拼装好,然后利用拔杆或人字拔杆,以临时铰支座为支点,通过卷扬机和滑轮组的启动将塔椳结构绕铰支座旋转而竖立起来。总高209.35m的上海第一个电视塔的下部154m高的一段,就是采用整体吊装法架设的。以该电视塔为例,整体吊装法的基本内容如图14-7所示。

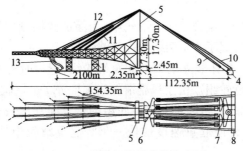

图14-7 塔架整体吊装的布置图

1—临时支架;2—副地锚;3—扳铰;4—主地锚;5—人字拔杆;6—上平衡装置(铁扁担);7—下平衡装置;
8—主地锚;9—后保险滑轮组;10—起重滑轮组;11—前保险滑轮组;12—吊点滑轮组;13—回直滑轮组

1.3.1 塔架拼装

将运至工地的塔架构件在支架或垫木上拼装起来。因为这是永久性的拼装,所有的结构尺寸都必须经过校正,所有的安装螺栓或焊缝,都必须按要求拧紧或施焊完毕。

塔架起扳用的两只扳铰的同心度必须保证,为此,先立拼装底部的两节塔架,然后将其扳倒,再继续在地面上拼装塔架。这样既校核了两只扳铰的同心度,可以确保塔架正式起扳时顺利进行,还可以在扳倒二节塔架时将70m高的人字拔杆立起。

1.3.2 竖立人字拔杆

人字拔杆是用来以倒杆翻转法整体吊装塔架用的。人字拔杆的自身稳定性较好,它的作用是架高滑轮组,增大起扳的作用力矩。起扳用人字拔杆的高度应不小于起扳塔架高度的1/3,所以选用其高度为70m,通过计算得知塔架起扳时人字拔杆的轴向力达4420kN,其断面为1.60m×1.60m,主肢角钢为∟200×16。为使人字拔杆底脚的摩擦力和水平推力能平衡一部分扳倒人字拔杆过程中塔架底脚的水平推力,将人字拔杆的两个底脚与塔底的两只扳铰及同心轴组合在一起,并把扳铰锚固在基础上,成为牢固的铰点。

为了减小人字拔杆的计算长度,增加其稳定性,将人字拔杆中部(34.60m高度处)与塔底横杆以螺栓连接在一起。并在人字拔杆的前后都设置了保险滑轮组,以便在塔架起扳过程中控制人字拔杆顶端的水平位移。前保险滑轮组是以固定长度将人字拔杆顶端与塔架进行连接,以限制人字拔杆顶端的位移。后保险滑轮组以人字拔杆顶部四只单门滑轮从四副起重滑轮组中各引进两根钢索建立可变连接,以便在收紧起重滑轮组的过程中,可以同时收紧后保险滑轮组,以控制人字拔杆顶端的位移。

在起扳过程中,保证塔架旋转平面外的侧向稳定是很重要的。如果在塔架侧向拉保险缆索,则需要较大的场地。由于塔架的高宽比接近8:1,与以往起扳塔式起重机的高宽比9:1相近,所以只要起扳索具的受力线与塔架中心线尽可能重合,与塔柱对称的两个吊点的滑轮组能均匀受力,8:1的高宽比可以保证起扳时塔架的侧向稳定。为了保险起见,在设计扳铰与基础的连接时,考虑了塔架侧向的五级风载。

1.3.3 确定吊点与布置滑轮组

塔架起扳时受力达4020kN,共设8个吊点,每根塔柱上各设四个吊点。为保证吊点受力平衡,每根塔柱上四个吊点的滑轮组都互相串通,可以自行调节吊点滑轮组吊索的长度。

由于起扳索具设于人字拔杆顶部,起扳过程中人字拔杆顶部会产生位移,因此,吊索也会产生位移。为此,用8根直径60.5mm的长吊索通过人字拔杆的顶部,与起重滑轮组的铁扁担连接在一起。

整个起扳系统吊点多,又组合了多个滑轮组,为保证两根塔柱的各吊点受力均匀,除选择同步卷扬机外,还专门设置了6、7两组铰接的铁扁担。

用来扳倒人字拔杆而整体竖立塔架的起重滑轮组,起扳时受力4320kN。用72根直径26mm的钢丝绳穿成四副滑轮组。由于每副滑轮组须绕1800m钢丝绳,一台卷扬机的卷筒绕绳容量不够,因此采用双联的穿法,即每副滑轮组的钢丝绳双出头进入两台卷扬机,这样既解决了卷筒容绳量问题,又使起重速度加快一倍。起重滑轮组锚固于主地锚上,由8台100kN的电动卷扬机牵引。

当塔架起扳至一定角度(80°左右),为防止塔架因惯性作用突然自动立直而倾覆,所以设有两套回直滑轮组。在塔架重心近于扳铰铅垂平面时,必须在起重滑轮组的反向收紧回直滑轮组,直至起重滑轮组完全失效,慢慢放松回直滑轮组将塔架立直。

1.3.4　设置地锚

对起重滑轮组和回直滑轮组均需设置地锚。主地锚受力4320kN,副地锚受力2010kN,均为箱形钢筋混凝土结构,用水和钢锭作为压重,设计的安全系数为2。起扳时测得地锚的水平位移为3mm,卸荷后的残余位移为1mm。

1.3.5　整体提升天线杆

天线杆处于塔身之上,位置较高,如采用爬行桅杆或其他爬行起重机进行分件高空拼装或分段高空组装,都有一定困难。因此,多采用整体吊装法,即从塔身内部整体进行提升。

某电视塔的天线杆长53m,最大截面1.5m×1.5m。天线杆在塔架内部组装,在塔架中心横隔孔道内提升,间隙约30cm。由于天线杆重心较高,加上卷扬机不同步和侧向风载的作用,在提升过程中天线杆易产生摇摆。为此,增设了辅助钢架和滑道。

辅助钢架接在天线杆的下端(图14-8),它的主要作用是固定吊点,使天线杆能全部吊出塔架,另外,还可降低天线杆的重心,使天线杆的提升稳定。辅助钢架是由起扳塔架用的人字拔杆改装的。在辅助钢架上设滑轮支座和滑轮。

为了使天线杆的提升稳定,在塔架的横隔孔道内设置了四条32m长的滑道,使天线杆整个的提升过程限制在滑道内。

天线杆和辅助钢架总重62t,为了其提升设置了四副起重能力各为32t的起重滑轮组,在方形断面的辅助钢架的每一边各设一副,相对的两副滑轮组共用一根钢丝绳,利用设置在地面上的两只导向滑轮加以串通。

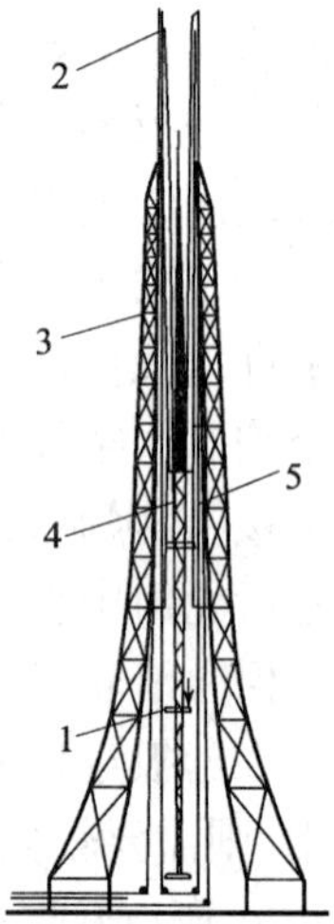

至于天线设备的安装,能事先安装而不妨碍天线杆提升的,则事先安装好与天线杆一起提升。其余者,可以预先放在塔架顶端,在天线杆上升过程中逐个安装,也可以在天线杆安装完毕后,再用滑轮逐吊吊后进行安装。

图14-8　整体提升天线杆

1—滑轮支座;2—提升滑轮组;3—天线杆;
4—辅助钢架;
5—滑道(32m长)

电视塔天线杆的整体提升,除去上述增加辅助钢架用起重滑轮组和卷扬机的提升方法之外,还可以用更先进的液压爬升器和预应力钢绞线的方法。

课题 2 轻型钢结构安装

轻型钢结构主要指由圆钢、小角钢和冷弯薄壁型钢组成的结构。其适用于檩条、屋架、刚架、网架、施工用托架等。其优点是结构轻巧、制作和安装可用较简单的设备、节约钢材、减少基础造价。

轻型钢结构分为两类,一类是由圆钢和小角钢组成的轻型钢结构;另一类是由薄壁型钢组成的轻型钢结构。目前,后一类发展迅速,也是轻型钢结构发展的方向。

2.1 圆钢、小角钢组成的轻钢结构

2.1.1 结构形式和构造要求

这类轻钢结构主要是屋架、檩条和托架。

屋架的形式主要有:三角形屋架、三铰拱屋架和梭形屋架,见图 14-9。

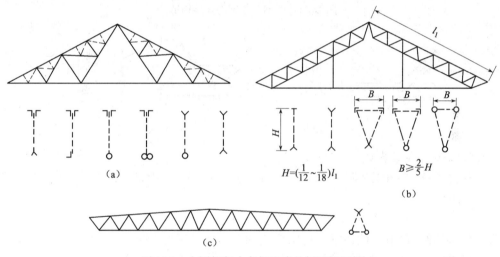

图 14-9 由圆钢与小角钢组成的轻型钢屋架
(a)三角形屋架;(b)三铰拱屋架;(c)梭形屋架

三角形屋架用钢量较省,跨度 9~18m 时,用钢量为 4~6kg/m²,节点构造简单,制作、运输、安装方便,适用于跨度和吊车吨位不太大的中、小型工业建筑。

三铰拱屋架用钢量与三角形屋架相近,能充分利用圆钢和小角钢,但节点构造复杂,制作较费工,由于刚度较差,不宜用于有桥式吊车和跨度超过 18m 的工业建筑中。

梭形屋架是由角钢和圆钢组成的空间桁架,属于小坡度的无檩屋盖结构体系。截面重心底,空间刚度较好,但节点构造复杂,制作费工。多用于跨度 9~15m、柱距 3.0~4.2m 的民用建筑中。

檩条的形式有实腹式、空腹式和桁架式等。桁架式檩条制作比较麻烦,宜用于荷载和檩距较大的情况。

轻型钢结构的桁架,应使杆件重心线在节点处汇交于一点,否则计算时应考虑偏心影响。轻型钢结构的杆件比较柔细,节点构造偏心对结构承载力影响较大,制作时应注意。

常用的节点构造可参考图14-10、图14-11、图14-12。

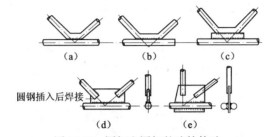

图 14-10　圆钢和圆钢的连接构造

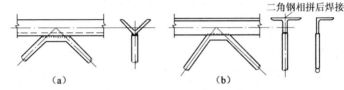

图 14-11　圆钢与角钢的连接构造

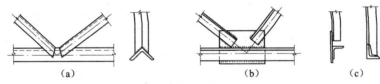

图 14-12　单肢角钢的连接构造

2.1.2　制作和安装要点

1. 构件平整,小角钢和圆钢等在运输、堆放过程中易发生弯曲和翘曲等变形,备料时应平直整理,使达到合格要求。

2. 结构放样,要求具有较高的精度,减少节点偏心。

3. 杆件切割,宜用机械切割。特殊形式的节点板和单角钢端头非平面切割通常用气割。气割端头要求打磨清洁。

4. 圆钢筋弯曲,宜用热弯加工,圆钢筋的弯曲部分应在炉中加热至 900～1000℃,从炉中取出锻打成型,也可用烘枪(氧炔焰)烘烤至上述温度后锻打成型。弯曲的钢筋腹杆(蛇形钢筋)通常以两节以上为一个加工单件,但也不宜太长,太长弯成的构件不易平整,太短会增加节点焊缝。小直径圆钢有时也用冷弯加工;较大直径的圆钢若用冷弯加工,曲率半径不能过小,否则会影响结构精度,并增加结构偏心。

5. 结构装配,宜用胎模以保证结构精度,杆件截面有三根杆件的空间结构(如棱形桁架),可先装配成单片平面结构,然后用装配点焊进行组合。

6. 结构焊接,宜用小直径焊条(2.5～3.5mm)和较小电流进行。为防止发生未焊透和咬肉等缺陷,对用相同电流强度焊接的焊缝可同时焊完,然后调整电流强度焊另一种焊缝。用直流电机焊接时,宜用反极连接(即被焊构件接负极)。对焊缝不多的节点,应一次施焊完毕,中途停熄后再焊易发生缺陷,焊接次序宜由中央向两侧对称施焊。对于檩条等小构件,可用固定夹具,以保证结构的几何尺寸。

7. 安装要求,屋盖系统的安装顺序一般是屋架、屋架间垂直支撑、檩条、檩条拉条屋架间水平支撑。檩条的拉条可增加屋面刚度,并传递部分屋面荷载,应先予张紧,但不能张拉过紧而使檩条侧向变形。屋架上弦水平支撑通常用圆钢筋,应在屋架与檩条安装完毕后拉紧。这类柔性支撑只有张紧才对增强屋盖刚度起作用。施工时,还应注意施工荷载不要超过设计规定。

2.2 冷弯薄壁型钢组成的轻钢结构

冷弯薄壁型钢是指厚度 2～6mm 的钢板或带钢经冷弯或冷拔等方式弯曲而成的型钢,其截面形状分开口和闭口两类。钢厂生产的闭口截面是圆管和矩形截面,是冷弯的开口截面,用高频焊焊接而成。

冷弯薄壁型钢可用来制作檩条、屋架、刚架等轻型钢结构,能有效地节约钢材,制作、运输和安装亦较方便。目前,在单层钢结构中应用日趋广泛。

2.2.1 冷弯薄壁型钢的成型

薄壁型钢的材质采用普通碳素钢时,应满足《普通碳素结构钢技术条件》规定的 Q235 钢的要求;采用 Q345 时,应满足《低合金结构钢技术条件》规定的 Q345 要求。目前,国产带钢中,普通碳素钢有些是乙类钢,乙类钢仅用于非承重构件,制作承重结构时应补做试验,合格后方能应用。

钢结构制造厂进行薄壁型钢成型时,钢板或带钢等一般用剪切机下料,辊压机整平,用边缘刨床刨平边缘。薄壁型钢的成型多用冷压成型,厚度为 1～2mm 的薄钢板也可用弯板机冷弯成型。

冷弯薄壁型钢的冷加工成型过程如图 14-13 所示。

2.2.2 冷弯薄壁型钢的放样、号料和切割

薄壁型钢结构的放样与一般钢结构相同。常用的薄壁型钢屋架,不论用圆钢管或方钢管,其节点多不用节点板,构造都比普通钢结构要求高,因此,放样和号料应具有足够的精度。常用的节点构造如图 14-14 所示。

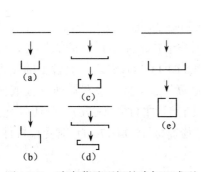

图 14-13 冷弯薄壁型钢的冷加工成型

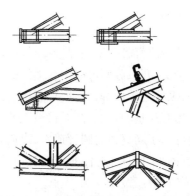

图 14-14 薄壁型钢屋架常用节点构造

矩形和圆形管端部的划线,可先制成斜切的样板,直接覆盖在杆件上进行划线。圆钢管端部有弧形断口时,最好用展开的方法放样制成样板。小圆管也可用硬纸板按管径和角度逐步凑出近似的弧线,然后覆于圆管上划线。

薄壁型钢号料时,规范规定不允许在非切割构件表面打凿子印和钢印,以免削弱截面。

切割薄壁型钢最好用摩擦锯,效率高,锯口平整。如无摩擦锯,可用氧乙炔焰切割。要求用小口径喷嘴,切割后用砂轮、风铲整修,清除毛刺、熔渣等。

2.2.3 冷弯薄壁型钢结构的装配和焊接

冷弯薄壁型钢屋架的装配一般用一次装配法,其装配过程见图14-15。装配平台(图14-16)必须稳固,使构件重心线在同一水平面上,高差不大于3mm。装配时一般先拼弦杆,保证其位置正确,使弦杆与檩条、支撑连接处的位置正确。腹杆在节点上可略有偏差,但在构件表面的中心线不宜超过3mm。杆件搭接和对接时的错缝或错位,均不得大于0.5mm。三角形屋架由三个运输单元组成时,应注意三个单元间连接螺孔位置的正确,以免安装时连接困难。为此,可先把下弦中间一段运输单元固定在胎模的小型钢支架上,随后进行其左右两个半榀屋架的装配。连接左右两个半榀屋架的屋脊节点也应采取措施保证螺孔位置正确。规范规定,连接孔中心线的误差不得大于1.5mm。

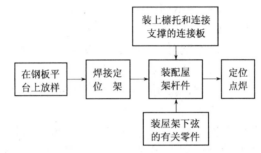

图14-15 薄壁型钢屋架的装配过程

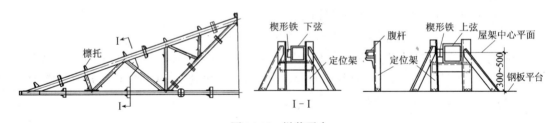

图14-16 拼装平台

为减少冷弯薄壁型钢焊接接头的焊接变形,杆端顶接缝隙控制在1mm左右。薄壁型钢的工厂接头,开口截面可采用双面焊的对接接头;用两个槽形截面拼合的矩形管,横缝可用双面焊,纵缝用单面焊,并使横缝错开2倍截面高度(图14-17a、b)。一般管子的接头,受拉杆最好用有衬垫的单面焊,对接缝接头,衬垫可用厚度1.5~2mm左右的薄钢板或薄钢管。圆管也可用于同直径的圆管接头,纵向切开后镶入圆钢管中(图14-17c)。受压杆允许用隔板连接(图14-17d)。杆件的工地连接可用焊接或螺栓连接(图14-17e、f),对受拉杆件的焊接质量,应特别注意。

薄壁杆件装配点焊应严格控制壁厚方向的错位,不得超过板厚的1/4或0.5mm。

薄壁型钢结构的焊接,应严格控制质量。焊前应熟悉焊接工艺、焊接程序和技术措施,如缺乏经验可通过试验以确定焊接参数,一般可参考表14-2。

为保证焊接质量,对薄壁截面焊接处附近的铁锈、污垢和积水要清除干净,焊条应烘干,并不得在非焊缝处的构件表面起弧或灭弧。

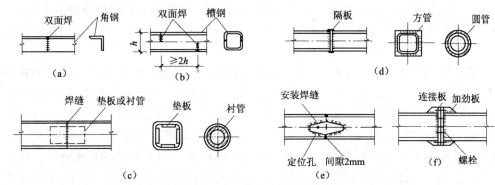

图 14-17 冷弯薄壁型钢的焊接接头

薄壁型钢屋架节点的焊接,常因装配间隙不均匀而使一次焊成的焊缝质量较差,故可采用两层焊,尤其对冷弯型钢,因弯角附近的冷加工变形较大,焊后热影响区的塑性差,对主要受力节点宜用两层焊,先焊第一层,待冷却后再焊第二层,不使过热,以提高焊缝质量。

表 14-2

名　称	钢板厚度 (mm)	焊条直径 (mm)	电流强度 (A)	名　称	钢板厚度 (mm)	焊条直径 (mm)	电流强度 (A)
对接焊缝	1.5~2.0 2.5~3.5 4~5	2.5 3.2 4	60~100 110~140 160~200	贴角焊缝	1.5~2.0 2.5~3.5 4~5	2.5~3.2 3.2 4	80~140 120~170 160~220

注:1. 表中电流是按平焊考虑的,对于立焊、横焊和仰焊时的电流可比表中数字减小10%左右;
　　2. 焊接16锰钢时,电流要减小10%~15%左右;
　　3. 不同厚度钢板焊接时,电流强度按较薄的钢板选择。

2.2.4　冷弯薄壁型钢构件矫正

薄壁型钢和其结构在运输和堆放时应轻吊轻放,尽量减少局部变形。规范规定,薄壁方管的 $\delta/b \leqslant 0.01$,b 为局部变形的量测标距,取变形所在的截面宽度,δ 为纵向量测的变形值(图14-18)。如超过此值,对杆件的承载力会有明显影响,且局部变形的矫正也困难。

采用撑直机或锤击调直型钢或成品整理时,也要防止局部变形。整理时最好逐步顶撑调直,接触处应设垫模,最好在型钢弯角处加力。如用锤击方法整理,注意设锤垫。成品用火焰矫正时,不宜浇水冷却。构件和杆件矫直后,挠曲矢高不应超过 $l/1000$,且不得大于10mm。

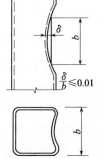

图 14-18　局部变形

2.2.5　冷弯薄壁型钢结构安装

冷弯薄壁型钢结构安装前要检查和校正构件相互之间的关系尺寸、标高和构件本身安装孔的关系尺寸。检查构件的局部变形,如发现问题,在地面预先矫正或妥善解决。

吊装时要采取适当措施防止产生过大的弯扭变形,应垫好吊索与构件的接触部位,以免损伤构件。

不宜利用已安装就位的冷弯薄壁型钢构件起吊其他重物,以免引起局部变形,不得在主要受力部位加焊其他物件。

安装屋面板之前,应采取措施保证拉条拉紧和檩条的正确位置,檩条的扭角不得大于3°。

下面介绍钢架结构的轻钢结构单层房屋的安装,这种结构目前应用广泛,单层厂房、仓库等多用之。

轻钢结构单层房屋(图 14-19)主要由钢柱、屋盖细梁、檩条、墙梁(檩条)、屋盖和柱间支撑、屋面和墙面的彩钢板等组成。钢柱一般为 H 型钢,通过地脚螺栓与混凝土基础连接,通过高强螺栓与屋盖梁连接,连接形式有直面连接(图 12-20)或斜面连接。屋盖梁为 I 字形截面,根据内力情况可呈变截面,各段由高强螺栓连接。屋面檩条和墙梁多采用高强镀锌彩色钢板辊压成型的 C 形或 Z 形檩条。檩条可由高强螺栓直接与屋盖梁的翼缘连接。屋面和墙面多用彩钢板,是优质高强薄钢卷板(镀锌钢板、镀铝锌钢板)经热浸合金镀层和烘涂彩色涂层经机器辊压而成。其厚度有 0.5、0.7、0.8、1.0、1.2mm 几种,其表面涂层材料有普通双性聚酯、高分子聚酯、硅双性聚酯、金属 PVDF、PVF 贴膜、丙烯溶液等。

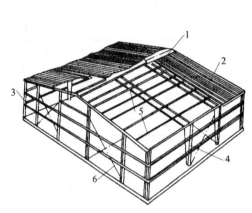

图 14-19 轻钢结构单层房屋构造示意图

1—屋脊盖板;2—彩色屋面板;3—墙筋;4—钢刚架;
5—C 形檩条;6—钢支撑

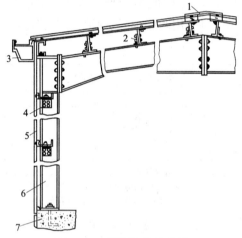

图 14-20 轻钢构件连接图

1—屋脊盖板;2—檩条;3—天沟;4—墙筋托板;
5—墙面板;6—钢柱;7—基础

安装前与普通钢结构一样,亦需对基础的轴线、标高、地脚螺栓位置及构件尺寸偏差等进行检查。

轻钢结构单层房屋由于构件自重轻,安装高度不大,多利用自行式(履带式、汽车式)起重机安装。刚架梁如跨度大、稳定性差,为防止吊装时出现下挠和侧向失稳,可将刚架梁分成两段,一次吊装半榀,在空中对接(图 14-21)。在有支撑的跨间,亦可将相邻两个半榀刚架梁在地面拼装成刚性单元,进行一次吊装。

轻钢结构单层房屋安装,可采用综合吊装法或个件吊装法。采用综合吊装法时,先吊装一个节间的钢柱,经校正固定后立即吊装刚架梁和檩条等。屋面彩钢板由于重量轻可在轻钢结构全部或部分安装完成后进行。

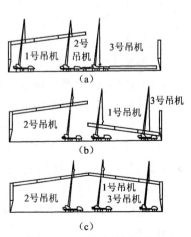

图 14-21 刚架梁吊装过程

2.2.6　冷弯薄壁型钢结构防腐蚀

防腐蚀是冷弯薄壁型钢加工中的重要环节,它影响结构的维修和使用年限。事实证明,如制造时除锈彻底、底漆质量好,一般的厂房冷弯薄壁型钢结构可 8～10 年维修一次,与普通钢结构相同;否则,容易腐蚀,并影响结构的耐久性。闭口截面构件经焊接封闭后,其内壁可不做防腐处理。

冷弯薄壁型钢结构必须进行表面处理,要求彻底清除铁锈、污垢及其他附着物。

喷砂、喷丸除锈,应除至露出金属灰白色为止,并应注意喷匀,不得有局部黄色存在。

酸洗除锈,应除至钢材表面全部呈铁灰色为止,并应清除干净,保证钢材表面无残余酸液存在,酸洗后宜做磷化处理或涂磷化底漆。

手工或半机械化除锈,应除至露出钢材表面为止。

冷弯薄壁型钢结构,应根据具体情况选用相适应的防护措施:

(1)金属保护层

表面合金化镀锌、镀锌等。

(2)防腐涂料

无侵蚀性或弱侵蚀性条件下,可采用油性漆、酚醛漆或醇酸漆。中等侵蚀性条件下,宜采用环氧漆、环氧酯漆、过氯乙烯漆、氯化橡胶漆或氯醋漆。防腐涂料的底漆和面漆应相互配套。

(3)复合保护

用镀锌钢板制作的构件,涂漆前应进行除油、磷化、纯化处理(或除油后涂磷化底漆)。表面合金化镀锌钢板、镀锌钢板(如压型钢板、瓦楞铁等)的表面不宜涂红丹防锈漆,宜涂 H06—2 锌黄环氧酯底漆(或其他专用涂料)进行维护。防腐涂料底、面漆配套及漆膜厚度参见表 14-3 和表 14-4。

防腐涂料底、面漆配套及维护年限　　　　　　　　　　表 14-3

侵蚀作用类别		表面处理	涂料类别	底　面　漆　配　套　涂　料						维护年限(年)
				底　　漆	道数	膜厚(μm)	面　　漆	道数	膜厚(μm)	
室内	无侵蚀性弱侵蚀性	喷砂(丸)除锈,酸洗除锈,手工或半机械化除锈	第一类	Y53—31 红丹油性防锈漆	2	60	C04—2 各色醇酸磁漆	2	60	15～20
				Y53—32 铁红油性防锈漆	2	60				
				F53—31 红丹酚醛防锈漆	2	60	C04—45 灰醇酸磁漆	2	60	10～15
室外	弱侵蚀性			F53—33 铁红酚醛防锈漆	2	60	C04—5 灰云铁醇酸磁漆	2	60	
				C53—31 红丹醇酸防锈漆	2	60				
				C06—1 铁红醇酸底漆	2	60				8～10
				F53—40 云铁醇酸防锈漆	2	60				
室内	中等侵蚀性	酸洗磷化处理。喷砂(丸)除锈	第二类	H06—2 铁红环氧酯底漆	2	60	灰醇酸改性过氯乙烯磁漆	2	60	10～15
				铁红环氧酸性 M 树脂底漆	2	60	灰醇酸改性氯化橡酸磁漆	2	60	
室外				H53—30 云铁环氧酯底漆	2	60	醇酸改性氯醋磁漆	2	60	5～7
							聚氨酯改性氯醋磁漆	2	60	

注:表中所列第一类或第二类中任何一种底漆可和同一类别中的任一种面漆配套使用。

侵蚀作用类别	表面处理	涂料类别	底面漆配套涂料					
			底　漆	道数	膜厚(μm)	面　漆	道数	膜厚(μm)
无侵蚀性和弱侵蚀性	磷化底漆	第一类	F53—34 锌黄酚醛防锈漆	2	60	C04—2 各色醇酸磁漆	2	60
						C04—42 各色醇酸磁漆	2	60
						C43—31 醇酸船壳漆	2	60
			C53—33 锌黄醇酸防锈漆	2	60	同　上	同上	同上
			G06—4 锌黄过氯乙烯底漆	2	60	G04—2 各色过氯乙烯磁漆	2	60
						G04—9 各色过氯乙烯外用磁漆	2	60
						G52—31 各色过氯乙烯防腐漆	2	60
			H06—2 锌黄环氧酯底漆	2	60	C04—2 各色醇酸磁漆	2	60
						C04—42 各色醇酸磁漆	2	60
						G04—2 各色过氯乙烯磁漆	2	60
						G04—9 各色过氯乙烯外用磁漆	2	60
						G52—31 各色过氯乙烯防腐漆	2	60
中等侵蚀性	直接涂装	第二类	铁红环氧改性 M 树脂底漆(EM)[1]	2	60	B113 丙烯酸磁漆	2	60
						B04—6 丙烯酸磁漆	2	60
						S—10—1 丙烯酸磁漆	2	60
						醇酸改性氯化橡胶磁漆	2	60

注：①该底漆可直接涂装合金铝板。

冷弯薄壁型钢结构的防腐处理应符合下列要求：

(1)钢材表面处理后应及时涂刷防腐涂料，以免再度生锈；

(2)当防腐涂料采用红丹防锈漆和环氧底漆时，安装焊缝部位两侧附近不涂；

(3)冷弯薄壁型钢结构安装就位后，应对在运输、吊装过程中漆膜脱落部位以及安装焊缝两侧未涂油漆的部位补涂油漆，使之不低于相邻部位的防护等级；

(4)冷弯薄壁型钢结构与钢筋混凝土或钢丝网水泥构件直接接触的部位，应采取适当措施，不使油漆变质；

(5)可能淋雨或积水的构件中的节点板类缝等不易再次油漆维护的部位，均应采取适当措施密封。

冷弯薄壁型钢结构在使用期间，应定期进行检查与维护，维护年限可根据结构的使用条件、表面处理方法、涂料品种及漆膜厚度分别参照表 14-3 采用。

冷弯薄壁型钢结构的维护，应符合下述要求：

(1)当涂层表面开始出现锈斑或局部脱漆时，即应重新涂装，不应到漆膜大面积劣化、返锈时才进行维护；

(2)重新涂装前应进行表面处理，彻底清除结构表面的积灰、污垢、铁锈及其他附着物，除锈后应立即涂漆维护；

(3)重新涂装时亦应采用相应的配套涂料；

(4)重新涂装的涂层质量应符合国家现行的《钢结构工程施工质量验收规范》的规定。

课题3 张力膜结构施工安装

3.1 材 料

3.1.1 膜材料

目前用于张力膜结构的膜材料有两大类：

一类为玻璃纤维织物聚四氟乙烯涂层(一般称 FIFE 膜材)，使用年限长，价格高，国内很少采用；另一类为高强聚酯纤维织物 PVC 涂层(一般称 PVC 膜材)，使用年限相对较短，价格适宜，国内较多采用。此类材料特性须满足：低弹高强聚酯纤维织物双面 PVC 涂层；长期受力状态下基本不产生徐变；抗拉强度(经向/纬向)：大于 4000/4000N/5cm；重量：大于 950 g/m²；厚度：大于 0.8mm；白色透光料透光率：10%～20%；覆防污自洁涂层：Tedlar 或 100% PVDF；阻燃：B1 级；耐腐蚀；抗静电；适应温度范围：－30～70℃；水密性、气密性好；寿命不少于 15 年。

表 14-5～表 14-7 为三种常用 PVC 材料性能。

德国产 VALMEX FR-1000KL 膜材料   表 14-5

基 料	高强聚酯纤维 1670 DTEX
涂 层	双面 PVC
表面涂覆	双面 100% PVDF
重 量	1200g/m²
厚 度	0.9mm
抗拉强度(经/纬)	6000/5500N/5cm
舌裂强度(经/纬)	1000N/5cm
粘合度	＞125N/5cm
阻 燃	B1 级
适用环境温度	－40～70℃
使用寿命	15 年
幅 宽	204cm

法国产 FERRARI 1202T 膜材料   表 14-6

基 料	高强聚酯纤维 1100/1670 DTEX
涂 层	双面 PVC
涂层厚度	270μm
表面涂覆	外侧 100% PVDF
重 量	1050g/m²
厚 度	0.8mm
抗拉强度(经/纬)	5600/5600N/5cm
舌裂强度(经/纬)	800/650N/5cm

基　　料	高强聚酯纤维 1100/1670 DTEX
粘合度	> 120N/5cm
阻　燃	B1 级
适用环境温度	− 30 ~ 70℃
使用寿命	> 15 年
幅　宽	178cm
透光率	15%
质量认证	ISO 9002

美国产 SHELTER RITE 8028 膜材料　　　　　　　　　　表 14-7

基　　料	高强聚酯纤维 1670 DTEX
涂　层	双面 PVC
表面涂覆	外侧 Tedlar
重　量	950g/m²
厚　度	0.8mm
抗拉强度(经向/纬向)	4600/4600N/5cm
舌裂强度(经向/纬向)	1250/1250N/5cm
粘合度	> 90N/5cm
阻　燃	B1 级
适用环境温度	− 40 ~ 70℃
使用寿命	15 年
幅　宽	142.24cm

表 14-8 介绍了两种 PVC 材料的透光和传热性能。

PVC 材料的透光和传热性能　　　　　　　　　　表 14-8

性　　能　　品牌型号		FERRARI 1302	SHELTER RITE 9032
重量(g/m²)		1350	1090
抗拉强度(经向/纬向) (N/5cm)		8000/7000	5800/5800
透光率		12%	
日 照	反射率 吸收率 传导率	77% 18% 5%	
U 值	夏天 冬天	0.75 BTU/h.sqFt.F 1.15 BTU/h.sqFt.F	

3.1.2　钢索

张力膜结构钢索可采用无油镀锌钢丝绳或保护套索(平行钢丝束加保护套),锻钢或铸钢接头,锌铜合金或环氧铁砂浇铸等方式连接。

(1)保护套索、铸钢接头、锌铜合金浇铸连接钢索材料的技术要求见表14-9。

高密度聚乙烯护套料技术要求　　　　　　　　　　　　　　　　表 14-9

序　号	项　　　目	技 术 指 标
1	密度(g/m²)	0.942 ~ 0.978
2	熔融指数(g/10min)	≤0.45
3	拉伸强度(MPa)	≥20
4	断裂伸长率(%)	≥600
5	邵氏硬度	≥60
6	维卡软化点(℃)	> 110
7	脆化温度(℃)	< − 60
8	冲击强度(N·m/cm²)	> 160
9	耐热应力开裂(h)	> 96
10	耐环境应力裂性(h) IU Igcpalco 630	> 1500
11	碳黑含量(%)	2.3 ± 0.3
12	碳黑粒度(μm)	< 20
13	碳黑分散度 色谱法 显微镜法	> 4000 合格
14	100℃168h 空气箱老化 拉伸强度保留率(%) 断裂伸长率保留率(%)	> 85 > 85

高强度镀锌钢丝镀锌前钢丝化学成分应符合表14-10要求。

钢丝化学成分(%)　　　　　　　　　　　　　　　　表 14-10

元　素	C	Si	Mn	P	S	Cu
含　量	0.75 ~ 0.85	0.12 ~ 0.32	0.60 ~ 0.90	≤0.025	≤0.025	≤0.20

高强度镀锌钢丝的技术要求见表14-11。

直径为 5.35mm 高强度镀锌钢丝的技术要求　　　　　　　　　　表 14-11

序　号	项　　　目	技 术 指 标
1	公称直径(mm)	$\phi 5.35(+ 0.08, − 0.05)$
2	横截面积(mm²)	22.48
3	抗拉强度(MPa)	≥1600
4	屈服强度(MPa)	≥1200
5	延伸率	$≥4.0\%(L_0 = 250mm)$
6	弹性模量(MPa)	$(1.9 ~ 2.1) × 10^5$
7	反复弯曲	≥4次($R = 15mm$)
8	卷　绕	$3d × 8$
9	锌层单位质量(g/m²)	≥300

铸钢接头(锚具)技术要求:

铸钢件所用材质应符合 GB 11352—89 中 ZG 310—570 牌号的有关规定。

加工技术要求:

铸钢件须经超声波探伤检验,其质量应符合《铸钢件超声波探伤及质量评级标准》(GB 7233—1987)中三级的有关规定。

同一规格热铸锚具的相同部件应具有互换性。

锚具表面镀锌处理,镀锌厚度为 10 ~ 30μm。

锌铜合金铸体材料[Zn:(98 ± 0.2)% ,Cu:(2 ± 0.2)%]。

(2)成品钢索制作技术要求。

1)扭绞。钢丝束应同心左向绞合,结构紧密,最外层钢丝绞合角为 3° ± 0.5°,绞合节距应符合绞合的要求。

2)绕包。钢丝外加绕包带,单层重叠宽度应小于带宽的 1/3,绕包层应紧密齐整,无露白,无破损。

3)成品钢索长度。按照张力膜结构体系预应力状态下各钢索的内力值控制,进行应力下料,应满足设计长度的要求。允许误差为:

索长 $L \leqslant 100$m 时,长度误差 $\Delta L \leqslant \pm 10$mm;

索长 $L > 100$m 时,长度误差 $\Delta L = \pm 0.0002L$mm。

如设计要求,应在应力状态下对索的相应位置做出明显标记。

4)安装接头。采用热铸工艺装配接头,合金铸入率应不小于 92%,保证相应考核技术指标的要求。对钢索和接头连接处采取特殊措施,保证密封。成品钢索中心与接头端面的垂直度为 90° ± 0.5°。铸体大端需经不小于 0.4 倍标称破断载荷(P_b)的力的顶压,持荷5min。

5)成品钢索应能弯曲盘绕,最小盘绕直径应不小于 17 倍的钢索直径。

成品钢索静载破断载荷(P)不小于 $0.95P_b$,抗拉弹性模量(E)不小于 1.9×10^5MPa。

6)在接头侧面标明该索的编号和规格。每根成品钢索均应挂有合格证,上面标明:制造厂名、工程名称、生产日期、钢索编号、规格、长度和重量。合格证标牌应牢固地系于包装层的两端接头处。

3.1.3 钢结构

钢材及钢结构制作执行现行国家有关标准及规范。特殊部位要求超出规范标准,设计中应清晰标明具体要求。

3.1.4 张力膜结构各类材料的设计安全系数

结构膜材料	>4.0
钢索(镀锌钢丝绳和保护套索)	2.0 ~ 2.5
连接附件	2.5

3.2 钢结构、钢索安装

3.2.1 安装准备

根据土建基础图和索膜结构安装要求对基础工程进行最终验收,验收范围包括基础工作点坐标,各方向允许偏差 ± 5mm;预埋件的准确位置和数量;地脚螺栓的准确位置和数量,地脚螺栓允许偏差±2mm;地脚螺栓、螺母有无缺损。

对地脚螺栓、螺母进行防锈及防碰撞保护。

根据施工安装方案细化具体安装步骤,责任落实到人。

使用吊车,必须注意吊装构件的二次搬运,吊车进出通行道路。根据所用吊车的技术数据,计划好吊车支放位置与移动次数。

钢结构是在地面局部组装后吊装或整体提升还是单件吊装依照施工安装方案进行。

吊装件二次搬运中必须依照施工图,一一对应,核查清楚,并把吊装方向做好明显标志,保证吊装一次成功。

吊装前严格检查钢索与钢构件连接部位的各项尺寸是否符合设计要求,如有误差,在地面修正后方可吊装。

3.2.2 钢结构、钢索吊装

按事先研究好的吊装方案严格执行,吊装方案的各个环节落实到人或班组,统一调配,统一指挥。

立柱吊装一根,临时固定一根,使立柱的安装位置、尺寸满足下一步安装其他钢构件和索的要求。注意:临时固定要安全可靠,便于拆卸。

按照施工安装方案搭设安全稳固的高空作业工作平台,依序吊装其他钢构件和钢索,并按施工图连接就位,凡暂时不能按施工图进行正式连接的部位,都必须采取安全可靠、便于拆卸的临时固定措施。

3.2.3 膜片安装

1. 安装条件

(1)在全部土建和外装饰工程完工后,进行膜片施工安装。

(2)按照施工安装方案必要的钢构件、钢索吊装应完成,并采取安全牢固的临时固定措施。小型工程,施工安装方案确定钢构件、钢索、膜材料在地面组装后同时吊装的,执行施工安装方案。

(3)膜材料如在地面展开,场地应有足够的面积,以保证膜材料不在地面上拖拽或翻滚,并须保持场地清洁、平整,否则应在高空展开。无论在地面展开还是在高空展开,膜片上面均不应上人操作,必须上人时,须检查确认膜下面无尖硬物并换穿软底清洁的工作鞋。

2. 安装准备

(1)将所有需要停放膜材料的场地清洁干净。

(2)把预先选定的场地平整清洁后,铺设洁净的地面保护膜。

(3)准备好连接附件。

3. 膜片安装

(1)在地面保护膜上按安装方向展开成品膜片,安装根据施工安装方案需在地面安装的一切附件。

(2)按照施工安装方案搭设安全稳固的高空作业工作平台。

(3)吊装膜片,根据施工安装方案确定捆扎吊装或展开吊装,吊装时须几方面紧密配合,协调工作,统一指挥。吊装前必须确定膜片的准确位置,保证一次吊装成功。

(4)高空作业人员携带随身工具各就各位,随时协助膜片吊装及展开就位。展开膜片时应在膜片上安装临时夹板,严格检查膜片受力处有无裂口,发现裂口须及时修复,用紧线器把膜、索拉到位,并以最快速度完成高空连接。

(5)膜片安装时须安排好当日工作量,做到当日收工时所安装膜片应连接完毕。如遇膜片较大,当日不能完成连接,收工前必须采取安全牢固的临时连接措施。

(6)膜片吊装时风力不宜大于四级。

(7)将膜索连接处进行适当调整,达到连接均匀到位。

3.3 总体安装调试及预张力施加

3.3.1 安装调试

(1)按施工图将所有安装的可调部件调节到位。

(2)将基础锚座的连接板调节到位。

3.3.2 施加预张力

(1)严格检查千斤顶、测力传感器、仪表和施力机构是否完好。

(2)对膜片与钢索和钢构件的连接节点进行全面检查,确认膜片边缘及折角处的所有附件连接完好,不会有膜片直接受力的情况。发现膜片有直接受力的部位,须立即采取补救措施。

(3)认真核对施工图,仔细确认施力点的位移量和预应力状态下的受力值。

(4)按施工安装方案用千斤顶等施力工具和测力仪器,在施力点对整体结构体系施加预张力。施力过程按施工安装方案确定的步数和每步的位移量进行,如有必要可视现场具体情况做有效的调整。同时,在膜片上适当位置观察膜的绷紧均匀程度和整体结构体系的受力情况,观察施力设备的施力值。

(5)最后一步施加预张力与上一步的间隔时间应大于24h,以消除膜材料的徐变。施工的控制标准,以施力点位移达到设计范围为准,允许误差±10%(暂定)。

3.4 其他部件安装和工程收尾

(1)索膜结构体系之外附属的其他部件(如马道、桥架等),按照施工安装方案规定的程序进行安装。

(2)柱帽、雨水斗、有组织排水的排水沟、排水管等部件,按照施工安装方案规定的程序进行安装。

(3)避雷做法按照设计图纸及施工安装方案规定的程序进行安装。

(4)钢构件除锈和涂刷防锈漆应在加工厂完成,现场涂刷面漆按照施工安装方案规定的程序进行。

(5)施工安装盖口,如采用膜材料做防雨盖口,用便携式焊接设备在高空施焊,须做到焊缝处无漏水、渗水现象且表面平整美观。

(6)清洁膜片内外表面。

(7)拆除高空作业工作平台,清理打扫现场。

3.5 竣工验收

(1)工程施工安装前,安装部门须对与索膜结构体系相连接的基础、锚座等相关工程的位置(工作点坐标)、尺寸、角度等进行复核,对工程质量进行验收,填写复核验收记录,复核验收人及安装负责人签字。

（2）钢构件、钢索、附件等运达安装现场后，安装部门须对其加工尺寸和质量进行验收，填写验收记录，验收人及现场安装负责人签字。

（3）膜片、附件等运达安装现场后，安装部门须检查有无运输过程中造成的损伤；核对各部件是否有清晰明了的编号，如有不明确之处，立即向制作部门查明。填写查验记录，查验人及现场安装负责人签字。

（4）安装部门依照有关"索膜建筑工程安装质量检验标准"等文件完成自检，填写检验记录，检验人员及现场安装负责人签字。

（5）施加预张力的过程，须对各施力点的施力次数，以及每次的位移量和力值做详细的工作记录，现场安装负责人签字。

复习思考题

1. 钢塔桅结构有什么特点？
2. 钢塔桅结构常用的安装方法有哪些？
3. 叙述高空组装法与高空拼装法的区别。
4. 叙述整体安装法的过程。
5. 轻型钢结构有什么优点？分为哪两类？
6. 叙述冷弯薄壁轻型钢结构的安装程序。其安装要点有哪些？
7. 冷弯薄壁轻型钢结构应如何防腐蚀？
8. 张力膜结构的膜材料有哪几种？
9. 钢索安装、膜片安装要点有哪些？

附 录 一

钢材的设计强度(N/mm²)   附表 1-1

钢 材		抗拉、抗压和抗弯 f	抗 剪 f_v	端面承压(刨平顶紧) f_{ce}
牌 号	厚度或直径 (mm)			
Q235 钢	≤16	215	125	325
	>16~40	205	120	
	>40~60	200	115	
	>60~100	190	110	
Q345 钢	≤16	310	180	400
	>16~35	295	170	
	>35~50	265	155	
	>50~100	250	145	
Q390 钢	≤16	350	205	415
	>16~35	335	190	
	>35~50	315	180	
	>50~100	295	170	
Q420 钢	≤16	380	220	440
	>16~35	360	210	
	>35~50	340	195	
	>50~100	325	185	

注:表中厚度系指计算点的钢材厚度,对轴心受拉和轴心受压构件系指截面中较厚板件的厚度。

铸钢件的强度设计值(N/mm²)   附表 1-2

钢 号	抗拉、抗压和抗弯 f	抗 剪 f_v	端面承压(刨平顶紧) f_{ce}
ZG200-400	155	90	260
ZG230-450	180	105	290
ZG270-500	210	120	325
ZG310-570	240	140	370

焊缝的设计强度(N/mm²)

焊接方法和焊条型号	构件钢材		对 接 焊 缝				角 焊 缝
	牌 号	厚度或直径(mm)	抗压 f_c^w	焊缝质量为下列等级时,抗拉 f_t^w		抗剪 f_v^w	抗拉、抗压和抗剪 f_f^w
				一级、二级	三 级		
自动焊、半自动焊和 E43 型焊条的手工焊	Q235 钢	≤16	215	215	185	125	160
		>16~40	205	205	175	120	
		>40~60	200	200	170	115	
		>60~100	190	190	160	110	
自动焊、半自动焊和 E50 型焊条的手工焊	Q345 钢	≤16	310	310	265	180	200
		>16~35	295	295	250	170	
		>35~50	265	265	225	155	
		>50~100	250	250	210	145	
自动焊、半自动焊和 E55 型焊条的手工焊	Q390 钢	≤16	350	350	300	205	220
		>16~35	335	335	285	190	
		>35~50	315	315	270	180	
		>50~100	295	295	250	170	
	Q420 钢	≤16	380	380	320	220	220
		>16~35	360	360	305	210	
		>35~50	340	340	290	195	
		>50~100	325	325	275	185	

注:1. 自动焊和半自动焊所采用的焊丝和焊剂,应保证其熔敷金属的力学性能不低于现行国家标准《埋弧焊用碳钢焊丝和焊剂》GB/T 5293 和《低合金钢埋弧焊用焊剂》GB/T 12470 中相关的规定;

2. 焊缝质量等级应符合现行国家标准《钢结构工程施工质量验收规范》GB 50205 的规定,其中厚度小于 8mm 钢材的对接焊缝,不应采用超声波探伤确定焊缝质量等级;

3. 对接焊缝在受压区的抗弯强度设计值取 f_c^w,在受拉区的抗弯强度设计值取 f_t^w;

4. 表中厚度系指计算点的钢材厚度,对轴心受拉和轴心受压构件系指截面中较厚板件的厚度。

螺栓的设计强度(N/mm²)

螺栓的性能等级、锚栓和构件钢材的牌号		普 通 螺 栓						锚 栓	承压型连接高强度螺栓		
		C 级螺栓			A 级、B 级螺栓						
		抗拉 f_t^b	抗剪 f_v^b	承压 f_c^b	抗拉 f_t^b	抗剪 f_v^b	承压 f_c^b	抗拉 f_t^a	抗拉 f_t^b	抗剪 f_v^b	承压 f_c^b
普通螺栓	4.6级、4.8级	170	140	—	—	—	—	—	—	—	—
	5.6级	—	—	—	210	190	—	—	—	—	—
	8.8级	—	—	—	400	320	—	—	—	—	—
锚栓	Q235 钢	—	—	—	—	—	—	140	—	—	—
	Q345 钢	—	—	—	—	—	—	180	—	—	—
承压型连接高强度螺栓	8.8级	—	—	—	—	—	—	—	400	250	—
	10.9级	—	—	—	—	—	—	—	500	310	—

螺栓的性能等级、锚栓和构件钢材的牌号		普通螺栓						锚栓	承压型连接高强度螺栓		
		C级螺栓			A级、B级螺栓						
		抗拉 f_t^b	抗剪 f_v^b	承压 f_c^b	抗拉 f_t^b	抗剪 f_v^b	承压 f_c^b	抗拉 f_t^a	抗拉 f_t^b	抗剪 f_v^b	承压 f_c^b
构件	Q235钢	—	—	305	—	—	405	—	—	—	470
	Q345钢	—	—	385	—	—	510	—	—	—	590
	Q390钢	—	—	400	—	—	530	—	—	—	615
	Q420钢	—	—	425	—	—	560	—	—	—	655

注:1. A级螺栓用于 $d \leqslant 24$mm 和 $l \leqslant 10d$ 或 $l \leqslant 150$mm(按较小值)的螺栓;B级螺栓用于 $d > 24$mm 或 $l > 10d$ 或 $l > 150$mm(按较小值)的螺栓,d 为公称直径,l 为螺杆公称长度;

2. A、B级螺栓孔的精度和孔壁表面粗糙度,C级螺栓孔的允许偏差和孔壁表面粗糙度,均应符合现行国家标准《钢结构工程施工质量验收规范》GB 50205 的要求。

附 录 二

轴心受压构件截面分类（板厚 $t < 40\text{mm}$）　　　　　　　　　　　　附表 2-1

截　面　形　式	对 x 轴	对 y 轴
轧制	a 类	a 类
轧制，$b/h \leqslant 0.8$	a 类	b 类
轧制，$b/h > 0.8$　焊接，翼缘为焰切边　焊接 轧制　轧制等边角钢 轧制，焊接（板件宽厚比 > 20）　轧制或焊接 焊接　轧制截面和翼缘为焰切边的焊接截面 格构式　焊接，板件边缘焰切	b 类	b 类

截　面　形　式			对 x 轴	对 y 轴
焊接,翼缘为轧制或剪切边			b 类	c 类
焊接,板件边缘轧制或剪切	焊接,板件宽厚比≤20		c 类	c 类

轴心受压构件截面分类(板厚 $t \geqslant 40\text{mm}$)　　　　　　　附表 2-2

截　面　形　式		对 x 轴	对 y 轴
轧制工字形或 H 形截面	$t < 80\text{mm}$	b 类	c 类
	$t \geqslant 80\text{mm}$	c 类	d 类
焊接工字形截面	翼缘为焰切边	b 类	b 类
	翼缘为轧制或剪切边	c 类	d 类
焊接箱形截面	板件宽厚比 > 20	b 类	b 类
	板件宽厚比≤20	c 类	c 类

a 类截面轴心受压构件的稳定系数 φ　　　　　　　附表 2-3

$\lambda\sqrt{\dfrac{f_y}{235}}$	0	1	2	3	4	5	6	7	8	9
0	1.000	1.000	1.000	1.000	0.999	0.999	0.998	0.998	0.997	0.996
10	0.995	0.994	0.993	0.992	0.991	0.989	0.988	0.986	0.985	0.983
20	0.981	0.979	0.977	0.976	0.974	0.972	0.970	0.968	0.966	0.964
30	0.963	0.961	0.959	0.957	0.955	0.952	0.950	0.948	0.946	0.944
40	0.941	0.939	0.937	0.934	0.932	0.929	0.927	0.924	0.921	0.919
50	0.916	0.913	0.910	0.907	0.904	0.900	0.897	0.894	0.890	0.886
60	0.883	0.879	0.875	0.871	0.867	0.863	0.858	0.854	0.849	0.844
70	0.839	0.834	0.829	0.824	0.818	0.813	0.807	0.801	0.795	0.789
80	0.783	0.776	0.770	0.763	0.757	0.750	0.743	0.736	0.728	0.721
90	0.714	0.706	0.699	0.691	0.684	0.676	0.668	0.661	0.653	0.645
100	0.638	0.630	0.622	0.615	0.607	0.600	0.592	0.585	0.577	0.570

$\lambda\sqrt{\dfrac{f_y}{235}}$	0	1	2	3	4	5	6	7	8	9
110	0.563	0.555	0.548	0.541	0.534	0.527	0.520	0.541	0.507	0.500
120	0.494	0.488	0.481	0.475	0.469	0.463	0.457	0.451	0.445	0.440
130	0.434	0.429	0.423	0.418	0.412	0.407	0.402	0.397	0.392	0.387
140	0.383	0.378	0.373	0.369	0.364	0.360	0.356	0.351	0.347	0.343
150	0.339	0.335	0.331	0.327	0.323	0.320	0.316	0.312	0.309	0.305
160	0.302	0.298	0.295	0.292	0.289	0.285	0.282	0.279	0.276	0.273
170	0.270	0.267	0.264	0.262	0.259	0.256	0.253	0.251	0.248	0.246
180	0.243	0.241	0.238	0.236	0.233	0.231	0.229	0.226	0.224	0.222
190	0.220	0.218	0.215	0.213	0.211	0.209	0.207	0.205	0.203	0.201
200	0.199	0.198	0.196	0.194	0.192	0.190	0.189	0.187	0.185	0.183
210	0.182	0.180	0.179	0.177	0.175	0.174	0.172	0.171	0.169	0.168
220	0.166	0.165	0.164	0.162	0.161	0.159	0.158	0.157	0.155	0.154
230	0.153	0.152	0.150	0.149	0.148	0.147	0.146	0.144	0.143	0.142
240	0.141	0.140	0.139	0.138	0.136	0.135	0.134	0.133	0.132	0.131
250	0.130	—	—	—	—	—	—	—	—	—

b 类截面轴心受压构件的稳定系数 φ 附表 2-4

$\lambda\sqrt{\dfrac{f_y}{235}}$	0	1	2	3	4	5	6	7	8	9
0	1.000	1.000	1.000	0.999	0.999	0.998	0.997	0.996	0.995	0.994
10	0.992	0.991	0.989	0.987	0.985	0.983	0.981	0.978	0.976	0.973
20	0.970	0.967	0.963	0.960	0.957	0.953	0.950	0.946	0.943	0.939
30	0.936	0.932	0.929	0.925	0.922	0.918	0.914	0.910	0.906	0.903
40	0.899	0.895	0.891	0.887	0.882	0.878	0.874	0.870	0.865	0.861
50	0.856	0.852	0.847	0.842	0.838	0.833	0.828	0.823	0.818	0.813
60	0.807	0.802	0.797	0.791	0.786	0.780	0.774	0.769	0.763	0.757
70	0.751	0.745	0.739	0.732	0.726	0.720	0.714	0.707	0.701	0.694
80	0.688	0.681	0.675	0.668	0.661	0.655	0.648	0.641	0.635	0.628
90	0.621	0.614	0.608	0.601	0.594	0.588	0.581	0.575	0.568	0.561
100	0.555	0.549	0.542	0.536	0.529	0.523	0.517	0.511	0.505	0.499
110	0.493	0.487	0.481	0.475	0.470	0.464	0.458	0.453	0.447	0.442
120	0.437	0.432	0.426	0.421	0.416	0.411	0.406	0.402	0.397	0.392
130	0.387	0.383	0.378	0.374	0.370	0.365	0.361	0.357	0.353	0.349
140	0.345	0.341	0.337	0.333	0.329	0.326	0.322	0.318	0.315	0.311
150	0.308	0.304	0.301	0.298	0.295	0.291	0.288	0.285	0.282	0.279
160	0.276	0.273	0.270	0.267	0.265	0.262	0.259	0.256	0.254	0.251
170	0.249	0.246	0.244	0.241	0.239	0.236	0.234	0.232	0.229	0.227
180	0.225	0.223	0.220	0.218	0.216	0.214	0.212	0.210	0.208	0.206
190	0.204	0.202	0.200	0.198	0.197	0.195	0.193	0.191	0.190	0.188
200	0.186	0.184	0.183	0.181	0.180	0.178	0.176	0.175	0.173	0.172

$\lambda\sqrt{\dfrac{f_y}{235}}$	0	1	2	3	4	5	6	7	8	9
210	0.170	0.169	0.167	0.166	0.165	0.163	0.162	0.160	0.159	0.158
220	0.156	0.155	0.154	0.153	0.151	0.150	0.149	0.148	0.146	0.145
230	0.144	0.143	0.142	0.141	0.140	0.138	0.137	0.136	0.135	0.134
240	0.133	0.132	0.131	0.130	0.129	0.128	0.127	0.126	0.125	0.124
250	0.123	—	—	—	—	—	—	—	—	—

c 类截面轴心受压构件的稳定系数 φ　　　　　　附表 2-5

$\lambda\sqrt{\dfrac{f_y}{235}}$	0	1	2	3	4	5	6	7	8	9
0	1.000	1.000	1.000	0.999	0.999	0.998	0.997	0.996	0.995	0.993
10	0.992	0.990	0.988	0.986	0.983	0.981	0.978	0.976	0.973	0.970
20	0.966	0.959	0.953	0.947	0.940	0.934	0.928	0.921	0.915	0.909
30	0.902	0.896	0.890	0.884	0.877	0.871	0.865	0.858	0.852	0.846
40	0.839	0.833	0.826	0.820	0.814	0.807	0.801	0.794	0.788	0.781
50	0.775	0.768	0.762	0.755	0.748	0.742	0.735	0.729	0.722	0.715
60	0.709	0.702	0.695	0.689	0.682	0.676	0.669	0.662	0.656	0.649
70	0.643	0.636	0.629	0.623	0.616	0.610	0.604	0.597	0.591	0.584
80	0.578	0.572	0.566	0.559	0.553	0.547	0.541	0.535	0.529	0.523
90	0.517	0.511	0.505	0.500	0.494	0.488	0.483	0.477	0.472	0.467
100	0.463	0.458	0.454	0.449	0.445	0.441	0.436	0.432	0.428	0.423
110	0.419	0.415	0.411	0.407	0.403	0.399	0.395	0.391	0.387	0.383
120	0.379	0.375	0.371	0.367	0.364	0.360	0.356	0.353	0.349	0.346
130	0.342	0.339	0.335	0.332	0.328	0.325	0.322	0.319	0.315	0.312
140	0.309	0.306	0.303	0.300	0.297	0.294	0.291	0.288	0.285	0.282
150	0.280	0.277	0.274	0.271	0.269	0.266	0.264	0.261	0.258	0.256
160	0.254	0.251	0.249	0.246	0.244	0.242	0.239	0.237	0.235	0.233
170	0.230	0.228	0.226	0.224	0.222	0.220	0.218	0.216	0.214	0.212
180	0.210	0.208	0.206	0.205	0.203	0.201	0.199	0.197	0.196	0.194
190	0.192	0.190	0.189	0.187	0.186	0.184	0.182	0.181	0.179	0.178
200	0.176	0.175	0.173	0.172	0.170	0.169	0.168	0.166	0.165	0.163
210	0.162	0.161	0.159	0.158	0.157	0.156	0.154	0.153	0.152	0.151
220	0.150	0.148	0.147	0.146	0.145	0.144	0.143	0.142	0.140	0.139
230	0.138	0.137	0.136	0.135	0.134	0.133	0.132	0.131	0.130	0.129
240	0.128	0.127	0.126	0.125	0.124	0.124	0.123	0.122	0.121	0.120
250	0.119	—	—	—	—	—	—	—	—	—

d 类截面轴心受压构件的稳定系数 φ　　　　　　附表 2-6

$\lambda\sqrt{\dfrac{f_y}{235}}$	0	1	2	3	4	5	6	7	8	9
0	1.000	1.000	0.999	0.999	0.998	0.996	0.994	0.992	0.990	0.987
10	0.984	0.981	0.978	0.974	0.969	0.965	0.960	0.955	0.949	0.944
20	0.937	0.927	0.918	0.909	0.900	0.891	0.883	0.874	0.865	0.857

$\lambda\sqrt{\dfrac{f_y}{235}}$	0	1	2	3	4	5	6	7	8	9
30	0.848	0.840	0.831	0.823	0.815	0.807	0.799	0.790	0.782	0.774
40	0.766	0.759	0.751	0.743	0.735	0.728	0.720	0.712	0.705	0.697
50	0.690	0.683	0.675	0.668	0.661	0.654	0.646	0.639	0.632	0.625
60	0.618	0.612	0.605	0.598	0.591	0.585	0.578	0.572	0.565	0.559
70	0.552	0.546	0.540	0.534	0.528	0.522	0.516	0.510	0.504	0.498
80	0.493	0.487	0.481	0.476	0.470	0.465	0.460	0.454	0.449	0.444
90	0.439	0.434	0.429	0.424	0.419	0.414	0.410	0.405	0.401	0.397
100	0.394	0.390	0.387	0.383	0.380	0.376	0.373	0.370	0.366	0.363
110	0.359	0.356	0.353	0.350	0.346	0.343	0.340	0.337	0.334	0.331
120	0.328	0.325	0.322	0.319	0.316	0.313	0.310	0.307	0.304	0.301
130	0.299	0.296	0.293	0.290	0.288	0.285	0.282	0.280	0.277	0.275
140	0.272	0.270	0.267	0.265	0.262	0.260	0.258	0.255	0.253	0.251
150	0.248	0.246	0.244	0.242	0.240	0.237	0.235	0.233	0.231	0.229
160	0.227	0.225	0.223	0.221	0.219	0.217	0.215	0.213	0.212	0.210
170	0.208	0.206	0.204	0.203	0.201	0.199	0.197	0.196	0.194	0.192
180	0.191	0.189	0.188	0.186	0.184	0.183	0.181	0.180	0.178	0.177
190	0.176	0.174	0.173	0.171	0.170	0.168	0.167	0.166	0.164	0.163
200	0.162	—	—	—	—	—	—	—	—	—

附 录 三

无侧移框架柱的计算长度系数 μ　　　　　　　　　　　　　　　附表 3-1

K_1 / K_2	0	0.05	0.1	0.2	0.3	0.4	0.5	1	2	3	4	5	≥10
0	1.000	0.990	0.981	0.964	0.949	0.935	0.922	0.875	0.820	0.791	0.773	0.760	0.732
0.05	0.990	0.981	0.971	0.955	0.940	0.926	0.914	0.867	0.814	0.784	0.766	0.754	0.726
0.1	0.981	0.971	0.962	0.946	0.931	0.918	0.906	0.860	0.807	0.778	0.760	0.748	0.721
0.2	0.964	0.955	0.946	0.930	0.916	0.903	0.891	0.846	0.795	0.767	0.749	0.737	0.711
0.3	0.949	0.940	0.931	0.916	0.902	0.889	0.878	0.834	0.784	0.756	0.739	0.728	0.701
0.4	0.935	0.926	0.918	0.903	0.889	0.877	0.866	0.823	0.774	0.747	0.730	0.719	0.693
0.5	0.922	0.914	0.906	0.891	0.878	0.866	0.855	0.813	0.765	0.738	0.721	0.710	0.685
1	0.875	0.867	0.860	0.846	0.834	0.823	0.813	0.774	0.729	0.704	0.688	0.677	0.654
2	0.820	0.814	0.807	0.795	0.784	0.774	0.765	0.729	0.686	0.663	0.648	0.638	0.615
3	0.791	0.784	0.778	0.767	0.756	0.747	0.738	0.704	0.663	0.640	0.625	0.616	0.593
4	0.773	0.766	0.760	0.749	0.739	0.730	0.721	0.688	0.648	0.625	0.611	0.601	0.580
5	0.760	0.754	0.748	0.737	0.728	0.719	0.710	0.677	0.638	0.616	0.601	0.592	0.570
≥10	0.732	0.726	0.721	0.711	0.701	0.693	0.685	0.654	0.615	0.593	0.580	0.570	0.549

注:1. 表中的计算长度系数 μ 值系按下式算得:

$$\left[\left(\frac{\pi}{\mu}\right)^2 + 2(K_1+K_2) - 4K_1K_2\right]\frac{\pi}{\mu}\cdot\sin\frac{\pi}{\mu} - 2\left[(K_1+K_2)\left(\frac{\pi}{\mu}\right)^2 + 4K_1K_2\right]\cos\frac{\pi}{\mu} + 8K_1K_2 = 0$$

　　式中,K_1,K_2 分别为相交于柱上端、柱下端的横梁线刚度之和与柱线刚度之和的比值;当梁远端为铰接时,应将横梁线刚度乘以 1.5;当横梁远端为嵌固时,则将横梁线刚度乘以 2;

2. 当横梁与柱铰接时,取横梁线刚度为零;

3. 对底层框架柱:当柱与基础铰接时,取 $K_2 = 0$(对平板支座可取 $K_2 = 0.1$);当柱与基础刚接时,取 $K_2 = 10$;

4. 当与柱刚性连接的横梁所受轴心压力 N_b 较大时,横梁线刚度应乘以折减系数 a_N:

横梁远端与柱刚接和横梁远端铰支时:$a_N = 1 - N_b/N_{Eb}$

横梁远端嵌固时:$a_N = 1 - N_b/(2N_{Eb})$

式中,$N_{Eb} = \pi^2 EI_b/l^2$,I_b 为横梁截面惯性矩,l 为横梁长度。

有侧移框架柱的计算长度系数 μ　　　　　　　　　　　　　　　附表 3-2

K_1 / K_2	0	0.05	0.1	0.2	0.3	0.4	0.5	1	2	3	4	5	≥10
0	—	6.02	4.46	3.42	3.01	2.78	2.64	2.33	2.17	2.11	2.08	2.07	2.03
0.05	6.02	4.16	3.47	2.86	2.58	2.42	2.31	2.07	1.94	1.90	1.87	1.86	1.83
0.1	4.46	3.47	3.01	2.56	2.33	2.20	2.11	1.90	1.79	1.75	1.73	1.72	1.70
0.2	3.42	2.86	2.56	2.23	2.05	1.94	1.87	1.70	1.60	1.57	1.55	1.54	1.52
0.3	3.01	2.58	2.33	2.05	1.90	1.80	1.74	1.58	1.49	1.46	1.45	1.44	1.42
0.4	2.78	2.42	2.20	1.94	1.80	1.71	1.65	1.50	1.42	1.39	1.37	1.37	1.35
0.5	2.64	2.31	2.11	1.87	1.74	1.65	1.59	1.45	1.37	1.34	1.32	1.32	1.30

K_1 K_2	0	0.05	0.1	0.2	0.3	0.4	0.5	1	2	3	4	5	≥10
1	2.33	2.07	1.90	1.70	1.58	1.50	1.45	1.32	1.24	1.21	1.20	1.19	1.17
2	2.17	1.94	1.79	1.60	1.49	1.42	1.37	1.24	1.16	1.14	1.12	1.12	1.10
3	2.11	1.90	1.75	1.57	1.46	1.39	1.34	1.21	1.14	1.11	1.10	1.09	1.07
4	2.08	1.87	1.73	1.55	1.45	1.37	1.32	1.20	1.12	1.10	1.08	1.08	1.06
5	2.07	1.86	1.72	1.54	1.44	1.37	1.32	1.19	1.12	1.09	1.08	1.07	1.05
≥10	2.03	1.83	1.70	1.52	1.42	1.35	1.30	1.17	1.10	1.07	1.06	1.05	1.03

注:1. 表中的计算长度系数 μ 值系按下式算得:

$$\left[36K_1K_2 - \left(\frac{\pi}{\mu}\right)^2\right]\sin\frac{\pi}{\mu} + 6(K_1 + K_2)\frac{\pi}{\mu}\cdot\cos\frac{\pi}{\mu} = 0$$

式中,K_1、K_2 分别为相交于柱上端、柱下端的横梁线刚度之和与柱线刚度之和的比值;当横梁远端为铰接时,应将横梁线刚度乘以 0.5;当横梁远端为嵌固时,则应乘以 2/3;

2. 当横梁与柱铰接时,取横梁线刚度为零;

3. 对底层框架柱:当柱与基础铰接时,取 $K_2 = 0$(对平板支座可取 $K_2 = 0.1$);当柱与基础刚接时,取 $K_2 = 10$;

4. 当与柱刚性连接的横梁所受轴心压力 N_b 较大时,横梁线刚度应乘以折减系数 α_N:

横梁远端与柱刚接时:$\alpha_N = 1 - N_b/(1N_{Eb})$

横梁远端铰支时:$\alpha_N = 1 - N_b/N_{Eb}$

横梁远端嵌固时:$\alpha_N = 1 - N_b/(2N_{Eb})$

N_{Eb} 的计算式见附表 3-1 注 4。

附 录 四

截面塑性发展系数 γ_x、γ_y

$i_x = 0.30h$ $i_y = 0.30b$ $i_z = 0.195h$	$i_x = 0.40h$ $i_y = 0.21b$	$i_x = 0.38h$ $i_y = 0.60b$	$i_x = 0.41h$ $i_y = 0.22b$
$i_x = 0.32h$ $i_y = 0.28b$ $i_z = 0.18\dfrac{h+b}{2}$	$i_x = 0.45h$ $i_y = 0.235b$	$i_x = 0.38h$ $i_y = 0.44b$	$i_x = 0.32h$ $i_y = 0.49b$
$i_x = 0.30h$ $i_y = 0.215b$	$i_x = 0.44h$ $i_y = 0.28b$	$i_x = 0.32h$ $i_y = 0.58b$	$i_x = 0.29h$ $i_y = 0.50b$
$i_x = 0.32h$ $i_y = 0.20b$	$i_x = 0.43h$ $i_y = 0.43b$	$i_x = 0.32h$ $i_y = 0.40b$	$i_x = 0.29h$ $i_y = 0.45b$

$i_x = 0.29h$ $i_y = 0.29b$	$i_x = 0.24h_{\Psi}$ $i_y = 0.41b_{\Psi}$	$i = 0.25d$	$i = 0.35d_{\Psi}$	$i_x = 0.39h$ $i_y = 0.53b$	$i_x = 0.40h$ $i_y = 0.50b$
$i_x = 0.32h$ $i_y = 0.12b$	$i_x = 0.44h$ $i_y = 0.32b$	$i_x = 0.44h$ $i_y = 0.38b$	$i_x = 0.37h$ $i_y = 0.54b$	$i_x = 0.37h$ $i_y = 0.45b$	$i_x = 0.40h$ $i_y = 0.24b$
$i_x = 0.39h$ $i_y = 0.20b$	$i_x = 0.42h$ $i_y = 0.22b$	$i_x = 0.43h$ $i_y = 0.24b$	$i_x = 0.365h$ $i_y = 0.275b$	$i_x = 0.35h$ $i_y = 0.56b$	$i_x = 0.39h$ $i_y = 0.29b$
$i_x = 0.28h$ $i_y = 0.24b$	$i_x = 0.30h$ $i_y = 0.17b$	$i_x = 0.28h$ $i_y = 0.21b$	$i_x = 0.21h$ $i_y = 0.21b$ $i_z = 0.185h$	$i_x = 0.21h$ $i_y = 0.21b$	$i_x = 0.45h$ $i_y = 0.24b$

项 次	截 面 形 式	γ_x	γ_y
1			1.2
2		1.05	1.05
3		$\gamma_1 = 1.05$ $\gamma_2 = 1.2$	1.2
4			1.05
5		1.2	1.2
6		1.15	1.15
7			1.05
8		1.0	1.0

注:当压弯构件受压翼缘的自由外伸宽度与其厚度之比大于 $13\sqrt{235/f_y}$,而不超过 $15\sqrt{235/f_y}$时,应取 $\gamma_x = 1.0$。

参 考 文 献

1 钢结构设计规范. 北京:中国计划出版社,2003

2 董卫华. 钢结构. 北京:高等教育出版社,2003

3 刘声杨. 钢结构. 北京:中国建筑工业出版社,1997

4 曹平周,朱召泉. 钢结构. 北京:中国技术文献出版社,2003

5 轻型钢结构设计指南编辑委员会. 轻型钢结构设计指南. 北京:中国建筑工业出版社,2002

6 周绥平. 钢结构. 武汉:武汉理工大学出版社,2003

7 熊中实,倪文杰. 建筑及工程结构钢材手册. 北京:中国建材工业出版社,1997

8 钢结构工程施工与质量验收实用手册. 北京:中国建材工业出版社,2003

9 建筑施工手册2. 第四版. 北京:中国建筑工业出版社,2003

10 建筑钢结构施工手册. 北京:中国计划出版社,2002

11 钢结构工程施工质量验收规范. 北京:中国计划出版社,2002